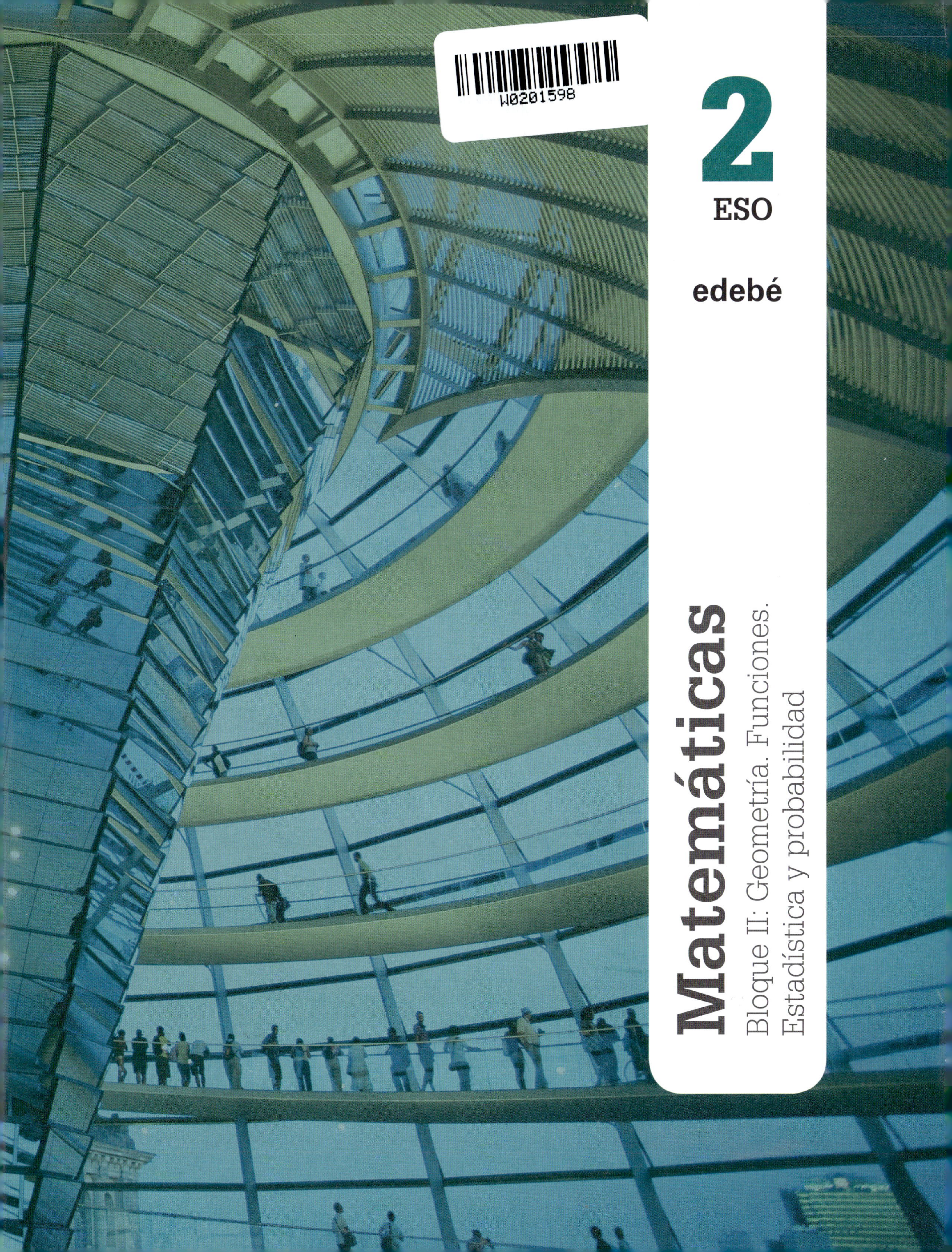

2 ESO

edebé

Matemáticas

Bloque II: Geometría. Funciones. Estadística y probabilidad

El proyecto de **Matemáticas 2** ESO

COMENZAMOS...

Una propuesta de actividades iniciales para introducir en la asignatura al alumnado que se incorpora al curso y actualizar los conocimientos previos.

LAS UNIDADES. ESTRUCTURA

Imagen y texto relacionados con la unidad, acompañados de un índice de contenidos y una rutina de pensamiento.

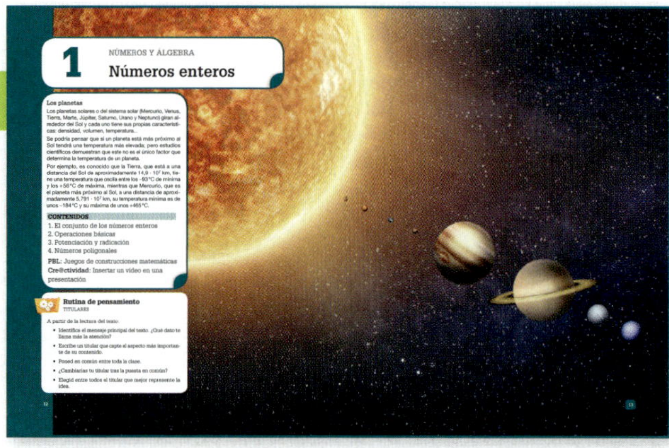

DESARROLLO DE LOS CONTENIDOS

Dobles páginas divididas en apartados y subapartados, con definiciones destacadas y ejemplos resueltos.

RECURSOS Y ACTIVIDADES

Gran cantidad de **contenidos complementarios** de tipología diversa, así como de **actividades** para ejercitar y consolidar los contenidos desarrollados.

EVALUACIÓN DE COMPETENCIAS

Actividades que permiten valorar las competencias adquiridas tras el estudio de un bloque de contenidos.

VAMOS A EMPRENDER

Creatividad, iniciativa, trabajo en equipo... en un proyecto real.

ACTIVIDADES DE SÍNTESIS

Actividades que permiten valorar los conocimientos adquiridos tras el estudio de un bloque de contenidos.

edebé On

proyecto global interactivo

Libro digital interactivo

Incorpora los **recursos digitales** necesarios (vídeos, presentaciones, actividades interactivas, audios, enlaces...) a fin de que el profesorado gestione de manera eficaz el aprendizaje en el **aula digital.**

ACTIVIDADES RESUELTAS

Aplicación de estrategias de resolución de problemas concretas para resolver un problema modelo.

SÍNTESIS Y ACTIVIDADES FINALES

Esquema visual que resume y relaciona los **contenidos clave** de la unidad. Gran cantidad de **actividades** graduadas por nivel de dificultad que permiten atender la diversidad y afianzar los contenidos.

MATEMÁTICAS A TU ALCANCE

Incluye una propuesta de **PBL** (*Problem-based learning* / Aprendizaje basado en problemas) y las secciones **Cre@ctividad** y **Visión 360°** con el fin de que el alumnado desarrolle habilidades matemáticas de una forma contextualizada y próxima a su entorno.

PON A PRUEBA TUS COMPETENCIAS

Actividades integradas a partir de situaciones cotidianas, para comprobar la asimilación de competencias.

RUTINA DE PENSAMIENTO, para aprender a pensar.

ÁGORA
Un espacio abierto al diálogo y a la reflexión.

PBL
Aprendizaje basado en problemas.

VISIÓN 360°
Experiencias para aprender fuera del aula.

CRE@CTIVIDAD
Herramientas TIC para buscar soluciones creativas.

DESTREZAS DE PENSAMIENTO
Para un pensamiento crítico y creativo.

TÉCNICAS COOPERATIVAS
Para mejorar la responsabilidad individual y las relaciones sociales.

INTELIGENCIAS MÚLTIPLES
Porque hay diferentes maneras de aprender y ser inteligente.

Disponible en **tu espacio personal:** www.edebe.com

Multidispositivo

Cuaderno digital interactivo

Organizado en **secuencias temáticas** para promover el **aprendizaje autónomo** por parte del alumnado (bajo la planificación y el control del docente) en un **formato digital amigable** e intuitivo.

Biblioteca de recursos digitales

Un **espacio** fácilmente **accesible** donde encontraréis recursos para consultar, descubrir y explorar el conocimiento.

Índice

Actividades resueltas	PBL	Cre@ctividad
Método general de resolución de problemas	Juegos de construcciones matemáticas	Insertar un vídeo en una presentación
Representación gráfica	Las fracciones y su evolución a lo largo de la historia	Creación de una calculadora de fracciones
Búsqueda de un problema similar	Construyendo cajas	Polinomios con hojas de cálculo
Ensayo-error	Las ecuaciones en el antiguo Egipto	Resolución de ecuaciones con GeoGebra
Elección correcta de la incógnita	Los 150 años de Alicia en el país de las Maravillas	Sistemas de ecuaciones con GeoGebra
Modificación del enunciado	Las unidades de medida en la Semana de la Ciencia	Un conversor de unidades tradicionales

Imaginar la posible solución	La proporción áurea en diferentes contextos	La proporcionalidad geométrica paso a paso
Razonamiento inverso	Obras de arte con mosaicos	Semejanza con GeoGebra
Dibujo de una figura	Diseño de dados de juegos de mesa	Desarrollo plano de poliedros con GeoGebra
Particularización	Construcción de acuarios	Áreas y volúmenes con GeoGebra
Organización de la información	Las funciones que nos rodean	Funciones con la hoja de cálculo de GeoGebra
Búsqueda de contraejemplos	Historia de los juegos de azar	Probabilidades con la hoja de cálculo de GeoGebra

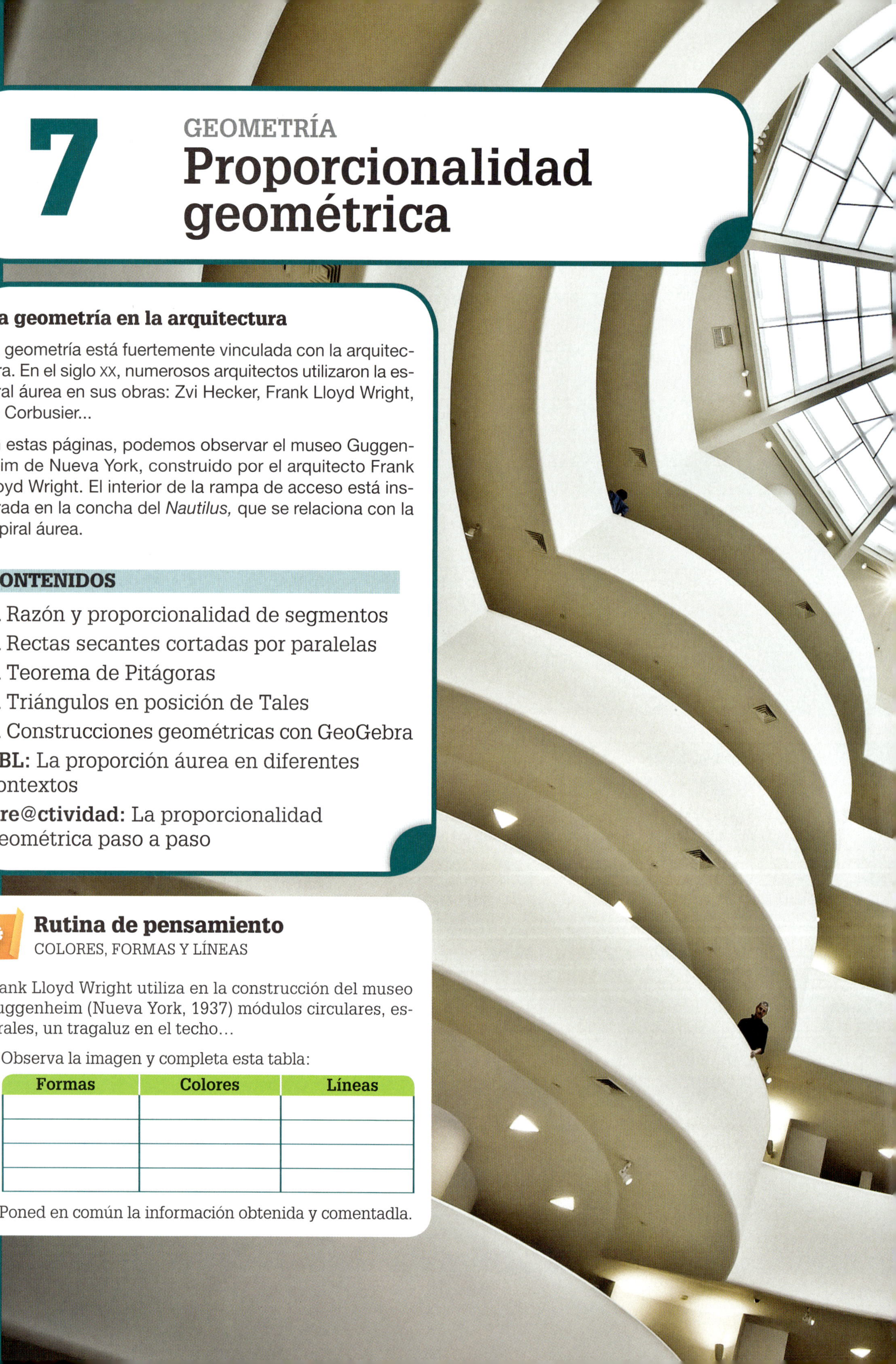

7

GEOMETRÍA

Proporcionalidad geométrica

La geometría en la arquitectura

La geometría está fuertemente vinculada con la arquitectura. En el siglo XX, numerosos arquitectos utilizaron la espiral áurea en sus obras: Zvi Hecker, Frank Lloyd Wright, Le Corbusier...

En estas páginas, podemos observar el museo Guggenheim de Nueva York, construido por el arquitecto Frank Lloyd Wright. El interior de la rampa de acceso está inspirada en la concha del *Nautilus,* que se relaciona con la espiral áurea.

CONTENIDOS

Rutina de pensamiento

COLORES, FORMAS Y LÍNEAS

Frank Lloyd Wright utiliza en la construcción del museo Guggenheim (Nueva York, 1937) módulos circulares, espirales, un tragaluz en el techo…

- Observa la imagen y completa esta tabla:

Formas	Colores	Líneas

- Poned en común la información obtenida y comentadla.

1. Razón y proporcionalidad de segmentos

Observa las estaturas de una persona en diferentes edades:

Al representar las estaturas con segmentos podemos establecer las siguientes relaciones:

$$\frac{a}{b} = \frac{160}{120} = \frac{4}{3} \qquad \frac{b}{c} = \frac{120}{80} = \frac{3}{2} \qquad \frac{c}{d} = \frac{80}{60} = \frac{4}{3}$$

Y podemos, por lo tanto, determinar que la relación entre sus estaturas cuando tenía 16 y 8 años era de $\frac{4}{3}$; la relación entre las estaturas a los 8 años y a los 18 meses era de $\frac{3}{2}$, y entre los 18 y los 3 meses la relación era de $\frac{4}{3}$.

A estos cocientes se les denomina **razones**.

> Se llama **razón** de dos segmentos de longitudes m y n al cociente entre estas longitudes, $\frac{m}{n}$.

Fíjat en que los segmentos *a* y *b* y *c* y *d* forman una **proporción.** Decimos que los segmentos *a* y *b* son **proporcionales** a los segmentos *c* y *d,* y escribimos:

$$\frac{a}{b} = \frac{c}{d} = k$$

El valor *k* se denomina **constante** o **razón de proporcionalidad.**

Ágora

La belleza de la proporción

La belleza es una noción abstracta ligada a numerosos aspectos de la existencia humana. La belleza, en términos matemáticos, se relaciona con la proporción áurea o divina.

¿A qué crees que es debido?

Igualdad entre dos razones

La igualdad entre dos razones es una proporción.

$$\frac{a}{b} = \frac{c}{d}$$

Actividades

1. Dados estos segmentos, forma parejas que estén en la proporción $\frac{3}{2}$.

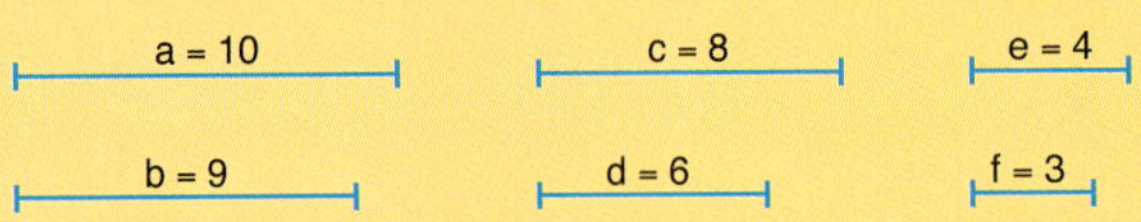

2. Dibuja seis segmentos de forma que se cumpla la razón de proporcionalidad siguiente: $\frac{AB}{CD} = \frac{EF}{GH} = \frac{IJ}{KL} = 3$

3. ¿Qué razón de proporcionalidad hay entre estas dos escalas?

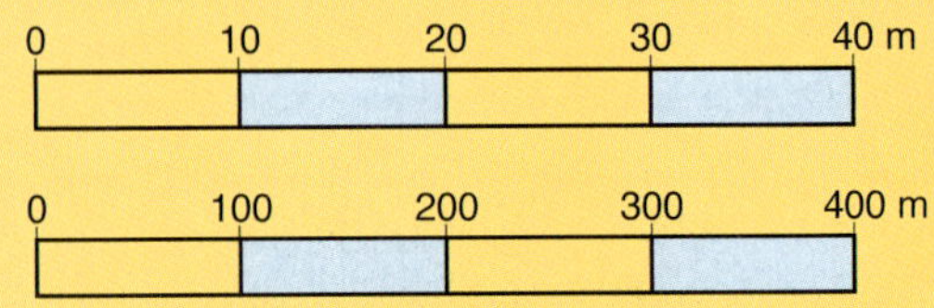

2. Rectas secantes cortadas por paralelas

Veamos la relación que se establece entre los segmentos que obtenemos al cortar dos rectas secantes con un conjunto de rectas paralelas.

2.1. Secantes cortadas en segmentos iguales

Observa la siguiente figura:

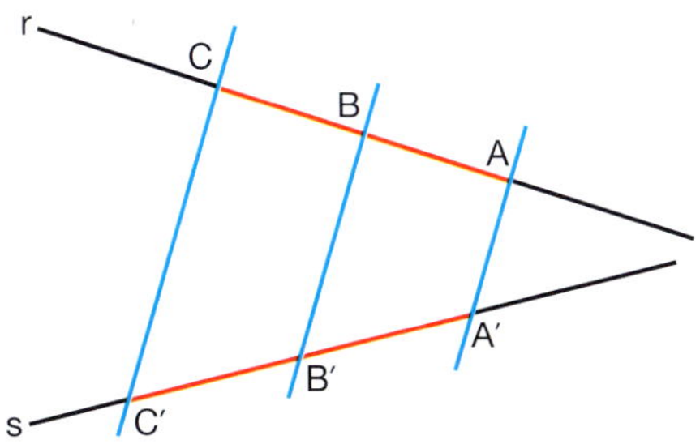

Las rectas *r* y *s* son secantes.	Tres rectas paralelas cortan *r* y *s*.	Las tres rectas paralelas determinan dos segmentos iguales sobre *r*. $AB = BC$

Vamos a demostrar que los segmentos determinados por las rectas paralelas sobre *s* también son iguales: $A'B' = B'C'$.

Trazamos segmentos paralelos a *s* desde los puntos *A* y *B*, tal y como muestra la imagen de abajo.

Si ahora consideramos los triángulos *AMB* y *BNC*, podemos ver que:

- Tienen un lado igual, $AB = BC$, por construcción.
- Los tres ángulos son iguales, ya que son ángulos agudos de lados paralelos.

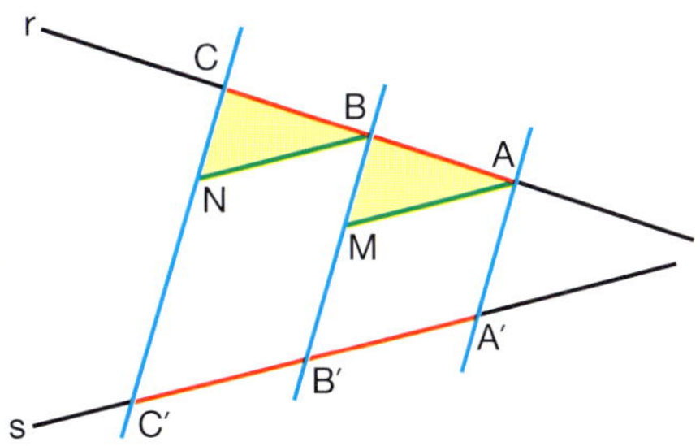

Así, los dos triángulos son iguales, y se cumple que:

$$AM = BN$$

Además, por paralelismo:

$$AM = A'B' \; ; BN = B'C'$$

Y, por lo tanto, concluimos que:

$$A'B' = B'C'$$

Los dos segmentos determinados sobre *s* por las tres rectas paralelas son iguales.

Este resultado puede generalizarse para cualquier conjunto de rectas paralelas.

Si un conjunto de **rectas paralelas** corta dos **rectas secantes** de forma que los segmentos determinados en una de ellas son **iguales,** los segmentos correspondientes determinados en la otra también son **iguales.**

@

Si accedes a la siguiente página, visionarás un vídeo con la demostración del teorema de Tales:

http://links.edebe.com/neq99g

- Dibuja en tu cuaderno dos rectas secantes cortadas por dos rectas paralelas, y anota todas las relaciones de proporcionalidad entre los segmentos.

2.2. Teorema de Tales

Veamos ahora lo que ocurre si las rectas paralelas no determinan segmentos iguales sobre las rectas secantes.

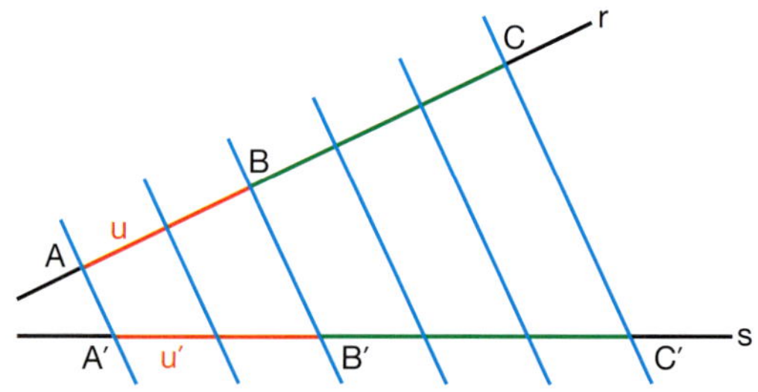

Las rectas r y s son secantes.	Seis rectas paralelas cortan r y s determinando segmentos iguales. La longitud de los segmentos sobre r es u. La longitud de los segmentos determinados sobre s es u'.	Consideramos los puntos A, B y C sobre r y sus puntos correspondientes sobre s. Estos puntos determinan sobre r segmentos de distinta longitud. $AB = BC$

Vamos a comprobar que los segmentos $A'B'$ y $B'C'$ determinados sobre s son proporcionales a los segmentos AB y BC determinados sobre r:

$$\frac{AB}{A'B'} = \frac{BC}{B'C'}$$

— La longitud de cada segmento es:

$$AB = 2u \qquad BC = 3u \qquad A'B' = 2u' \qquad B'C' = 3u'$$

— Si ahora nos fijamos en la relación entre los segmentos, obtenemos:

$$\frac{AB}{BC} = \frac{2u}{3u} = \frac{2}{3} \qquad \frac{A'B'}{B'C'} = \frac{2u'}{3u'} = \frac{2}{3}$$

— Y, por lo tanto, llegamos al resultado:

$$\frac{AB}{BC} = \frac{A'B'}{B'C'} \Rightarrow \frac{AB}{A'B'} = \frac{BC}{B'C'}$$

Si dos **rectas secantes** son cortadas por un conjunto de **rectas paralelas,** los segmentos determinados en una de ellas son **proporcionales** a los segmentos correspondientes determinados en la otra.

$$\frac{AB}{A'B'} = \frac{BC}{B'C'} = ...$$

Este principio es conocido como el teorema de Tales.

Los segmentos $A'B'$ y $B'C'$ reciben el nombre de **proyección paralela** de los segmentos AB y BC sobre la recta s.

Además, $A'B'$ y $B'C'$ son los segmentos **homólogos** de AB y BC, respectivamente.

Comprobación de rectas paralelas

El teorema de Tales puede aplicarse también para determinar si dos rectas son paralelas o no. Observa la figura.

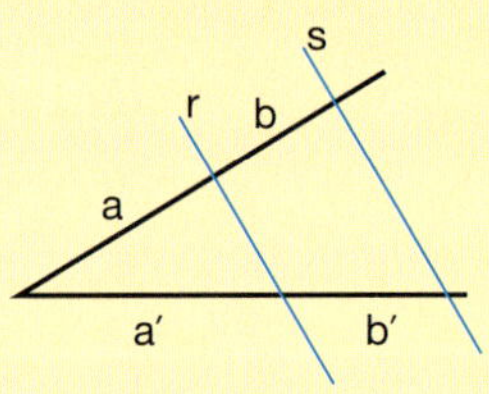

Si se verifica que:

$$\frac{a}{a'} = \frac{b}{b'}$$

entonces, las rectas r y s son paralelas.

Veamos cómo aplicar el teorema de Tales para hallar medidas de forma indirecta.

Ejemplo 1

Calcula la longitud x del segmento de la figura.

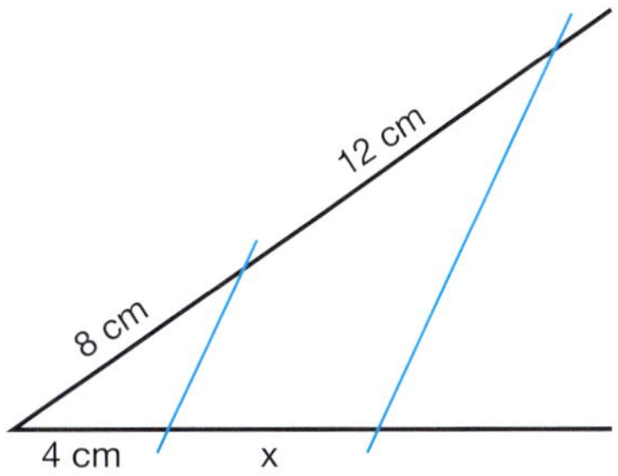

COMPRENSIÓN: A partir del teorema de Tales, sabemos que los segmentos determinados sobre dos rectas secantes por un conjunto de rectas paralelas son proporcionales.

RESOLUCIÓN: Aplicamos el teorema de Tales y establecemos la proporción siguiente:

$$\frac{8}{4} = \frac{12}{x} \Rightarrow x = \frac{12 \cdot 4}{8} = 6$$

La longitud del segmento es 6 cm.

Ejemplo 2

Los peldaños de la grada representada en la figura son paralelos. Calcula las longitudes de la grada representadas como x e y.

COMPRENSIÓN: Por el teorema de Tales, sabemos que si dos rectas secantes son cortadas por un conjunto de rectas paralelas, los segmentos determinados en una de ellas son proporcionales a los segmentos correspondientes determinados en la otra.

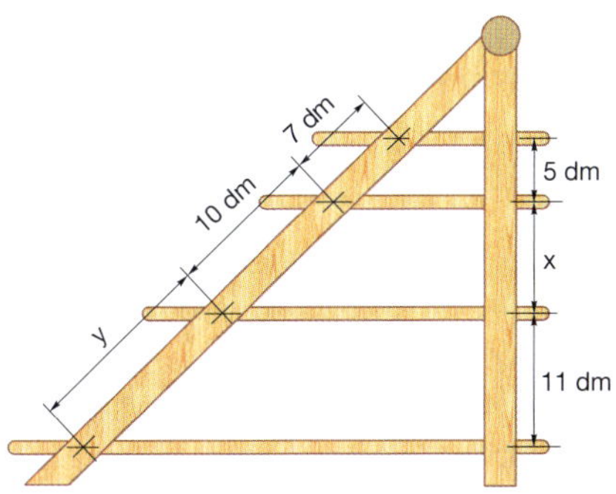

RESOLUCIÓN: Aplicamos el teorema de Tales y establecemos las siguientes proporciones entre las distintas longitudes de la grada:

$$\frac{7}{5} = \frac{10}{x} \Rightarrow x = \frac{5 \cdot 10}{7} = \frac{50}{7} \approx 7,14$$

$$\frac{7}{5} = \frac{y}{11} \Rightarrow y = \frac{7 \cdot 11}{5} = \frac{77}{5} = 15,40$$

Las longitudes de x e y son 7,14 dm y 15,40 dm, respectivamente.

La altura de la pirámide de Keops

Tales de Mileto consiguió medir la altura de la pirámide de Keops aplicando el teorema de Tales.

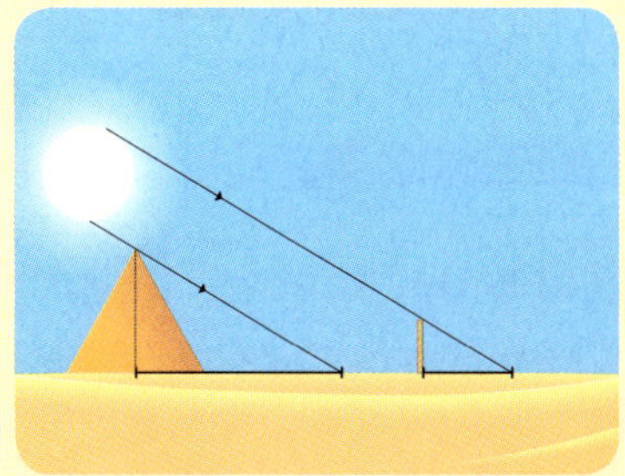

$$\frac{\text{Sombra pirámide}}{\text{Sombra bastón}} = \frac{x}{\text{Longitud bastón}}$$

El teorema de Tales puede utilizarse para calcular la altura de cualquier objeto cuya longitud sea muy grande.

- Crea una presentación en la que midas de forma indirecta las alturas de diferentes elementos: una canasta de baloncesto, un árbol, el edificio de tu centro educativo…

Actividades

4. Halla las longitudes de *x* e *y*.

a)

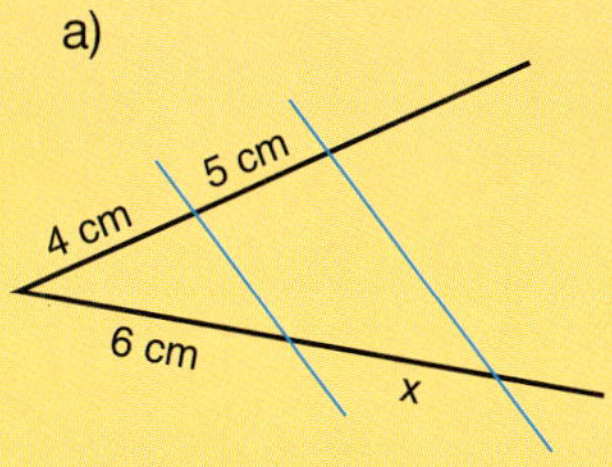

b)

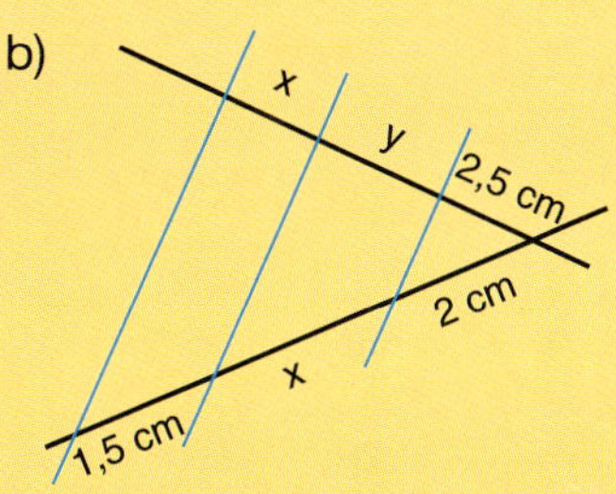

5. Observa la figura. ¿Puedes afirmar que las rectas *a*, *b* y *c* son paralelas?

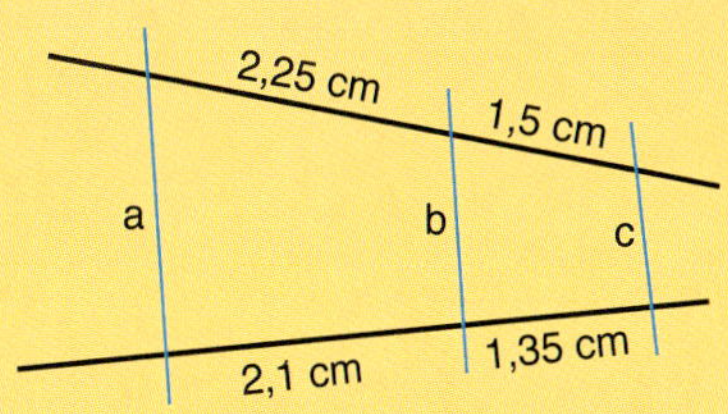

2.3. Aplicaciones del teorema de Tales

A continuación, estudiaremos algunas de las diferentes aplicaciones del teorema de Tales.

Tales de Mileto

El teorema de Tales recibe este nombre porque fue el matemático y filósofo griego Tales de Mileto quien lo enunció por primera vez en el siglo VI a. C.

División de un segmento en partes proporcionales a unos segmentos dados

Veamos cómo dividir un segmento de longitud *a* en dos partes proporcionales a los segmentos de longitudes *b* y *c*.

Procedimiento	Ejemplo
Dibujamos el segmento *a*.	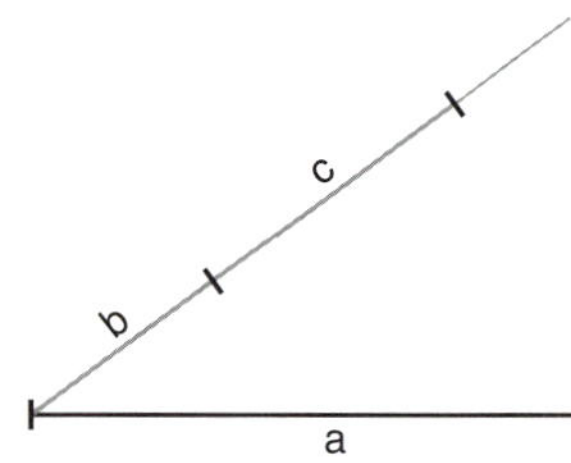
Desde uno de sus extremos, trazamos una semirrecta en la que situamos consecutivamente los segmentos *b* y *c*.	
Unimos el extremo libre del segmento *c* con el extremo libre del segmento *a*.	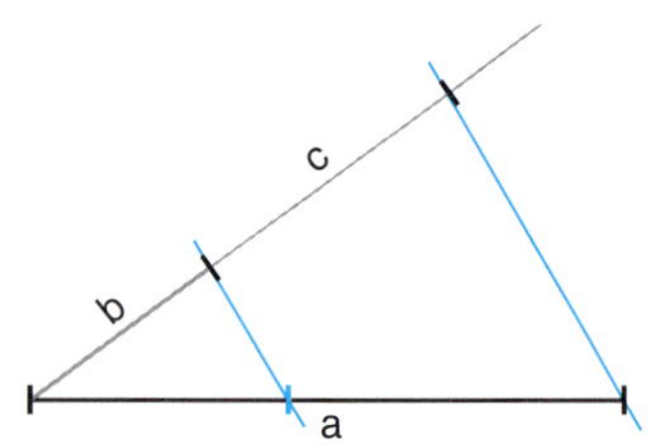
Desde el extremo del segmento *b*, trazamos una recta paralela al segmento dibujado en el punto anterior.	

Sobre el segmento *a* hemos obtenido dos segmentos proporcionales a los segmentos *b* y *c*.

Ejemplo 3

Juan y Ana quieren repartirse 20 m de cable eléctrico en partes proporcionales a 4 y 8, respectivamente. ¿Cuántos metros le tocarán a cada uno?

COMPRENSIÓN: Para efectuar los cálculos, aplicaremos el procedimiento anterior. Tomaremos el segmento *a* de longitud 20 m y los segmentos *b* y *c* de longitudes 4 m y 8 m, respectivamente.

RESOLUCIÓN: Consideramos ahora *x* como la longitud de uno de los segmentos sobre *a*, y 20 – *x* como la longitud del otro segmento (según muestra la figura). Así, podemos establecer la siguiente proporción:

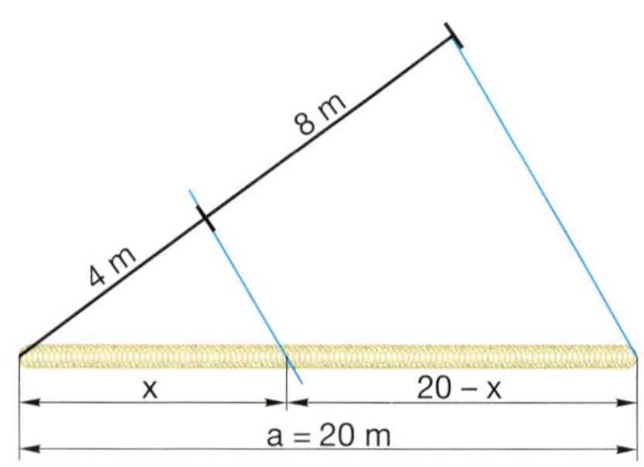

$$\frac{4}{x} = \frac{8}{20 - x} \quad \Rightarrow \quad x = 6,67$$

Por lo tanto, $20 - x = 20 - 6,67 = 13,33$.

Entonces, a Juan le corresponden 6,67 m y a Ana, 13,33 m.

División de un segmento en partes iguales

Veamos ahora cómo dividir un segmento *AB* en cinco partes iguales.

Procedimiento	Ejemplo
1. Dibujamos el segmento *AB*.	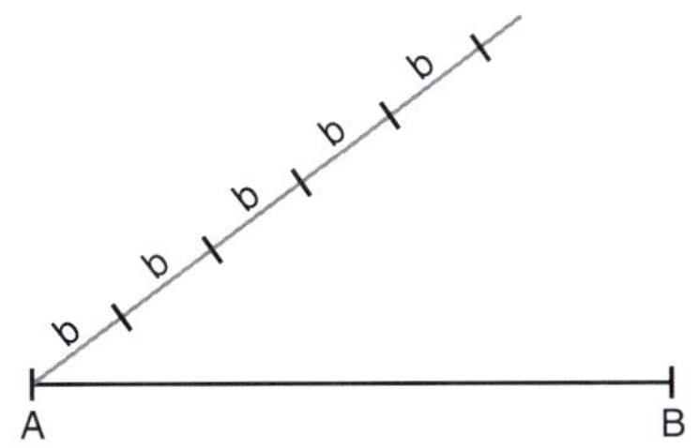
2. Trazamos una semirrecta con origen en *A*. Sobre esta semirrecta situamos consecutivos y alineados cinco segmentos de una misma longitud *b*.	
3. Unimos el extremo libre del último segmento *b* con el punto *B*.	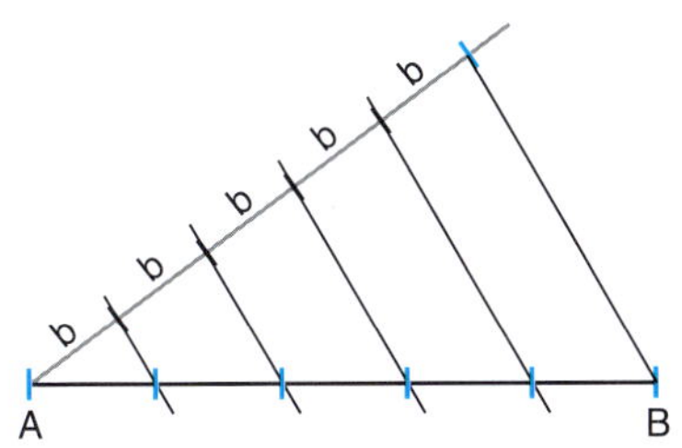
4. Trazamos rectas paralelas al segmento anterior que pasen por los puntos marcados en la semirrecta.	

@

En la siguiente web, encontrarás un *applet* en el que podrás dividir un segmento en *n* partes iguales:

http://links.edebe.com/ktc

- Comprueba, a partir de este *applet*, la solución de la actividad 8.

Fracciones sobre la recta numérica

Una aplicación de la división de un segmento en partes iguales es la representación de fracciones sobre la recta numérica.

Hemos divido el segmento *AB* en cinco segmentos de igual longitud.

Ejemplo 4

Representa la fracción $-\frac{7}{4}$ *sobre la recta.*

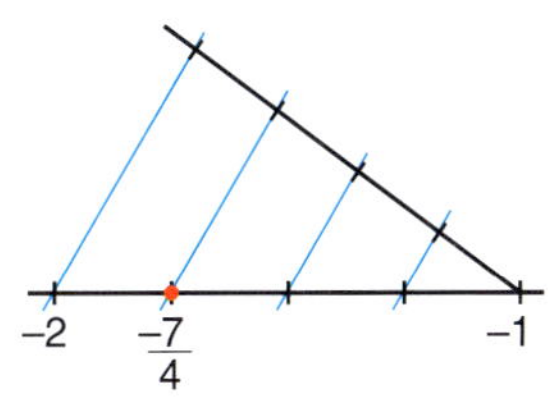

COMPRENSIÓN: Para representar fracciones sobre la recta, hemos de determinar los dos números enteros que son los extremos del segmento en el que se situará la fracción, dividir el segmento determinado en tantas partes como indique el denominador de la fracción y tomar las que señale el resto de la división del numerador entre el denominador.

RESOLUCIÓN

— Resolvemos la división entera: $-\frac{7}{4} \rightarrow$ $7 \,\underline{|4}$; resto 3, cociente 1

— Sabemos que la fracción estará en el segmento que tiene como extremos –1 y –2, ya que la fracción es negativa.

— A continuación, dividimos el segmento en cuatro partes iguales, y tomamos tres.

Actividades

6. Divide gráficamente un segmento de longitud $a = 9$ cm en dos partes proporcionales a los segmentos $b = 4$ cm y $c = 7$ cm.

7. Divide gráficamente un segmento de longitud $a = 15$ cm en partes proporcionales a los segmentos $b = 8$ cm, $c = 6$ cm y $d = 4$ cm.

8. Divide gráficamente un segmento de longitud $a = 18$ cm en siete partes iguales.

9. Representa sobre la recta estas fracciones:

$$\frac{3}{5}; \quad -\frac{23}{24}; \quad \frac{22}{14}; \quad -\frac{15}{6}$$

Producto de dos segmentos

La determinación gráfica del segmento cuarto proporcional a tres segmentos dados tiene numerosas aplicaciones. Una de ellas es la determinación gráfica del producto de dos segmentos.

Aprendamos cómo podemos hallar gráficamente el segmento *c*, producto de dos segmentos dados *a* y *b*:

$$c = a \cdot b$$

Observa que podemos expresar la relación anterior como:

$$1 \cdot c = a \cdot b \Rightarrow \frac{1}{a} = \frac{b}{c}$$

Por lo tanto, el segmento *c* representa el segmento cuarto proporcional a los segmentos de longitud 1, *a* y *b*.

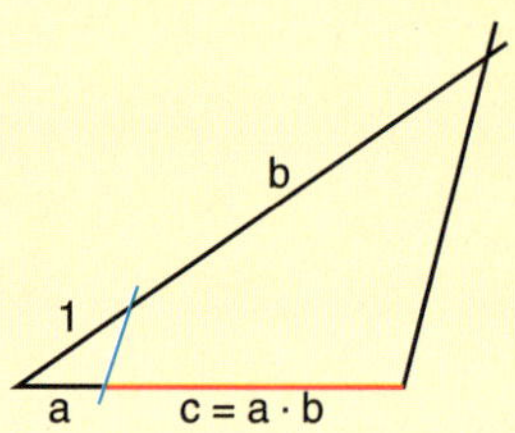

Segmento cuarto proporcional a tres segmentos dados

Dados tres segmentos *a, b, c,* se llama **segmento cuarto proporcional** a estos tres segmentos al segmento *x* que verifica la proporción siguiente:

$$\frac{a}{b} = \frac{c}{x}$$

Veamos cómo determinar gráficamente el segmento cuarto proporcional a tres segmentos dados de longitudes *a, b* y *c.*

Procedimiento	Ejemplo
1. Trazamos dos rectas secantes y situamos los dos segmentos de longitudes *a* y *b* sobre cada una de ellas. Disponemos, entonces, el segmento *c* consecutivamente al segmento *a*.	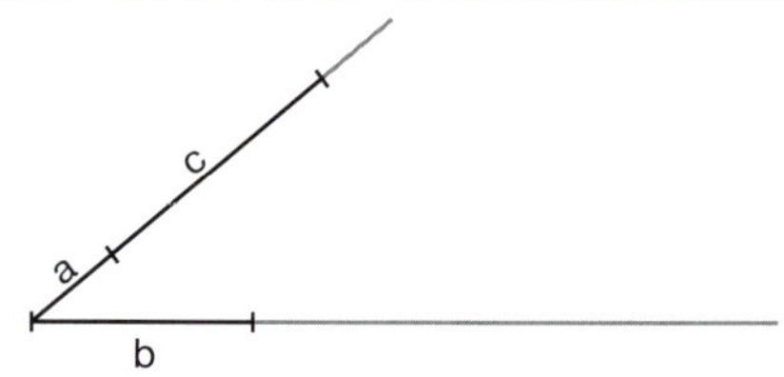
2. Unimos los extremos de los segmentos *a* y *b*. Trazamos una recta paralela a esta que pase por el punto *c*, obteniendo así un segmento *x* a continuación del segmento *b*.	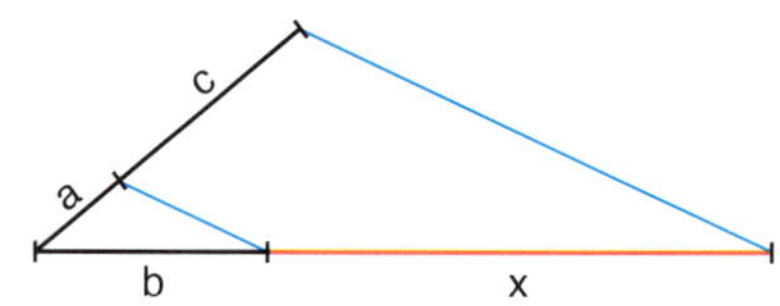

El segmento *x* obtenido es el **segmento cuarto proporcional** a los segmentos *a, b* y *c.*

Segmento tercero proporcional a dos segmentos dados

Dados dos segmentos *a* y *b,* se llama **segmento tercero proporcional** a estos dos al segmento *x* que verifica la siguiente proporción:

$$\frac{a}{b} = \frac{b}{x}$$

Vamos a ver cómo determinar gráficamente el segmento tercero proporcional a dos segmentos dados *a* y *b*.

Procedimiento	Ejemplo
La determinación gráfica del segmento tercero proporcional es análoga a la del segmento cuarto proporcional, considerando que *c* = *b,* tal y como muestra la figura.	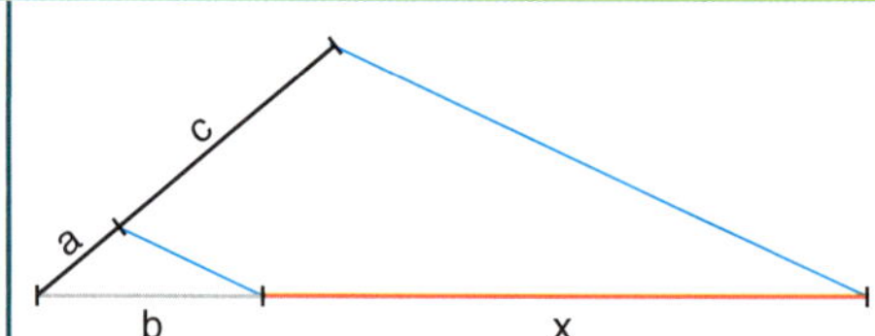

El segmento *x* obtenido es el **segmento tercero proporcional** a los segmentos *a* y *b.*

Proporción continua

En el caso del segmento tercero proporcional se establece una proporción llamada *continua*, que es aquella en la que dos elementos de la proporción son iguales.

Actividades

10. Construye el segmento cuarto proporcional a tres segmentos *a, b* y *c* de longitudes 10 cm, 5 cm y 7 cm, respectivamente.

11. Construye el segmento tercero proporcional a dos segmentos *a* y *b* de longitudes 8 cm y 3 cm, respectivamente.

12. Determina gráficamente el producto de dos segmentos de longitudes 2 cm y 6 cm, respectivamente.

3. Teorema de Pitágoras

El teorema de Pitágoras relaciona las longitudes de los tres lados de un triángulo rectángulo.

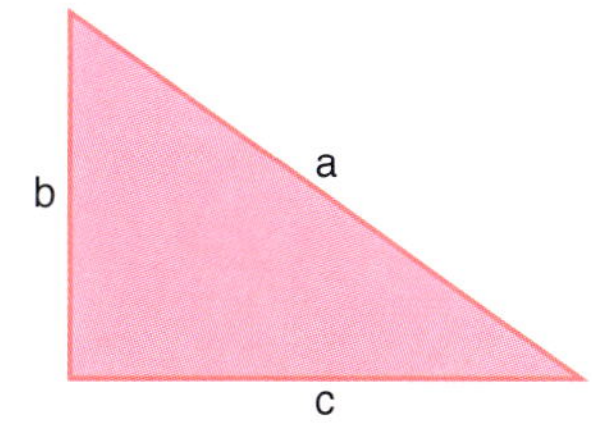

En un **triángulo rectángulo,** el cuadrado de la hipotenusa es igual a la suma de los cuadrados de los catetos.

$$a^2 = b^2 + c^2$$

El teorema de Pitágoras permite calcular la longitud de un lado de un triángulo rectángulo si conocemos las longitudes de los otros dos.

Sabiendo las longitudes de un cateto y de la hipotenusa de un triángulo rectángulo, podemos determinar la longitud del otro cateto despejándola de la expresión del teorema. Así:

$$a^2 = b^2 + c^2$$

$$a = \sqrt{b^2 + c^2} \qquad b = \sqrt{a^2 - c^2} \qquad c = \sqrt{a^2 - b^2}$$

Ejemplo 5

El cateto de un triángulo rectángulo mide 4,3 cm y la hipotenusa, 7,54 cm. ¿Cuál es la longitud del otro cateto?

COMPRENSIÓN: Como el triángulo es rectángulo, podemos aplicar el teorema de Pitágoras.

RESOLUCIÓN: Aplicamos el teorema de Pitágoras.

$$a^2 = b^2 + c^2 \Rightarrow c^2 = a^2 - b^2$$

$$c = \sqrt{a^2 - b^2} = \sqrt{7{,}54^2 - 4{,}3^2} = \sqrt{38{,}36} = 6{,}19$$

El otro cateto tiene una longitud de 6,19 cm.

Ejemplo 6

Calcula la altura del triángulo isósceles de la figura de la derecha.

COMPRENSIÓN: A partir de un triángulo isósceles, podemos formar dos triángulos rectángulos y aplicar el teorema de Pitágoras en uno de ellos para hallar la altura del triángulo isósceles.

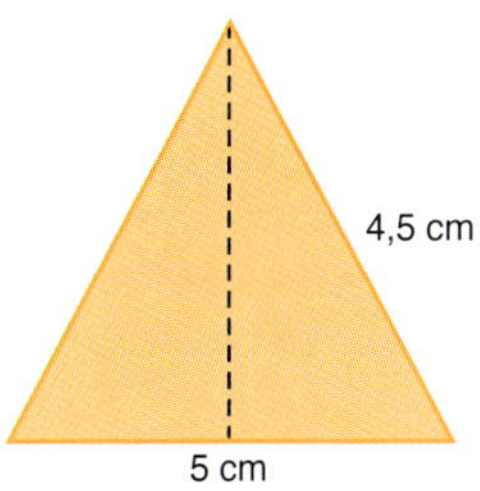

RESOLUCIÓN: La hipotenusa del triángulo rectángulo mide 4,5 cm y uno de los catetos, 2,5 cm. La altura del triángulo isósceles corresponde al otro cateto del triángulo rectángulo.

Aplicamos el teorema de Pitágoras:

$$a^2 = b^2 + c^2 \Rightarrow b^2 = a^2 - c^2$$

$$b = \sqrt{a^2 - c^2} = \sqrt{4{,}5^2 - 2{,}5^2} = \sqrt{14} = 3{,}74$$

La altura del triángulo isósceles es 3,74 cm.

@

En esta web, encontrarás una aplicación interactiva con diversas demostraciones del teorema de Pitágoras:

http://links.edebe.com/j39

Ternas pitagóricas

Una terna pitagórica consiste en una tupla de tres números enteros a, b y c que satisfacen el teorema de Pitágoras:

$$a^2 + b^2 = c^2$$

Por ejemplo, 5, 12, 13 son una terna pitagórica, ya que se cumple que:

$$5^2 + 12^2 = 13^2$$
$$25 + 144 = 169$$

Medidas de longitudes en el antiguo Egipto

Los egipcios dominaban perfectamente la construcción de triángulos gracias a cuerdas con nudos igualmente espaciados con los que medían las longitudes de los lados.

- ¿Para qué crees que les servía utilizar esta técnica a la hora de construir triángulos rectángulos?

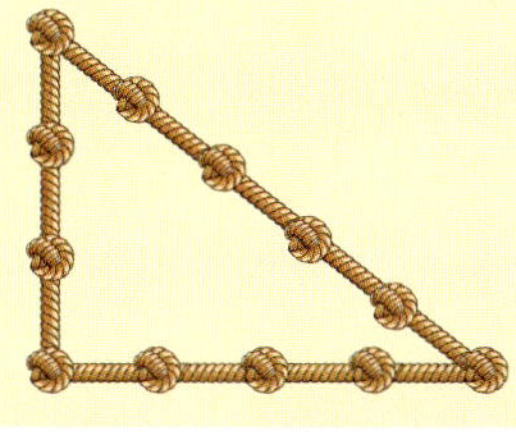

Actividades

13. Calcula la longitud de los lados iguales de un triángulo isósceles sabiendo que su base mide 8 cm y su altura, 7 cm.

14. Un triángulo rectángulo tiene un cateto menor cuya longitud es la mitad que la del otro cateto. Halla el valor de la hipotenusa sabiendo que la suma de los catetos es 15 cm.

4. Triángulos en posición de Tales

Si observas los triángulos *ABC* y *DBE*, puedes comprobar que:

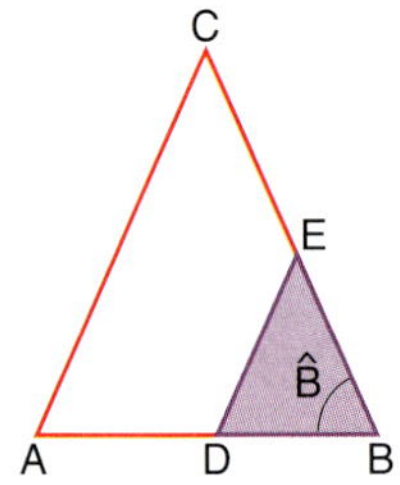

- Los dos triángulos tienen un ángulo común, $\hat{B}$.
- Los lados opuestos al ángulo $\hat{B}$ son paralelos.

Dos triángulos están en **posición de Tales** si tienen un **ángulo común** y los **lados opuestos** a este ángulo son **paralelos.**

A continuación, veremos qué propiedades cumplen dos triángulos en posición de Tales, y sus respectivas demostraciones.

- **Dos triángulos en posición de Tales tienen los lados proporcionales.**

  Dibujamos los triángulos en posición de Tales e imaginamos las rectas que conforman sus segmentos.

  — Aplicamos el teorema de Tales a las rectas que i los segmentos *BA* y *BC* y que están cortadas por dos paralelas que incluyen a *AC* y *DE*. De aquí obtenemos la relación:

$$\frac{BC}{BA} = \frac{BE}{BD} \Rightarrow \frac{BC}{BE} = \frac{BA}{BD}$$

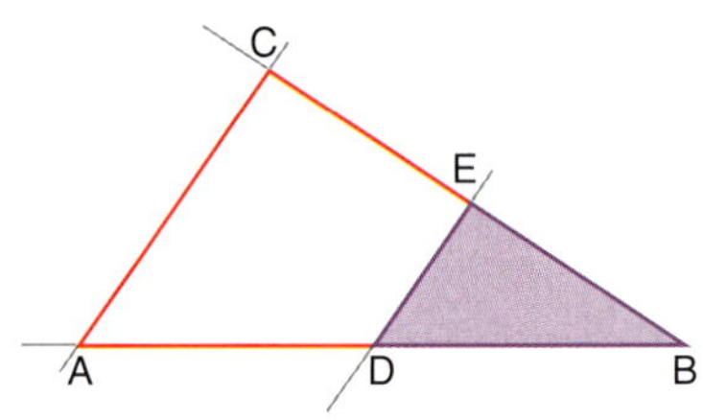

  — Trazamos la recta *EF* y aplicamos el teorema de Tales a las rectas secantes que contienen *CA* y *CB* y que están cortadas por dos paralelas que incluyen a *EF* y *AD*. De aquí obtenemos:

$$\frac{CA}{CB} = \frac{FA}{EB} \underset{FA=ED}{=} \frac{ED}{EB} \Rightarrow \frac{CA}{ED} = \frac{CB}{EB}$$

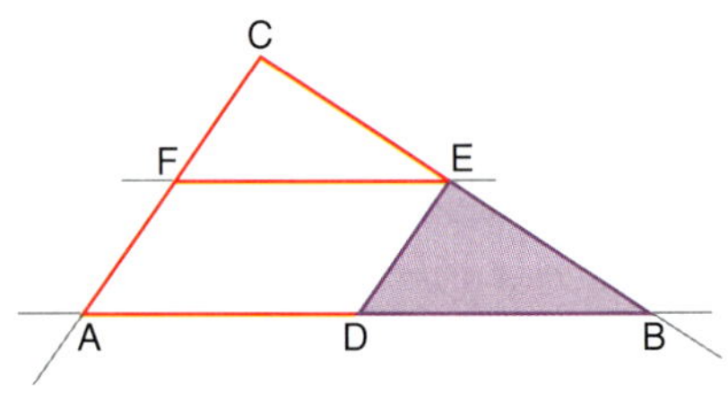

  — Combinando los resultado obtenidos y teniendo en cuenta que *CB* = *BC* y *EB* = *BE*, podemos escribir:

$$\frac{BC}{BE} = \frac{BA}{BD} = \frac{CA}{ED}$$

  Los lados *DB*, *BE* y *ED* son homólogos (y proporcionales) de *AB*, *BC* y *AC*.

@

Con el *applet* de esta página web, podrás observar las relaciones de proporcionalidad entre los lados:

http://links.edebe.com/wta

- Dibuja en tu cuaderno dos triángulos en posición de Tales y calcula la razón de semejanza entre los lados proporcionales.

- **Dos triángulos en posición de Tales tienen los ángulos iguales.**

— Nos fijamos en los triángulos y sus ángulos.

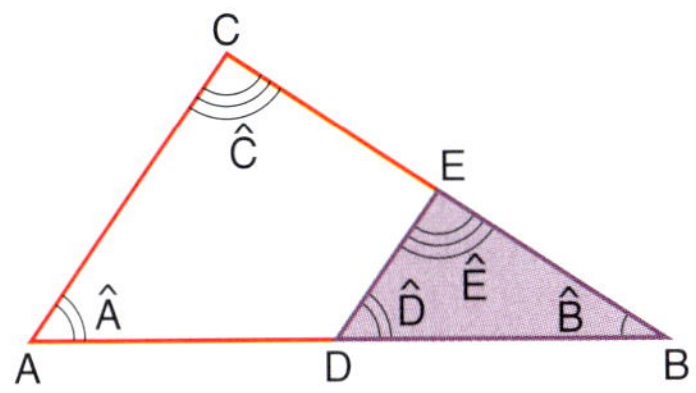

— El ángulo $\widehat{B}$ es común a los dos triángulos.

— Entonces, se cumple que $\widehat{A} = \widehat{D}$ y $\widehat{C} = \widehat{E}$, puesto que son ángulos correspondientes.

Ejemplo 7

Halla las longitudes de x *e* y *sabiendo que el perímetro del triángulo mayor mide 58 cm.*

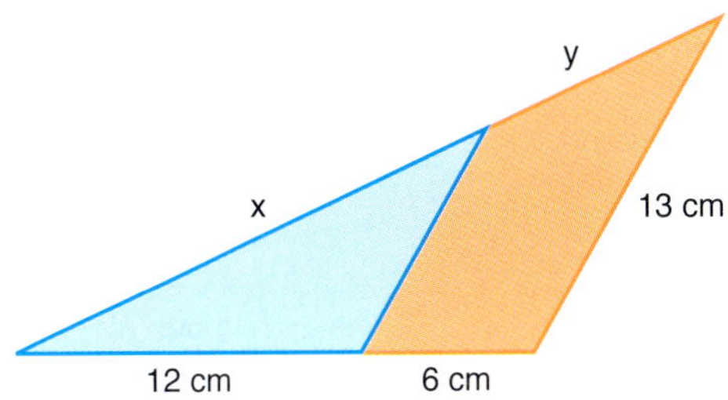

COMPRENSIÓN: Los dos triángulos están en posición de Tales, ya que tienen un ángulo común y los lados opuestos a él son paralelos.

RESOLUCIÓN: Aplicamos el teorema de Tales a las rectas secantes.

$$\frac{x}{y} = \frac{12}{6}$$

— Podemos plantear un sistema de ecuaciones.

$$\left.\begin{aligned} \frac{x}{y} &= \frac{12}{6} \\ x + y + 12 + 6 + 13 &= 58 \end{aligned}\right\}$$

— Resolvemos el sistema por el método de sustitución.

$$\left.\begin{aligned} \frac{x}{y} &= \frac{12}{6} \\ x + y + 12 + 6 + 13 &= 58 \end{aligned}\right\} \Rightarrow \left.\begin{aligned} 6x &= 12y \\ x + y &= 58 - 31 \end{aligned}\right\} \Rightarrow \left.\begin{aligned} x &= 2y \\ x + y &= 27 \end{aligned}\right\} \Rightarrow 2y + y = 27 \Rightarrow 3y = 27 \Rightarrow y = 9$$

$$x = 2 \cdot 9 = 18$$

Las longitudes de x e y miden 18 cm y 9 cm, respectivamente.

COMPROBACIÓN: A partir de los valores de x e y, hallamos las medidas de los triángulos y verificamos que cumplen las condiciones del enunciado y que, al estar en posición de Tales, los lados son proporcionales.

Actividades

15. Fíjate en esta figura. ¿Sabrías dibujar tres triángulos de modo que cada uno de ellos esté en posición de Tales respecto a los otros dos?

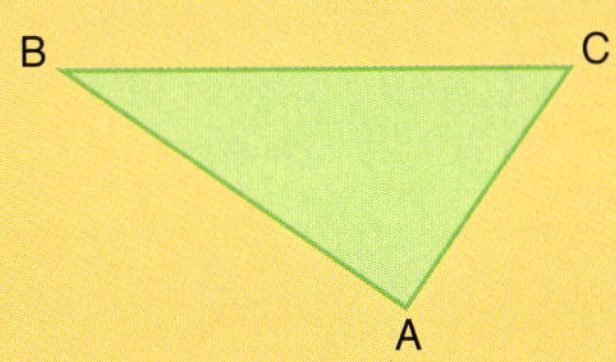

16. Observa en la imagen dada e indica pares de triángulos en posición de Tales. ¿Cuántos pares has descubierto?

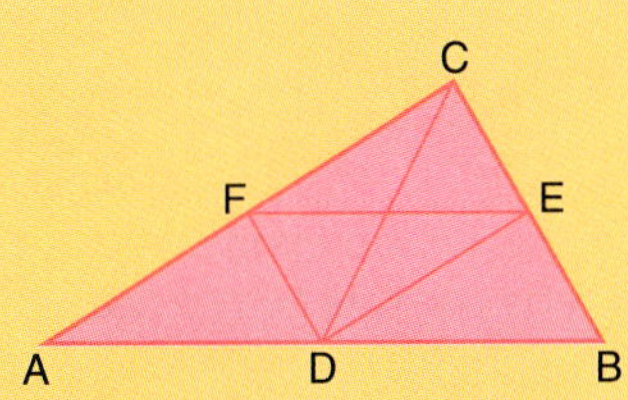

5. Construcciones geométricas con GeoGebra

En la actualidad es fácil realizar construcciones geométricas con ayuda del ordenador.

Veamos cómo dividir un segmento en partes iguales o en partes proporcionales a dos segmentos dados.

5.1. División de un segmento en partes iguales

División de un segmento *AB* en partes iguales	**Ejemplo** En cinco partes iguales
Dibujamos el segmento *AB* con la opción *Segmento*. Observamos que los puntos inicial y final elegidos como extremos quedan marcados en la vista gráfica.	
Con la opción *Semirrecta*, dibujamos una semirrecta a partir del punto inicial del segmento *AB*.	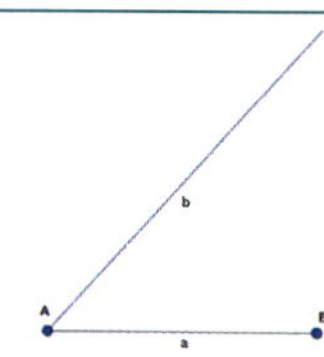
Trazamos una circunferencia con la opción *Circunferencia (centro, radio)*, con centro en el punto *A* y radio el que queramos escoger. Con centro en el punto de intersección de la circunferencia con la semirrecta, delineamos otra circunferencia del mismo radio. Repetimos el proceso hasta obtener en la semirrecta los extremos de cinco segmentos iguales.	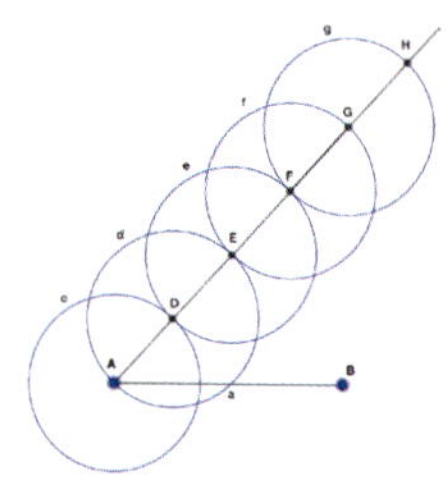
Dibujamos los segmentos iguales a partir de los centros de las circunferencias trazadas con la opción *Segmento*. A continuación, escondemos las circunferencias y la semirrecta con la opción *Mostrar/Ocultar objeto*.	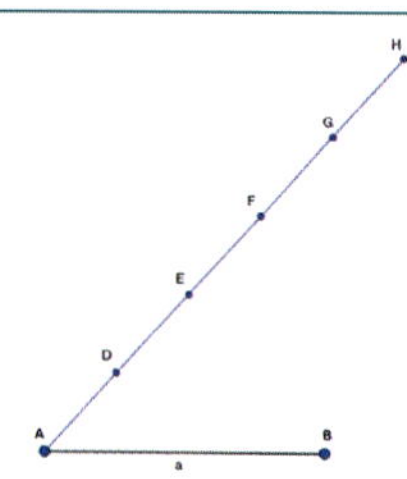
Unimos mediante una recta, con la opción *Recta*, el extremo del último segmento trazado sobre la semirrecta con el extremo del segmento *AB*.	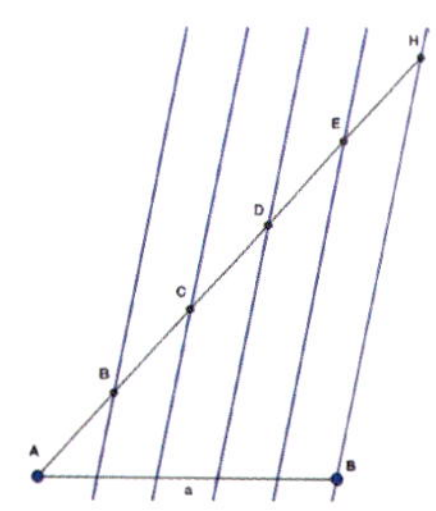
Dibujamos rectas paralelas a esta que pasen por los extremos de los segmentos mediante la opción *Recta paralela*.	
Trazamos los segmentos determinados por las rectas paralelas sobre el segmento *AB* con la opción *Segmento* y convertimos las rectas paralelas en discontinuas mediante la opción *Estilo de trazo* (dentro del menú *Propiedades,* que aparece al clicar el botón derecho del ratón encima de las rectas).	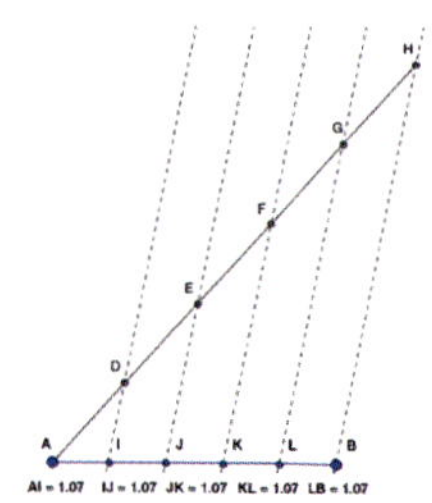
Con la opción *Distancia o Longitud*, medimos los segmentos que acabamos de trazar y comprobamos que hemos dividido el segmento *AB* en cinco partes iguales.	

5.2. División de un segmento en partes proporcionales a dos segmentos dados

A continuación, veremos cómo dividir un segmento en partes proporcionales a dos segmentos dados.

División de un segmento en partes proporcionales a dos segmentos dados	**Ejemplo** Segmentos proporcionales a 1 cm y 3 cm
Trazamos el segmento *AB* con la opción *Segmento* . Observamos que los puntos inicial y final quedan marcados.	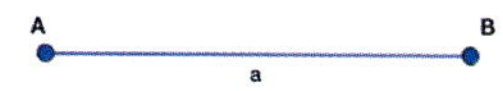
Con la opción *Semirrecta* , dibujamos una semirrecta a partir del punto *A*.	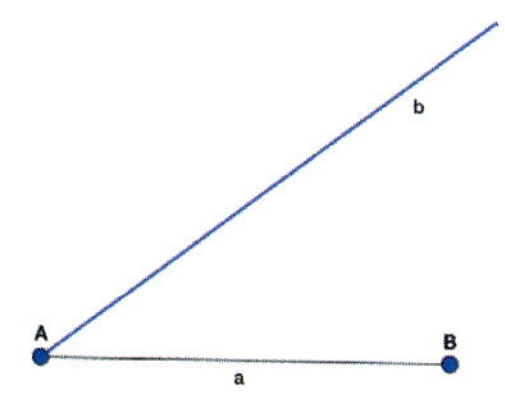
Determinamos dos segmentos consecutivos a partir de *A,* cuyas longitudes sean 1 cm y 3 cm. Para ello, utilizamos la opción *Segmento de longitud dada* y trasladamos dichos segmentos sobre la semirrecta con la opción *Elige y Mueve* . Así, obtenemos dos puntos sobre la semirrecta situados a 1 cm y 4 cm del extremo *A,* que nos determinan los segmentos buscados.	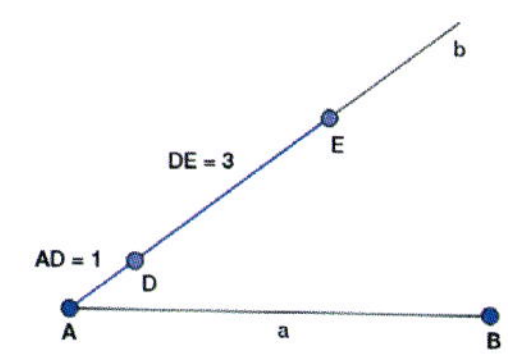
Unimos mediante una recta el último punto con el extremo *B* del segmento *AB.* Para ello, utilizamos la opción *Recta* . Trazamos la recta paralela a esta que pase por el otro punto marcado en la semirrecta con la opción *Recta paralela* .	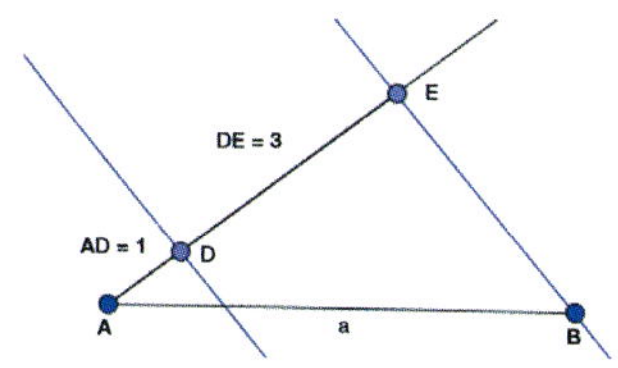
Dibujamos los segmentos determinados por las rectas paralelas sobre *AB* con la opción *Segmento* .	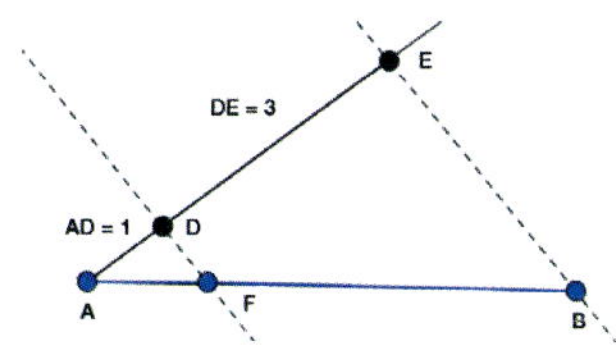
Transformamos las rectas paralelas en discontinuas en el menú *Propiedades de objeto* en *Estilo de trazo.*	
Medimos los segmentos trazados con la opción *Distancia o Longitud* y así comprobamos que hemos dividido el segmento *AB* en dos segmentos proporcionales a los segmentos dados de la semirrecta.	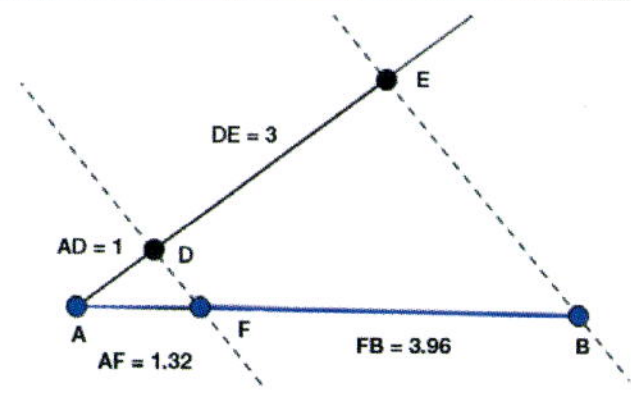

Actividades

Utilizando el programa informático del que dispongas, completa los siguientes ejercicios:

17. Traza dos segmentos cualesquiera y divide el primero en siete partes iguales, y el segundo en nueve partes iguales.

18. Dibuja un segmento *AB* cualquiera, una semirrecta con origen en *A,* y cuatro segmentos consecutivos de diferentes longitudes sobre dicha semirrecta, el primero de ellos con origen en *A.* Divide el segmento *AB* en cuatro partes proporcionales a los cuatro segmentos consecutivos.

ACTIVIDADES RESUELTAS

Imaginar la posible solución

En ocasiones, imaginar la posible solución de un problema nos conduce a su solución real. Esta estrategia es especialmente útil en problemas geométricos.

Construye el triángulo ABC, dados los ángulos $\hat{A}$ y $\hat{B}$ y la altura h_c correspondiente al vértice C.

Comprender

— ¿Entiendes el enunciado?

— ¿Qué es lo que se busca?

— ¿De qué datos disponemos?

En primer lugar, dibujamos un triángulo ABC para verificar gráficamente cuáles son los datos y saber qué es lo que buscamos.

Los datos del problema son $\hat{A}$ y $\hat{B}$, y la altura h_c.

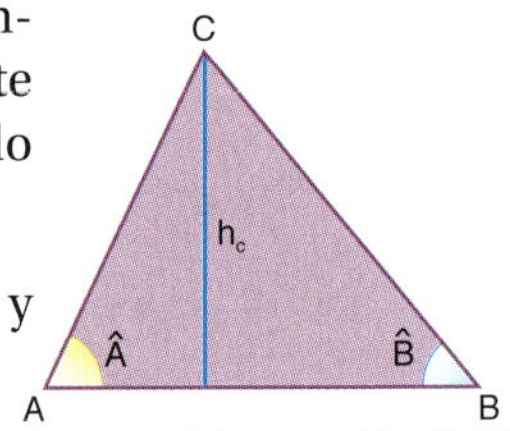

Planificar

— Configura un plan para resolver el problema.

— Hay muchos triángulos con dos ángulos $\hat{A}$ y $\hat{B}$ iguales tal y como nos piden en el enunciado, pero cada uno tendrá distintas alturas respecto al vértice C.

— Construiremos un triángulo cualquiera $A'B'C'$ con los ángulos $\hat{A}$ y $\hat{B}$ que nos indica el enunciado.

— Mediremos la altura $h_{c'}$.

— Esta altura medida no coincide con la altura h_c. Pero observamos que, si situamos h_c sobre $h_{c'}$ y trazamos paralelas desde C a $A'C'$ y $B'C'$, obtendremos la solución del problema.

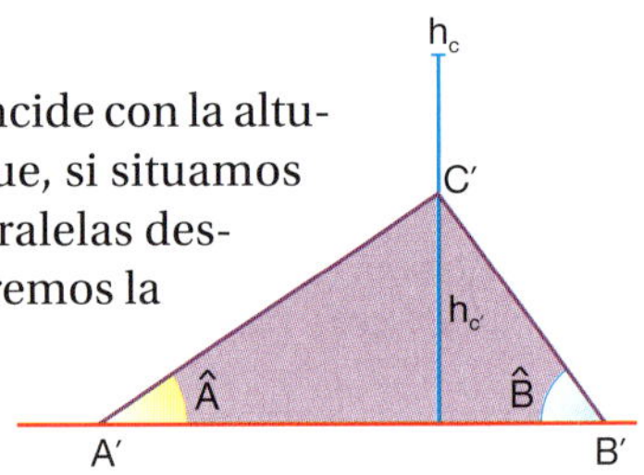

Ejecutar el plan

— Implementamos la estrategia elegida.

Procedemos del modo en que lo habíamos planificado y obtendremos la solución del problema.

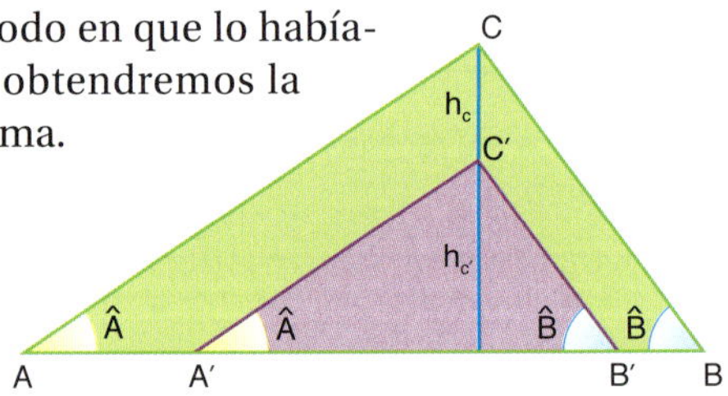

Revisar

— ¿Cómo puedes comprobar si tu solución es correcta?

Comprobamos que efectivamente el triángulo construido cumple las condiciones del enunciado.

Actividades

Pon en práctica la estrategia anterior para resolver estos problemas:

19. Construye el triángulo ABC, dados los ángulos $\hat{A}$ y $\hat{B}$ y la longitud del segmento de bisectriz interior al triángulo correspondiente al ángulo $\hat{A}$.

20. Construye el triángulo ABC, sabiendo que la razón de proporcionalidad de sus catetos es $\frac{AC}{BC} = \frac{2}{3}$ y que la altura correspondiente al vértice C es $h_C = 4$ cm.

comparación entre segmentos

Razón de dos segmentos

igualdad entre razones

Proporción de segmentos

PROPORCIONALIDAD GEOMÉTRICA → $\frac{a}{b} = \frac{c}{d} = k$

se establece entre

Rectas secantes cortadas por paralelas

pueden determinar

Triángulos en posición de Tales

cumplen

Teorema de Tales

$$\frac{AB}{A'B'} = \frac{BC}{B'C'}$$

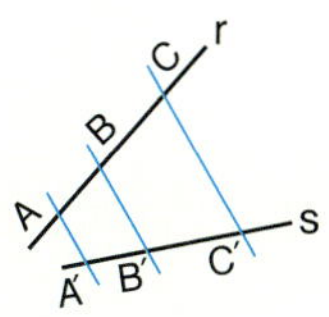

si son rectángulos, cumplen

Teorema de Pitágoras

$a^2 = b^2 + c^2$

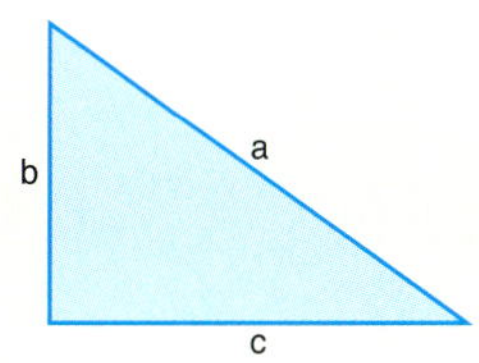

Actividades finales

Razón y proporcionalidad de segmentos

21. ★☆☆ Dibuja seis segmentos de modo que se cumpla la proporción siguiente:

$$\frac{AB}{CD} = \frac{EF}{GH} = \frac{IJ}{KL} = 2$$

22. ★☆☆ La razón de dos segmentos a y b es $\frac{5}{3}$, y la razón de dos segmentos b y c es $\frac{2}{5}$. Halla la razón de los segmentos c y a.

23. ★☆☆ Hemos cortado un listón de madera en partes proporcionales a 2, 3 y 5.

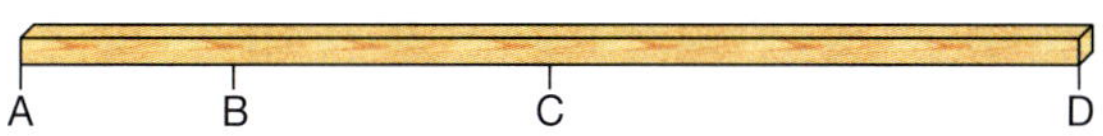

Determina la razón de estos segmentos:

a) AB y CD
b) AC y BD
c) BC y AD
d) BC y BD

24. ★☆☆ Establece todas las razones existentes entre las alturas de la página 176.

Actividades finales

25. ★★☆ Observa la imagen.

Calcula las longitudes de los segmentos AB y BC si se sabe que su razón es $\frac{1}{4}$ y que la longitud del segmento AC es de 2 dm.

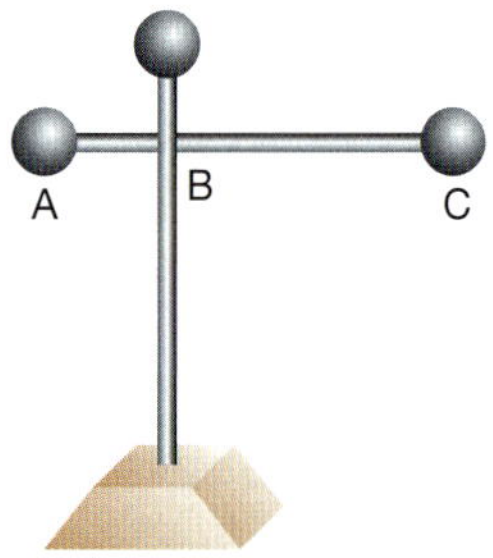

26. ★★☆ Observa el siguiente tramo de carretera:

¿En qué kilómetro se encuentra la casa si $\frac{AC}{AB} = \frac{4}{5}$?

27. ★★☆ Halla las dimensiones de un rectángulo si su perímetro es 36 cm y la razón de la base y la altura, $\frac{5}{4}$.

Rectas secantes cortadas por paralelas

28. ★☆☆ Calcula la longitud x de los segmentos de las siguientes figuras:

a)

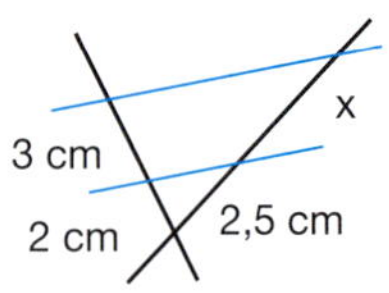

b)

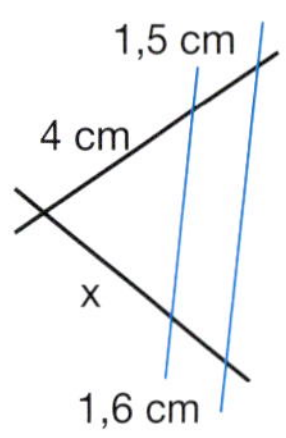

29. ★☆☆ Halla las longitudes de los segmentos x e y de esta figura:

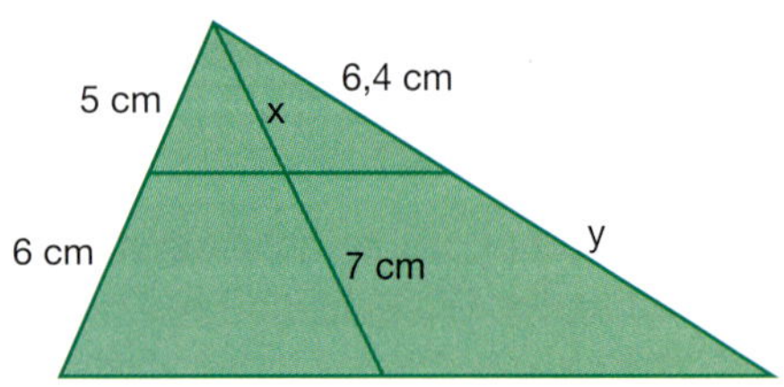

30. ★☆☆ Observa la figura y determina las longitudes de los segmentos x, y, z.

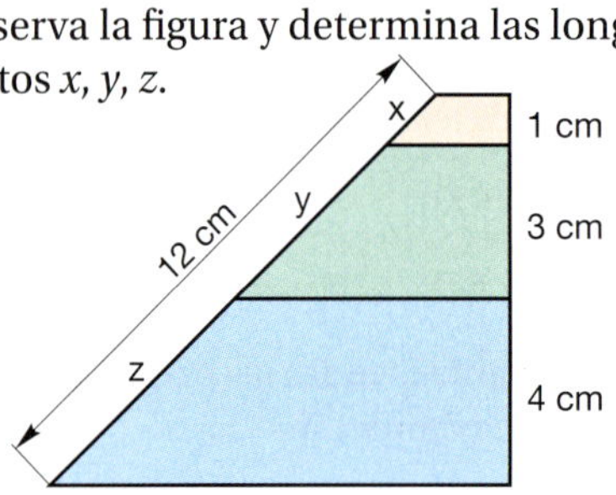

31. ★☆☆ Las rectas r y s de cada una de estas figuras son paralelas. Indica si la recta t también es paralela a r y $s$en ambos casos.

a)

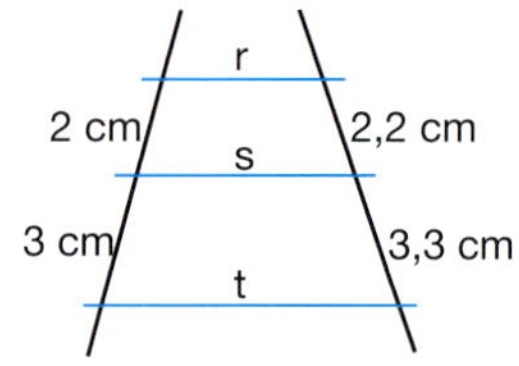

b)

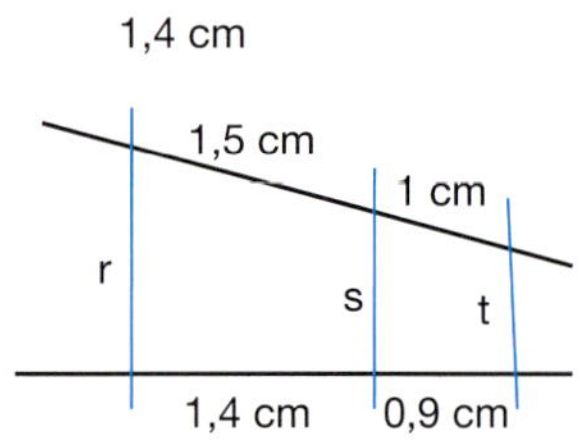

32. ★☆☆ Divide un segmento de 10 cm en partes proporcionales a 2, 3 y 4.

33. ★☆☆ Divide un segmento de 6 cm en partes proporcionales a 2, 3 y 4.

34. ★★☆ Dibuja un segmento de 7 cm y divídelo en ocho partes iguales.

35. ★★☆ Divide gráficamente un segmento AB de 6 cm de longitud en dos segmentos cuya razón sea $\frac{3}{5}$.

¿Cuánto mide cada uno de los segmentos?

36. ★★☆ Dibuja un segmento AB de 10 cm. Traza encima otro que sea $\frac{5}{6}$ de AB.

37. ★★☆ Dibuja un segmento AB de 7 cm. Construye otro segmento CD tal que se cumpla que $CD = \frac{4}{3} AB$.

38. ★★☆ Traza un segmento de 8 cm y divídelo en seis partes iguales. A continuación, señala un punto P tal que $AP = \frac{5}{6} AB$ y un punto Q tal que $\frac{AQ}{AB} = \frac{1}{3}$.

39. ★★☆ Construye el segmento cuarto proporcional a tres segmentos a, b y c cuyas longitudes son 1 cm, 2 cm y 3 cm, respectivamente.

40. ★★☆ Construye el segmento cuarto proporcional a tres segmentos d, e y f cuyas longitudes son 9 cm, 5 cm y 7 cm, respectivamente.

41. ★★☆ Construye el segmento tercero proporcional a los segmentos p y q cuyas longitudes son 3 cm y 4 cm, respectivamente.

Considera que el segmento p es el que se repite.

42. ★★★ Indica si las siguientes frases son ciertas o falsas:

a) La razón de dos segmentos de longitudes 2 dm y 40 cm es $\frac{1}{2}$.

b) Los segmentos de longitudes 2 cm y 6 cm son proporcionales a los segmentos de longitudes 2,5 cm y 6,5 cm.

c) El segmento tercero proporcional a los segmentos de longitudes 2 cm y 4 cm mide 3 cm.

d) El segmento cuarto proporcional a los segmentos de longitudes 3 cm, 4 cm y 9 cm mide 12 cm.

Teorema de Pitágoras

43. ★☆☆ Identifica si las siguientes ternas de números cumplen el teorema de Pitágoras (si son ternas pitagóricas):

a) (6, 8, 10)

b) (7, 15, 17)

c) (7, 24, 28)

d) (9, 40, 41)

— En las ternas que no sean pitagóricas, cambia alguno de los tres números para que sí lo sean.

44. ★☆☆ Determina los valores de H_1 y H_2 de la figura.

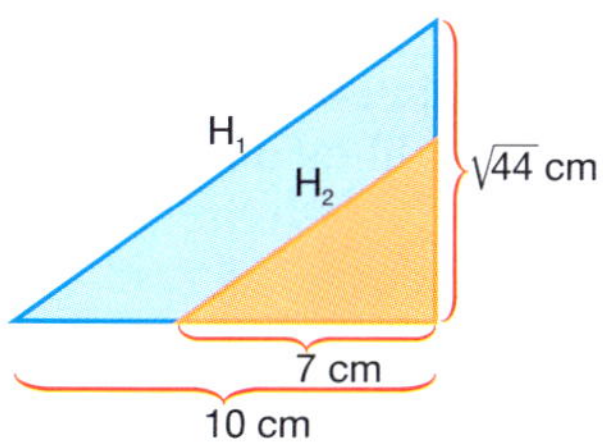

45. ★☆☆ Calcula el valor de la hipotenusa, *h,* del triángulo *A* sabiendo que los lados de este triángulo son proporcionales a los del triángulo *B.*

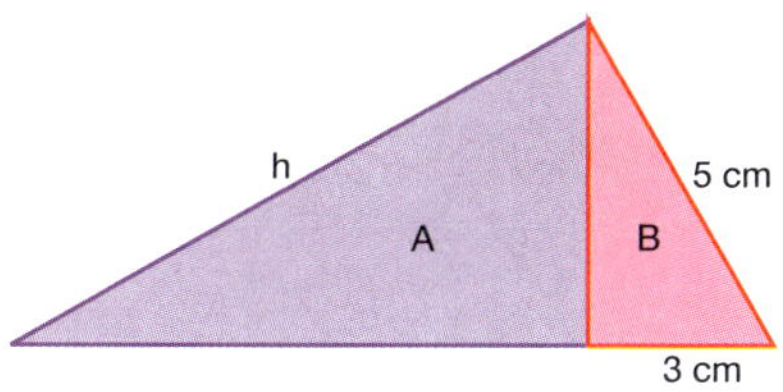

46. ★★☆ Formad grupos de tres componentes y aplicad la **técnica cooperativa** *El número* a la siguiente actividad:

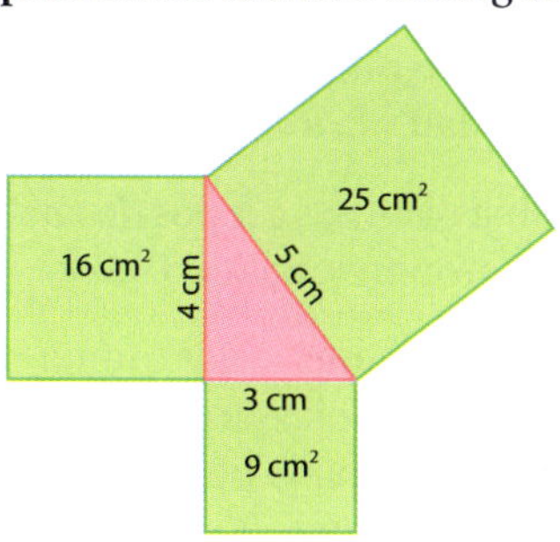

— Dibujad un triángulo rectángulo y elegid una figura regular diferente del cuadrado. Demostrad el teorema de Pitágoras construyendo sobre los lados del triángulo rectángulo la figura seleccionada.

— Cada uno de los alumnos y alumnas de la clase recibe un número.

— El docente extraerá un número al azar y el alumno o alumna que lo tenga explicará la demostración al resto de la clase.

47. ★★☆ Calcula el perímetro de la figura sabiendo que puede descomponerse en tres triángulos rectángulos idénticos cuyo cateto mayor mide $\sqrt{80}$ cm.

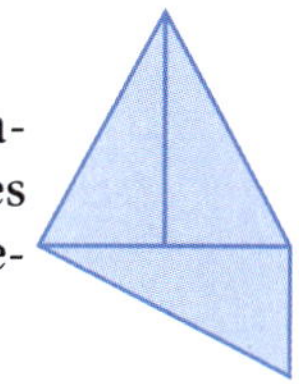

48. ★★☆ La suma de los catetos de un triángulo rectángulo es 564 cm. Si la razón entre ellos es 5, ¿cuánto mide su hipotenusa?

49. ★★☆ Dado un triángulo rectángulo de catetos c_1 y c_2 e hipotenusa *h,* halla la longitud del lado que falta en cada caso.

a) $c_1 = \frac{4}{3}$ y $c_2 = \frac{5}{6}$

b) $h = \frac{3^2}{\frac{4}{5}}$ y $c_1 = \frac{\sqrt{89}}{4}$

c) $c_2 = \frac{5}{13}$ y $h = \frac{7}{11}$

50. ★★☆ Halla la expresión de la hipotenusa de un triángulo rectángulo cuyos dos catetos tienen la misma longitud *a.*

51. ★★☆ Los catetos de un triángulo rectángulo miden 60 cm y 80 cm. ¿Cuántos metros mide la hipotenusa de un triángulo rectángulo con los mismos ángulos, pero cuyos lados miden el doble? ¿Y el triple? ¿Y cien veces más grandes?

52. ★★★ Observa la siguiente imagen:

— Demuestra el teorema de Pitágoras calculando el área del cuadrado interior a partir del área del cuadrado exterior menos las áreas de los cuatro triángulos rectángulos.

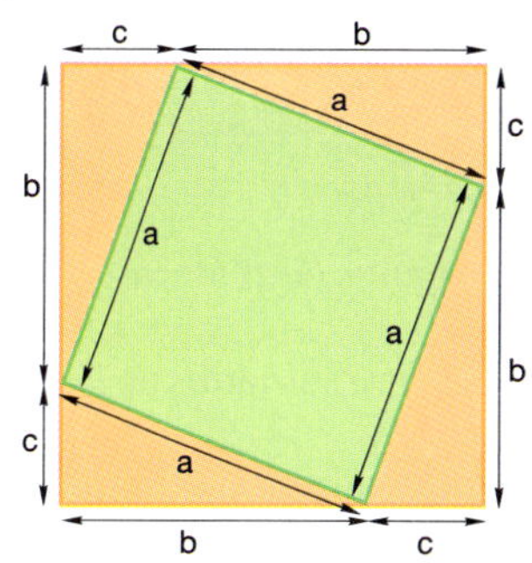

Actividades finales

53. ★★★ Bhâskara (1114-1185) fue un monje y matemático hindú que demostró el teorema de Pitágoras a partir de la siguiente figura:

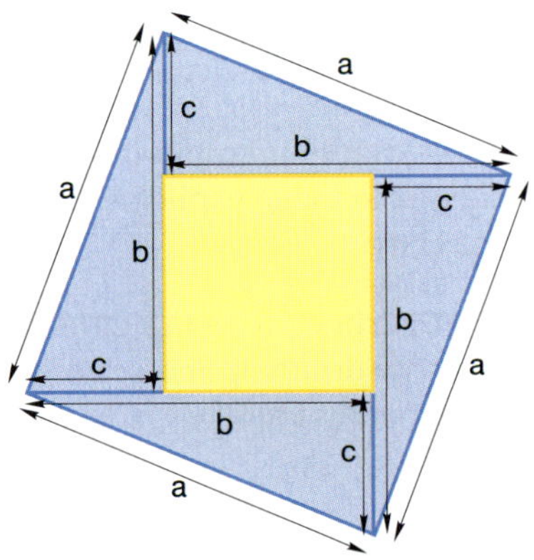

— Demuéstralo tú también hallando el área del cuadrado grande a partir de la suma del área del cuadrado pequeño más las áreas de los cuatro triángulos rectángulos.

Triángulos en posición de Tales

54. ★☆☆ Dibuja dos triángulos en posición de Tales, mide los lados y comprueba que son proporcionales.

— Mide también los ángulos y verifica que son iguales.

55. ★☆☆ Calcula las medidas que faltan en el triángulo de

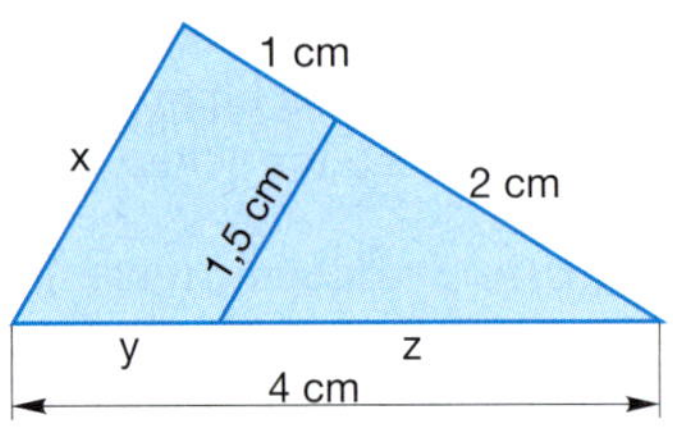

esta figura:

56. ★☆☆ Halla el perímetro del triángulo DBE sabiendo que $AC = 10$ cm, $BC = 16$ cm, $AB = 22{,}7$ cm y $BD = 11$ cm.

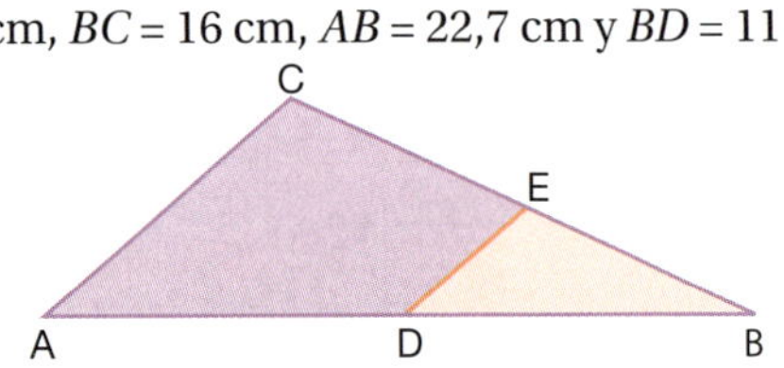

57. ★★☆ Dos triángulos equiláteros están en posición de Tales y la razón entre sus lados es $\frac{2}{3}$. Calcula mentalmente el perímetro del triángulo mayor si el del triángulo menor es 18 cm.

Problemas

58. ★☆☆ Un escultor debe diseñar la escultura de la derecha, formada por dos triángulos rectángulos de lados proporcionales tales que el mayor reposa encima de un cuadrado de área 64 m^2. ¿Cuál es la altura total de la escultura si se sabe que la hipotenusa del triángulo rectángulo menor mide 10 m?

59. ★☆☆ Halla las medidas de la siguiente figura correspondientes a $x + 2$ y a $x - 2$:

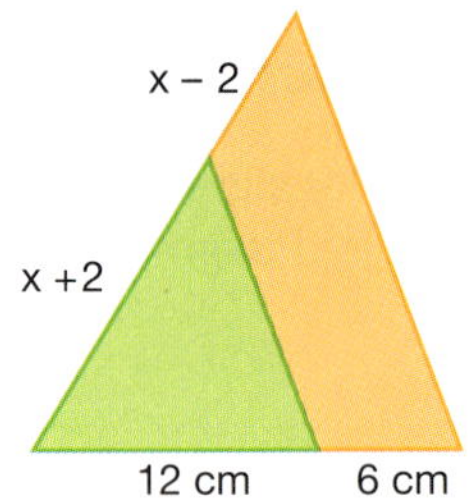

60. ★☆☆ Un coche asciende por una rampa a una velocidad de 5 m/s. Si a los 4 s de su salida se halla a una altura de 10 m, ¿a qué altura se encontrará a los 15 s?

61. ★★☆ En la imagen puedes observar la disposición de las pistas de la terminal de un aeropuerto. A partir de los datos que se indican, determina los valores para x e y.

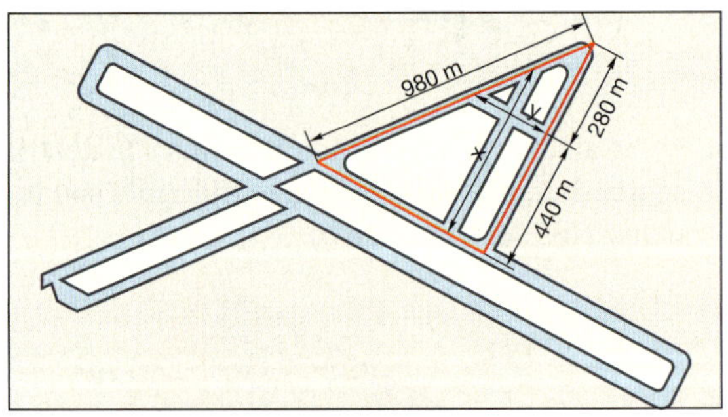

62. ★★☆ Completa los siguientes ejercicios ayudándote de los *applets* de esta página: **http://links.edebe.com/5yb**

a) Los segmentos de longitudes $a = 4$ cm, $b = 6$ cm, $c = 7$ cm y d son proporcionales. Halla la razón de proporcionalidad y la longitud del segmento d.

b) Determina distintos grupos de cuatro segmentos con razón de proporcionalidad 0,85.

c) En las aplicaciones del teorema de Tales investiga cómo cambian los valores de los cocientes de los segmentos al variar la posición de las rectas e intenta justificar el porqué.

63. ★★☆ Observa en la imagen las carreteras que unen los pueblos *A, B, C, D* y *E*. Puesto que la carretera que une *D* con *E* está cortada, si un coche parte de *D* para ir a *E* tiene dos posibles recorridos: uno pasando por *B* y otro pasando por *A* y por *C*. ¿Cuántos kilómetros recorrería en cada caso?

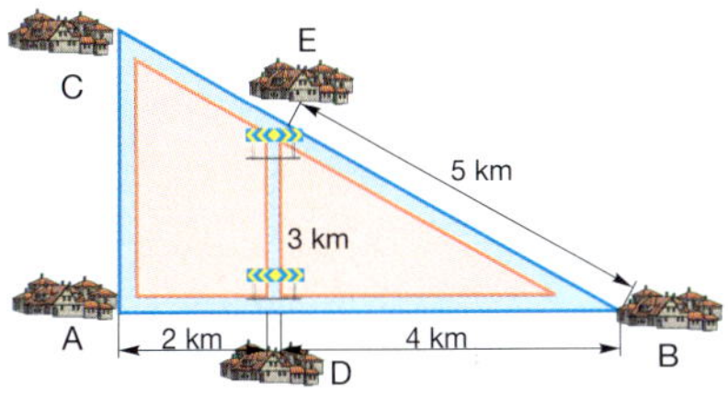

64. ★★★ En la figura puedes observar una torre y un poste cuyas sombras se superponen en un momento dado.

A partir de los datos facilitados, determina la altura de la torre.

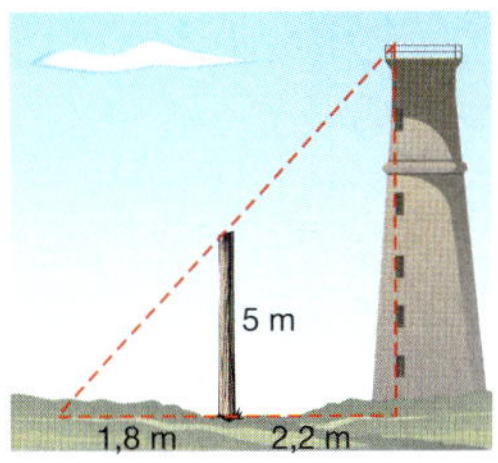

65. ★★★ Hemos dividido los lados *AB* y *BC* del triángulo *ABC* en tres partes iguales y hemos construido los triángulos *DBE* y *D'BE'*.

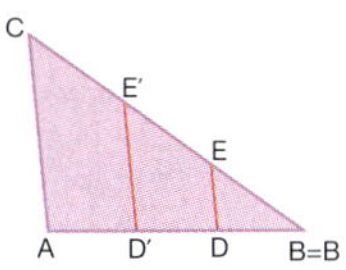

Comprueba que $DE = \frac{1}{3}AC$ y que $D'E' = \frac{2}{3}AC$.

66. ★★★ Halla los valores de las incógnitas de la figura.

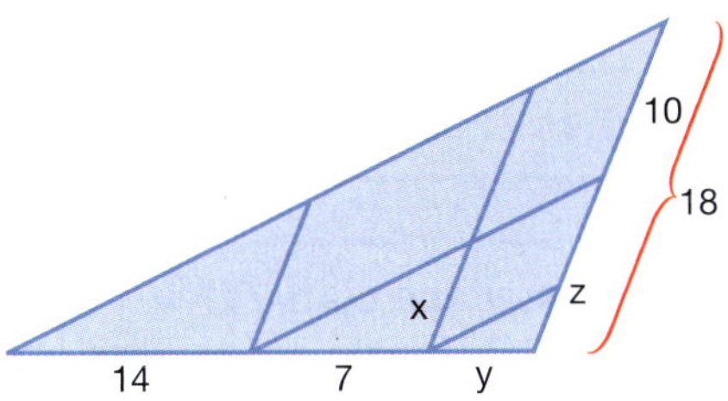

67. ★★★ Un arquitecto debe diseñar una estructura como la de la imagen, formada por dos barras inclinadas de un cierto grosor. La altura máxima de la estructura es de 4 m y su longitud, de 6 m; por seguridad, se exige que el grosor mínimo de las barras sea de 1 m. ¿Podrá pasar una persona de 2 m de altura por debajo de la estructura?

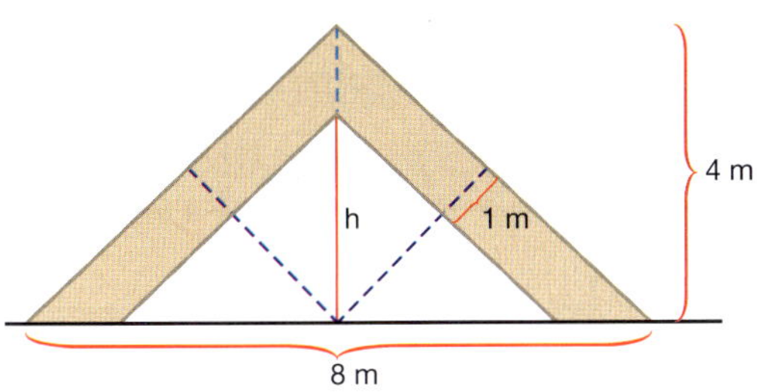

Observa que la estructura puede dividirse en varios triángulos rectángulos.

68. ★★★ La figura representa el pilar de un puente colgante y la disposición de dos conjuntos de cables, uno de los cuales está formado por cables paralelos.

Sabiendo que el tráfico circula a 35 m por encima del nivel del agua, y con ayuda de la calculadora, averigua cuántos metros de cable se necesitan para construir este tramo del puente.

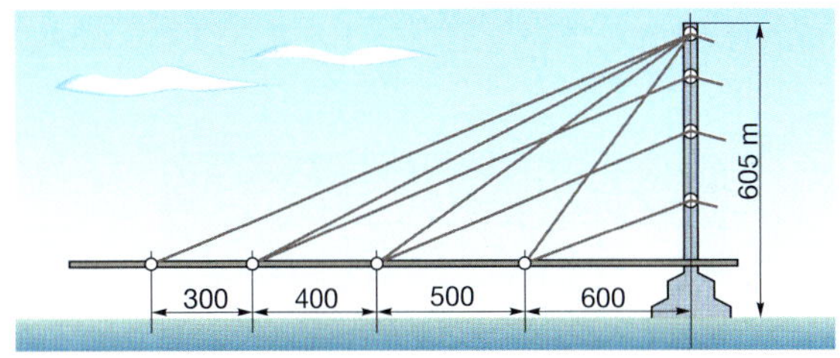

69. ★★★ Halla la longitud del camino marcado en rojo y formado por los tramos *a*, *b* y *c*. Observa que los triángulos de la imagen son rectángulos.

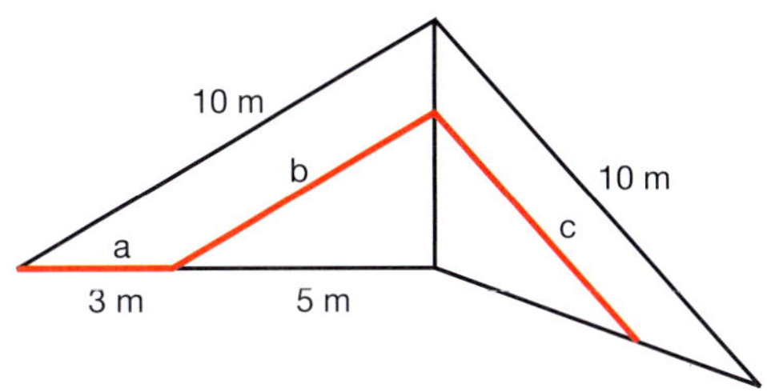

70. ★★★ Representa mediante el teorema de Tales tres subsegmentos dentro de un segmento de 10 cm, de modo que dos de ellos tengan igual longitud y estén situados en ambos extremos y el tercero se halle centrado. Debe cumplirse que:

— La suma de los dos subsegmentos iguales represente las tres cuartas partes de la longitud del mayor.

— El subsegmento central sea cuatro veces mayor que cada uno de los dos subsegmentos de los extremos.

Resuélvelo como un sistema de ecuaciones.

71. ★★★ Calcula las longitudes que faltan de los lados de este polígono compuesto por dos triángulos rectángulos.

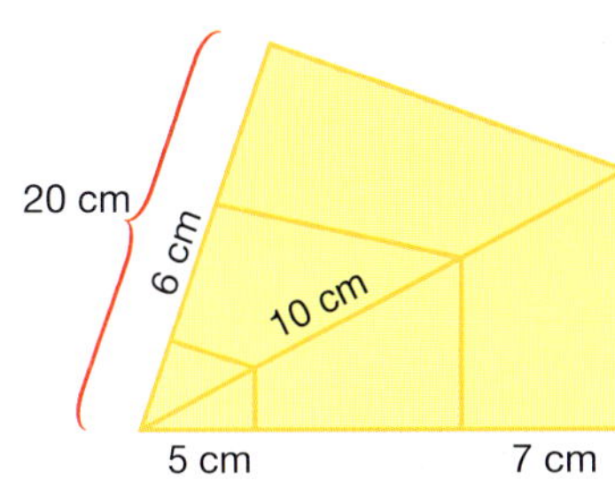

MATEMÁTICAS A TU ALCANCE

PBL: La proporción áurea en diferentes contextos

Planteamiento del problema

En nuestra vida cotidiana, es habitual encontrar elementos que presentan proporciones geométricas cuyo valor aproximado es el número áureo: $\phi = \frac{1+\sqrt{5}}{2} = 1{,}618\ldots$. Estas imágenes son ilustrativas:

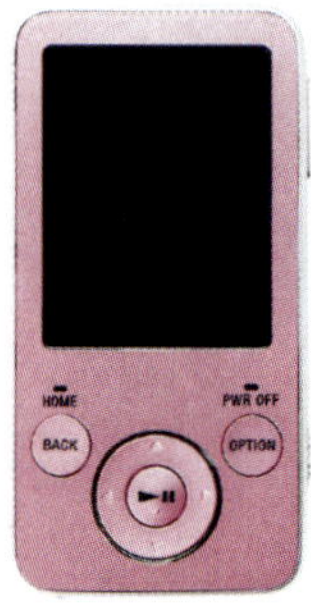

El Departamento de Matemáticas de Educación Secundaria quiere coordinarse con el Departamento de Historia para incluir una sección en la revista del centro educativo. En ella se presentarán ejemplos, desde la antigüedad hasta nuestros días, en los que se incluya la atracción inconsciente del ser humano hacia la proporción áurea.

Formad grupos de cuatro componentes y diseñad un artículo para la revista del centro educativo. Deberéis centraros en alguno de los siguientes ámbitos: escultura, pintura, arquitectura, publicidad, naturaleza, objetos cotidianos, etc.

Recursos

— Página sobre qué es la proporción áurea y cómo calcularla: @ **http://links.edebe.com/hi7z**

— Página sobre la proporción áurea en el diseño de logotipos: @ **http://links.edebe.com/jah**

— Vídeo sobre la proporción áurea en objetos cotidianos: @ **http://links.edebe.com/7jiiyv**

Metodología de trabajo

El trabajo se llevará a cabo en grupos de 3 a 5 alumnos. Debéis seguir este procedimiento:

1.º Análisis y comprensión del problema.

2.º Creación de una tabla en la que señaléis:

— Lo que sabéis. — Lo que necesitáis.

3.º Confección de una tabla en la que aparezca el reparto de tareas para cada miembro del grupo y el avance diario de estas.

4.º Ejecución del trabajo individual, que consistirá en la realización de la tarea asignada.

5.º Reunión y puesta en común de los resultados obtenidos por cada miembro del grupo.

6.º Exposición del trabajo en una presentación en formato digital, vídeo o conferencia.

Días	Tarea asignada	Persona asignada
Día 1		
Día 2		
Día 3		

Cre@ctividad: La proporcionalidad geométrica paso a paso

GeoGebra permite, con la opción **Barra de navegación,** rehacer el boceto realizado y recorrer los pasos de construcción de un *applet*.

Para activarla desplegaremos el menú contextual y seleccionaremos *Vista Gráfica*. Posteriormente, marcaremos la opción *Barra de navegación por pasos de construcción*.

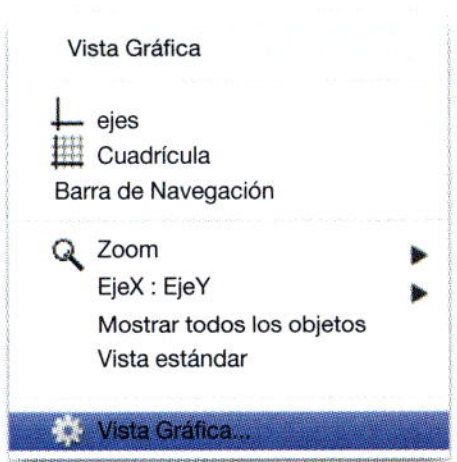

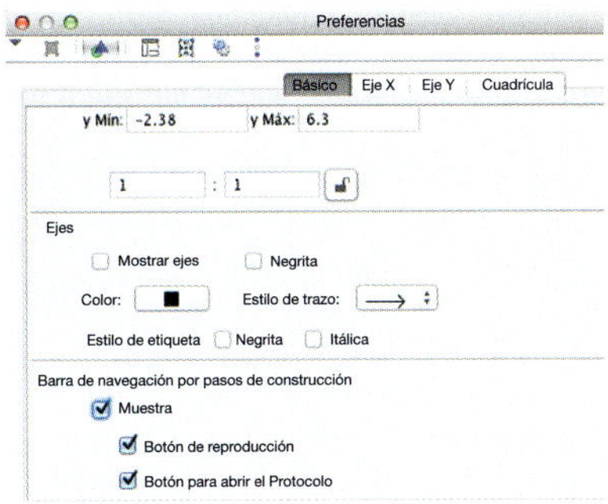

Se desplegará una botonera y dos números separados con una barra en diagonal. Estos nos indican el paso del proceso de construcción en el que nos encontramos.

Por ejemplo, 3/6 significa que estamos en el tercer paso de un total de 6 pasos.

La botonera incluye los siguientes elementos:

- Botón para retroceder al paso inicial.
- Botón para retroceder paso a paso.
- Botón para avanzar paso a paso.
- Botón para avanzar hasta el último paso.

Botón que reproduce automáticamente la construcción paso a paso.

Atrévete

- Preparad una presentación del artículo que habéis elaborado anteriormente sobre la proporción áurea en diferentes contextos.
- Incluid en la presentación un *applet* con el programa GeoGebra en el que verifiquéis que se cumple la proporción áurea en algunos de los ejemplos. Activad la barra de navegación que os permitirá recorrer los pasos de la construcción.

Visión 360°

Un folio u hoja de papel DIN A4 mide 210 mm x 297 mm.

DIN es el acrónimo del Deutsches Institut für Normung (Instituto Alemán de Normalización), que en 1922 elaboró la norma DIN 476, que trata sobre los formatos de papel de la mayor parte de los países.

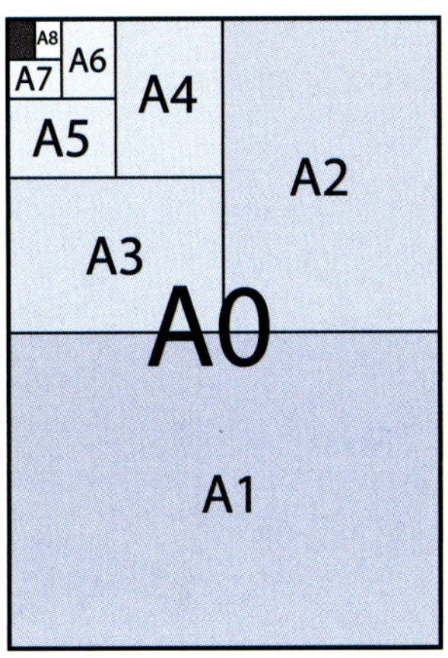

El formato DIN A4 intenta aprovechar al máximo el pliego de papel de 1 m^2 de superficie que tiene por nombre DIN A0.

Los sucesivos tamaños: A1, A2, A3, A4, etc., se definen dividiendo entre la mitad el largo del tamaño anterior.

Por ejemplo, un DIN A3 mide 297 mm x 420 mm. Al dividirlo por la mitad, obtenemos dos DIN A4 que miden cada uno 210 mm x 297 mm.

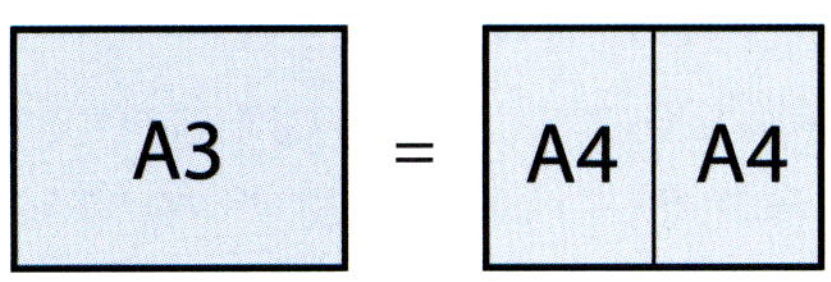

- ¿Cuál es la relación entre la base y la altura que se mantiene en todos los tamaños del formato DIN A?
- ¿Cuál es el tamaño de un formato DIN A5?
- ¿Por qué al imprimir un papel de A3 a A4 la pantalla de la impresora nos muestra un porcentaje del 71 %?

Pon a prueba tus competencias

1. En una tienda de artículos para fiestas se venden gorros de papel con dos medidas distintas: una para adultos y otra para niños.

Os presentamos en la imagen un gorro para adultos con sus medidas correspondientes.

Calcula estas dimensiones y presenta los resultados con un decimal:

a) El perímetro del borde del gorro.

b) La altura del gorro.

El gorro para niños se obtiene cortando el grande tal y como se muestra en la figura.

c) Calcula el radio del gorro para niños.

d) Halla su perímetro.

e) ¿Cuál es la altura del gorro para adultos?

f) ¿Y la altura del gorro para niños?

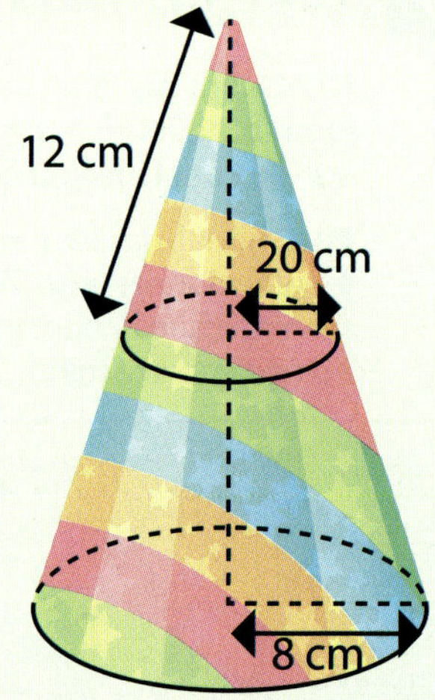

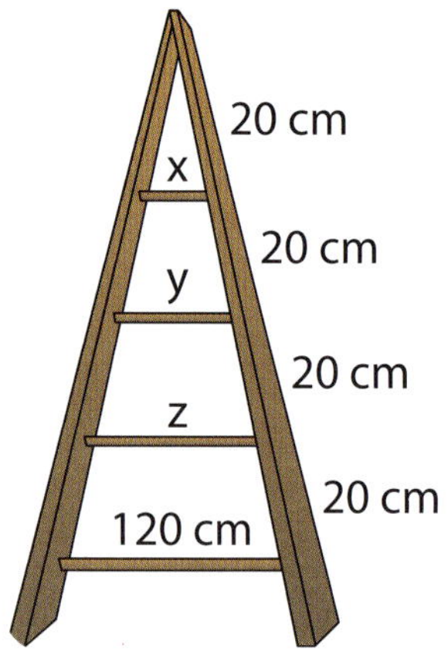

2. La escalera de la izquierda tiene forma de triángulo isósceles. Halla la longitud de cada uno de sus peldaños y determina también su altura, sabiendo que la distancia desde el suelo al primero es de 10 cm. Sigue el procedimiento indicado a continuación:

a) Aplica el teorema de Tales para establecer las proporciones entre las longitudes de los peldaños y el lateral de la escalera.

Calcula la longitud de cada peldaño a partir de las tres proporciones obtenidas.

b) Construye dos triángulos rectángulos a partir del triángulo isósceles.

La distancia desde el primer peldaño hasta el extremo superior de la escalera corresponde al cateto mayor de uno de los triángulos rectángulos formados. Aplica el teorema de Pitágoras para determinarla.

c) Halla la altura de la escalera.

d) Utiliza un programa informático de construcción de figuras geométricas para reproducir la escalera y comprueba gráficamente si los resultados coinciden con los que has obtenido algebraicamente.

3. Una caja con la forma de paralelepípedo está pintada con cuatro colores, pero solo están visibles tres tal y como se aprecia en la imagen.

a) Calcula la longitud del largo de la caja.

b) Determina la longitud del ancho de la caja.

c) Halla su volumen sabiendo que el volumen de un paralelepípedo se calcula multiplicando las dimensiones: largo, ancho y alto.

d) Conociendo que cada color está presente en tres caras distintas de la caja, calcula el área de pintura de cada uno de los colores.

e) Determina el área total de la caja.

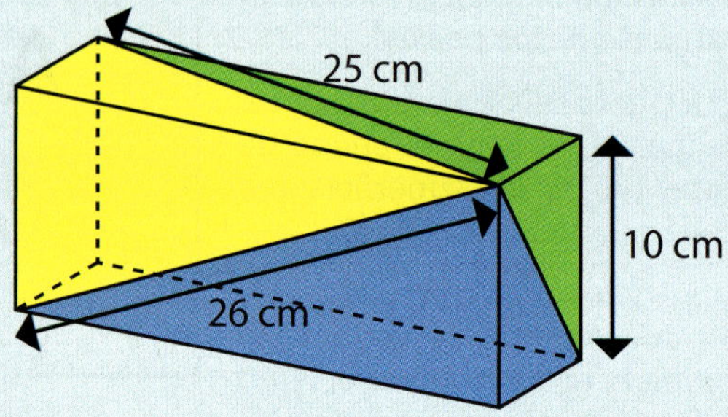

4. Un terreno rectangular tiene tres tipos de flores: rosas, claveles y lavandas. Cada uno de los parterres está delimitado por una verja tal y como se indica en la figura.

a) Calcula la longitud de la base del terreno.

b) Determina la longitud de la altura del terreno.

c) Halla la longitud de la verja que separa las rosas de los claveles.

d) Calcula el área del parterre con rosas. Presenta el resultado con un decimal.

e) Determina el área del parterre con claveles. Presenta el resultado con un decimal.

f) Halla el área del parterre con lavandas.

5. Una rampa de accesibilidad para personas con discapacidad tiene las siguientes dimensiones:

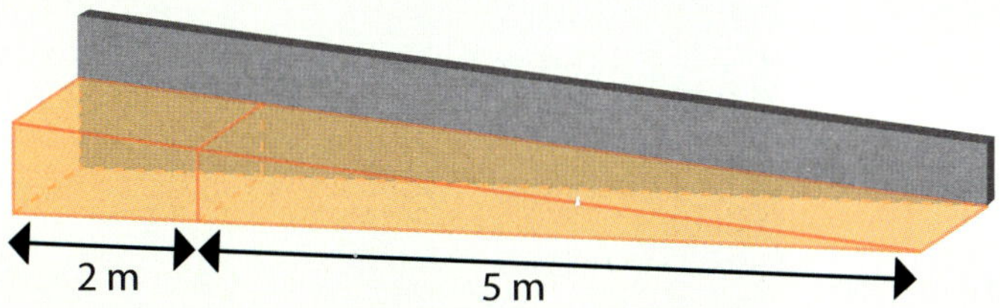

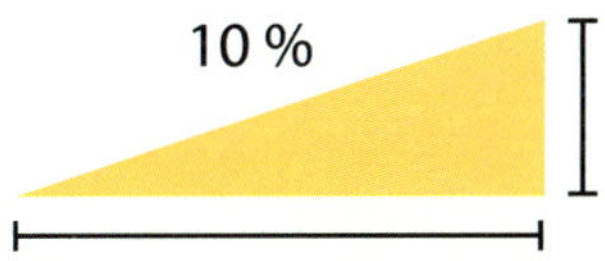

La pendiente de la rampa es de un 10 %; es decir, 1 m de la altura de la rampa corresponde a 10 m de longitud de la rampa.

a) Determina la altura de la rampa.

b) El ancho de la rampa es 0,2 m menor que el doble de la altura. ¿Cuál es su ancho?

c) Determina la longitud del pasamanos. Presenta el resultado con dos decimales.

d) ¿Cuál es el área de la rampa?

e) Una persona sube la rampa hasta los 5 m y se detiene un momento para descansar. ¿A qué altura está del suelo?

Reflexiona

Diario de aprendizaje

— ¿Consideras que el texto de inicio de la unidad tiene relación con los conceptos tratados en ella? ¿Con cuáles?

— Los contenidos estudiados en la unidad, ¿te han servido para ampliar tus conocimientos sobre proporcionalidad geométrica?

— ¿Crees que algunos conceptos aprendidos en esta unidad pueden ser aplicables en tu vida cotidiana? ¿Cuáles? ¿Cómo?

8 GEOMETRÍA
Semejanza

Triangulación

La triangulación en geometría es el uso de triángulos para determinar posiciones, distancias o áreas de figuras.

Un sistema GPS utiliza la triangulación de tres satélites para ubicarnos desde cualquier punto de la Tierra.

CONTENIDOS

1. Triángulos semejantes
2. Polígonos semejantes
3. Figuras semejantes
4. Construcciones geométricas con ordenador

PBL: Obras de arte con mosaicos

Cre@ctividad: Semejanza con GeoGebra

Rutina de pensamiento
CSI: COLOR, SÍMBOLO, IMAGEN

http://links.edebe.com/n56n

A partir del visionado del vídeo, elige:

— Un color.

— Un símbolo.

— Una imagen.

Deben reflejar la idea que consideres más relevante sobre lo que has visto.

1. Triángulos semejantes

Observa los triángulos *ABC* y *A′B′C′*, y fíjate en las relaciones que guardan sus ángulos y sus lados.

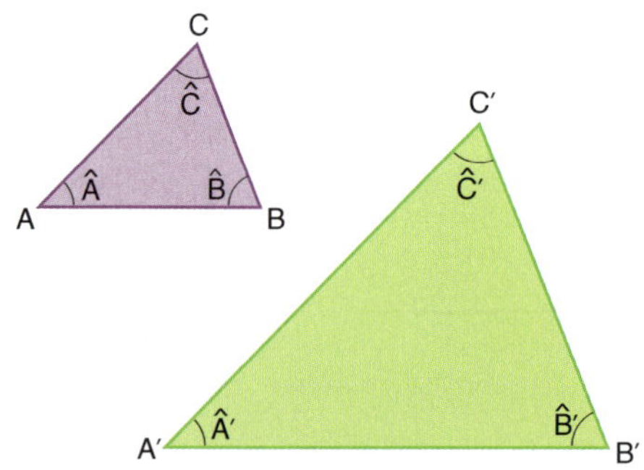

— Los ángulos de los dos triángulos son iguales.

$$\widehat{A} = \widehat{A'} \qquad \widehat{B} = \widehat{B'} \qquad \widehat{C} = \widehat{C'}$$

— Los lados de los dos triángulos son proporcionales.

$$\frac{A'B'}{AB} = \frac{B'C'}{BC} = \frac{C'A'}{CA} = 2$$

Decimos que los triángulos *ABC* y *A′B′C′* son semejantes.

Dos triángulos son **semejantes** si tienen los **ángulos iguales** y los lados **proporcionales.**

Los ángulos respectivamente iguales se llaman homólogos, y los lados opuestos a los ángulos homólogos se denominan lados homólogos.

La razón de proporcionalidad entre los lados homólogos de dos triángulos semejantes se denomina **razón de semejanza *k*.**

$$\frac{A'B'}{AB} = \frac{B'C'}{BC} = \frac{C'A'}{CA} = k$$

@

Si accedes a la siguiente página, encontrarás un *applet* con el que puedes repasar las relaciones que guardan dos triángulos semejantes:

http://links.edebe.com/f9yj4m

- ¿Cómo es el triángulo *XYZ* en comparación con el triángulo *ABC* cuando la razón de semejanza es 1? ¿Y cuando es mayor que 1? ¿Y menor que 1?

Misma forma, distinto tamaño

Dos **triángulos semejantes** tienen la misma forma, aunque tengan distinto tamaño.

Actividades

1. Dibuja un triángulo de lados 3 cm, 5 cm y 6 cm. Construye otro triángulo semejante a este con razón de semejanza $\frac{2}{5}$.

2. Calcula las medidas que faltan en la figura y halla la relación de semejanza entre los triángulos *ABC* y *ADE.*

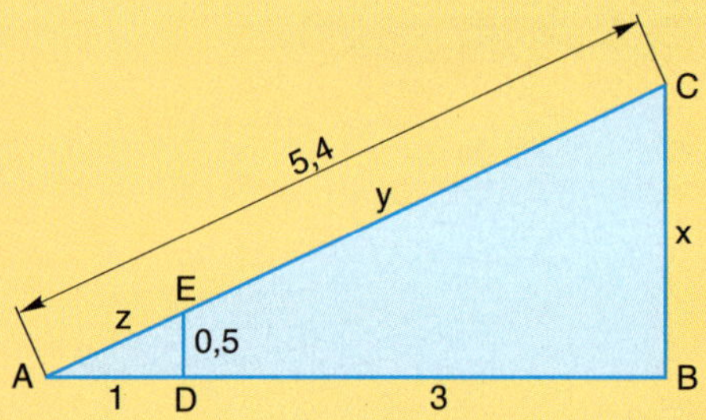

3. Observa esta figura y determina cuáles de los triángulos representados son semejantes.

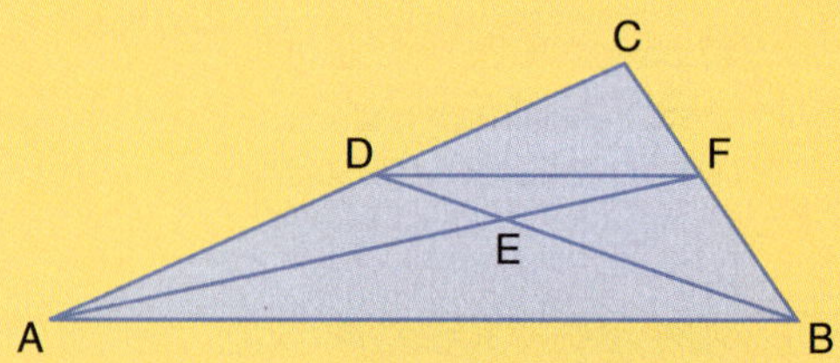

4. Dos triángulos *ABC* y *A′B′C′* son semejantes y su razón de semejanza es $\frac{2}{3}$.

Calcula los lados del triángulo *ABC,* sabiendo que los lados del triángulo *A′B′C′* miden *a′* = 21 cm, *b′*= 12 cm y *c′* = 18 cm.

1.1. Semejanza de triángulos en posición de Tales

En la unidad anterior vimos que dos triángulos están en posición de Tales si tienen un ángulo común y los lados opuestos a este ángulo son paralelos.

También aprendimos que dos triángulos en posición de Tales tienen los lados proporcionales y los ángulos iguales.

Por lo tanto, dos triángulos en posición de Tales son semejantes.

El recíproco también es cierto; es decir, dos triángulos semejantes siempre pueden situarse en posición de Tales.

Para comprobarlo, basta mover uno de los triángulos hasta hacer coincidir en un mismo vértice dos de los pares de ángulos homólogos cualesquiera.

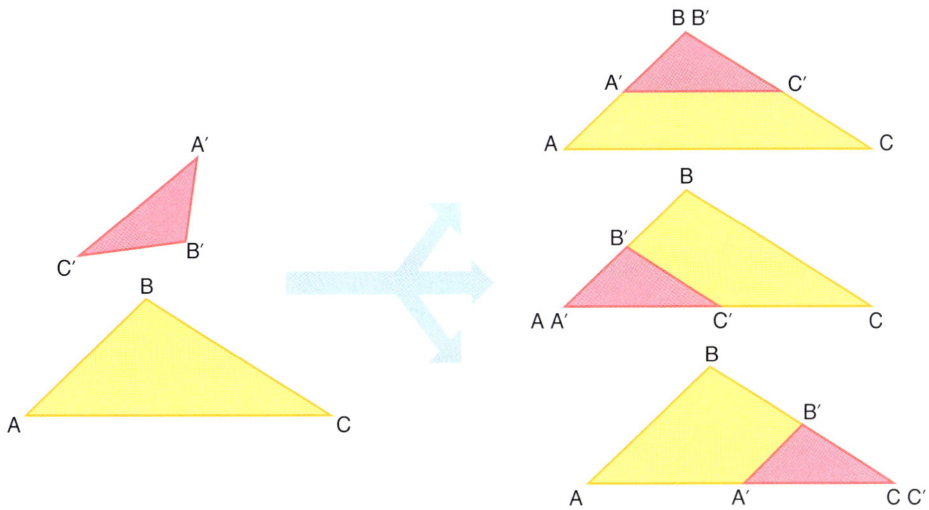

Observa que independientemente del ángulo escogido, los lados opuestos a este ángulo son paralelos y, por lo tanto, los triángulos siempre quedan situados en posición de Tales.

Así pues, podemos enunciar:

> Dos triángulos en **posición de Tales** son **semejantes,** y dos triángulos **semejantes** pueden **situarse en posición de Tales.**

En el margen, puedes ver la demostración de este enunciado.

Triángulos semejantes y posición de Tales

El teorema de Tales sirve para determinar si dos rectas que cortan dos rectas secantes son paralelas o no.

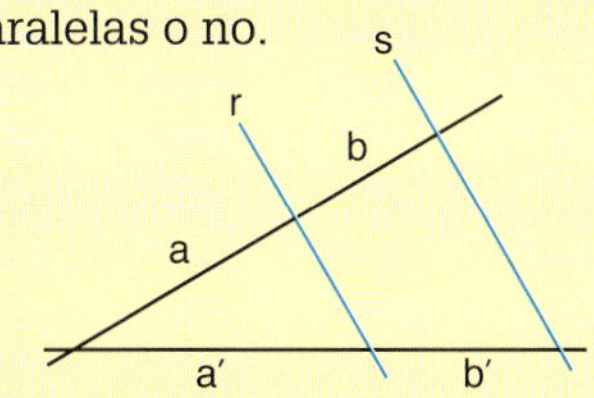

Si se cumple $\frac{a}{a'} = \frac{b}{b'}$, entonces r y s son paralelas.

Ahora considera los triángulos semejantes del ejemplo de la izquierda ABC y $A'B'C'$.

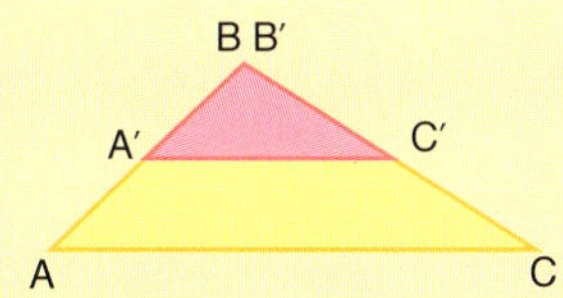

Al ser semejantes deben cumplir:

$$\frac{A'B'}{AB} = \frac{B'C'}{BC} = \frac{A'C'}{AC}$$

Por el teorema de Tales podemos afirmar que los segmentos BC y $B'C'$ son paralelos y, por lo tanto, que los triángulos ABC y $A'B'C'$ están en posición de Tales.

@

Accede a esta página, realiza una simulación y, a partir de ella, calcula las longitudes de los valores desconocidos.

http://links.edebe.com/bjipa7

Actividades

5. Dibuja dos triángulos en posición de Tales de forma que su razón de semejanza sea $\frac{3}{4}$.

6. Construye un triángulo rectángulo de catetos 5 cm y 10 cm. Dibuja otro cuyos catetos midan la mitad de los anteriores de modo que los dos estén en posición de Tales.

7. Calca los dos triángulos semejantes que hemos utilizado en este apartado, recórtalos y superponlos comprobando así que son semejantes.

En la siguiente página, se presentan cinco enunciados de problemas en los que tendrás que indicar qué criterio de semejanza de triángulos utilizarías para demostrar que son semejantes:

http://links.edebe.com/gy4ik

- ¿Qué significan las siglas *AA*, *SSS* y *SAS*?

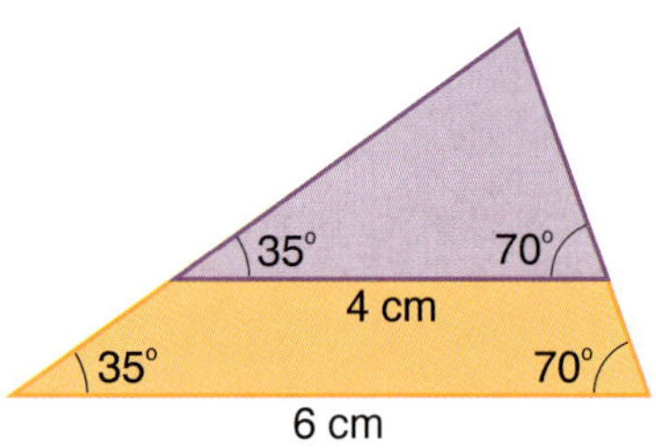

1.2. Criterios de semejanza de triángulos

Hemos visto que dos triángulos son semejantes si tienen los ángulos iguales y sus lados son proporcionales.

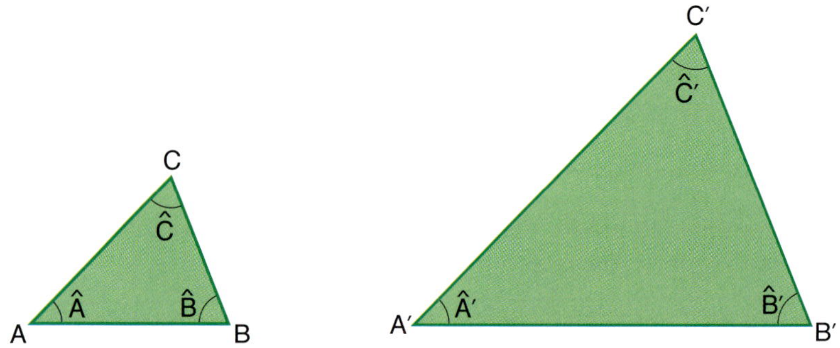

No obstante, no es necesario comparar los tres lados y los tres ángulos de dos triángulos para determinar si son semejantes.

Las condiciones que nos permiten afirmar que dos triángulos son semejantes se llaman **criterios de semejanza.**

Tres de estos criterios son:

- Dos triángulos que tengan **dos ángulos iguales** son **semejantes.**
- Dos triángulos que tengan sus **tres lados proporcionales** son **semejantes.**
- Dos triángulos que tengan un **ángulo igual** y los **lados que lo forman proporcionales** son **semejantes.**

Estos criterios se demuestran comprobando que los triángulos pueden situarse en posición de Tales.

Dos triángulos que tengan **dos ángulos iguales** son **semejantes.**

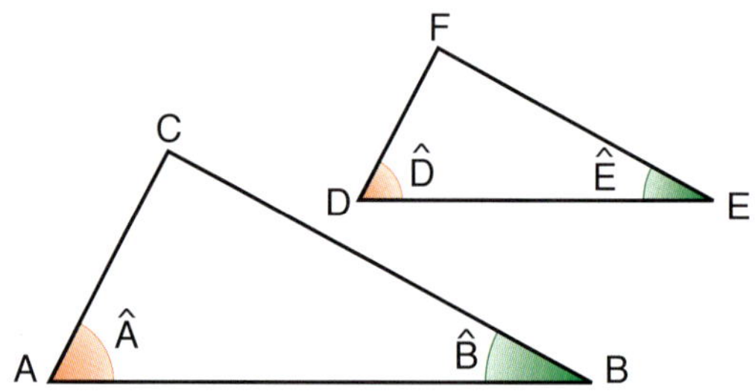

$\hat{A} = \hat{D}$ $\hat{B} = \hat{E}$

Comprobación

— Construye un triángulo con un lado que mida 6 cm y con los ángulos contiguos a este de 35° y 70°.

— Construye otro triángulo con un lado que mida 4 cm y con sus ángulos contiguos iguales a los anteriores.

— Recorta los dos triángulos y comprueba que pueden situarse en posición de Tales.

Dos triángulos que tengan sus **tres lados proporcionales** son **semejantes.**

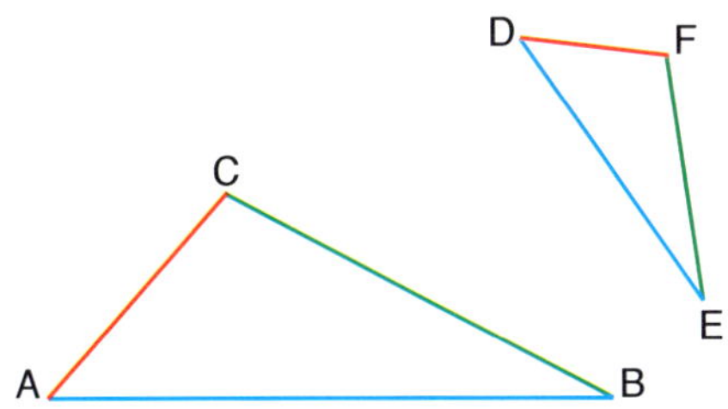

$$\frac{AC}{DF} = \frac{CB}{FE} = \frac{AB}{DE}$$

Comprobación

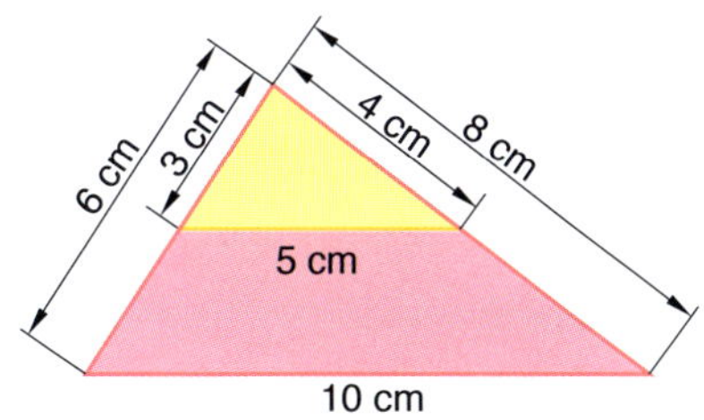

— Construye un triángulo cuyos lados midan 6 cm, 8 cm y 10 cm.

— Construye otro triángulo de lados proporcionales a los anteriores; por ejemplo, 3 cm, 4 cm y 5 cm.

— Recorta los dos triángulos y comprueba que pueden situarse en posición de Tales.

Dos triángulos que tengan un **ángulo igual** y los **lados que lo forman proporcionales son semejantes.**

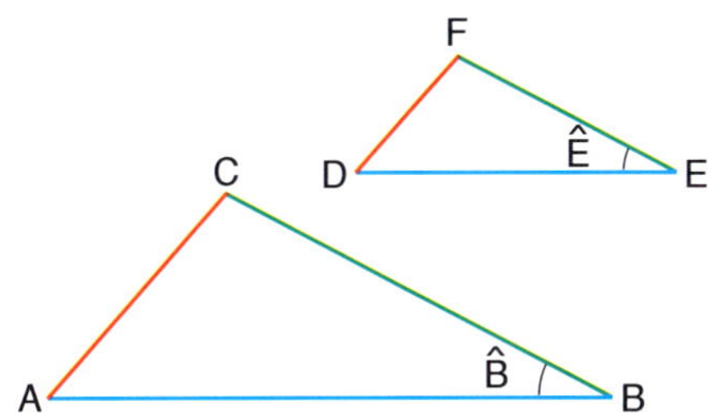

$\hat{B} = \hat{E}$ $\qquad$ $\frac{AC}{DF} = \frac{CB}{FE} = \frac{AB}{DE}$

Comprobación

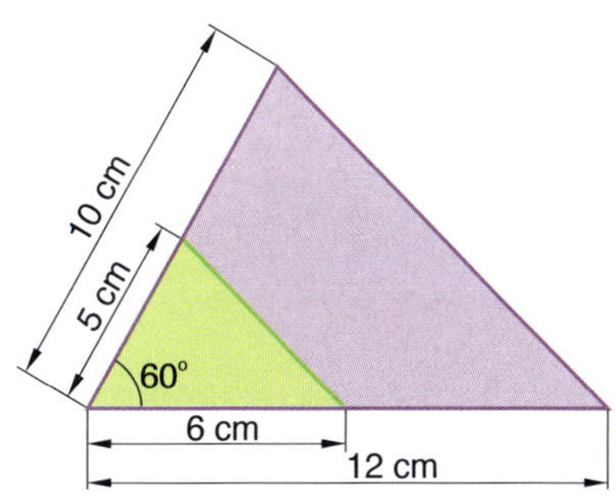

— Construye un triángulo con dos lados de 5 cm y 6 cm, y que formen un ángulo de 60°.

— Construye otro triángulo con dos lados proporcionales a los anteriores, por ejemplo 10 cm y 12 cm, y que formen el mismo ángulo.

— Recorta los dos triángulos y comprueba que pueden situarse en posición de Tales.

Actividades

8. Dibuja tres triángulos equiláteros de diferente lado y comprueba que son semejantes aplicando los tres criterios de semejanza.

9. Dibuja dos triángulos isósceles que tengan un ángulo igual y comprueba que son semejantes.

Fíjate

- Dos triángulos *ABC* y *A'B'C'* de lados paralelos son semejantes.

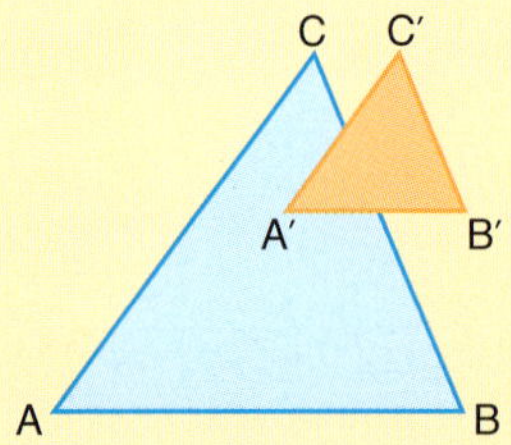

- La recta que une los puntos medios de los lados de un triángulo es paralela al tercer lado del triángulo y mide la mitad de este.

  Se verifica que la razón de semejanza entre los dos triángulos es $k = \frac{1}{2}$.

@

En la siguiente página, encontrarás un cuestionario con preguntas sobre los criterios de semejanza de triángulos:

http://links.edebe.com/quu

- Resuélvelo y comprueba tus soluciones.

Estos criterios de semejanza se simplifican para algunas clases de triángulos, como es el caso de los triángulos rectángulos y el de los triángulos isósceles.

Veamos cuáles son estos criterios.

Criterios de semejanza de triángulos rectángulos

Dos triángulos rectángulos que tengan un ángulo agudo igual son semejantes.

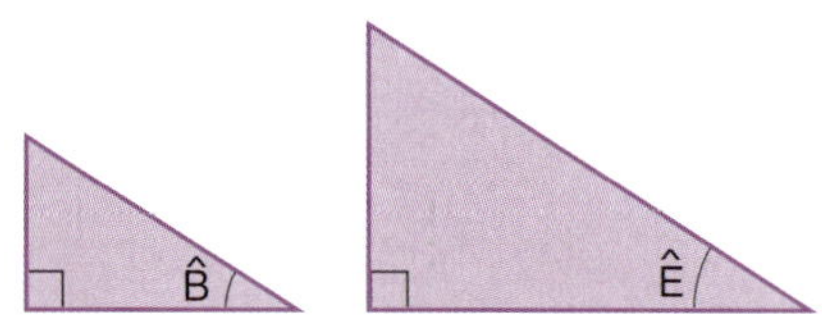

$\widehat{B} = \widehat{E}$

Dos triángulos rectángulos que tengan los catetos proporcionales o que tengan un cateto y la hipotenusa proporcionales son semejantes.

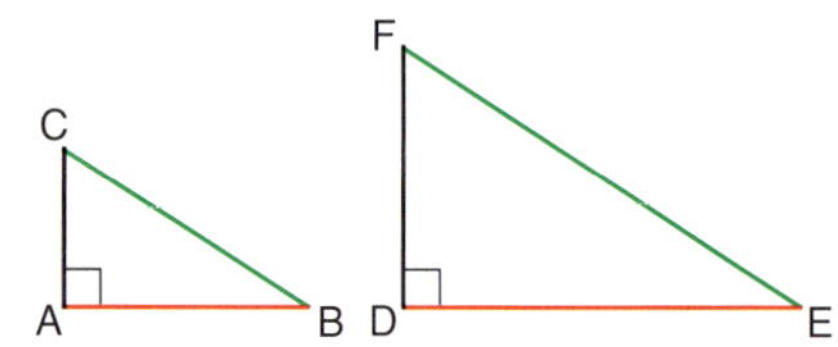

$\frac{AC}{DF} = \frac{AB}{DE}$ o $\frac{AC}{DF} = \frac{CB}{FE}$

Criterios de semejanza de triángulos isósceles

Dos triángulos isósceles que tengan uno de los ángulos correspondientes igual son semejantes.

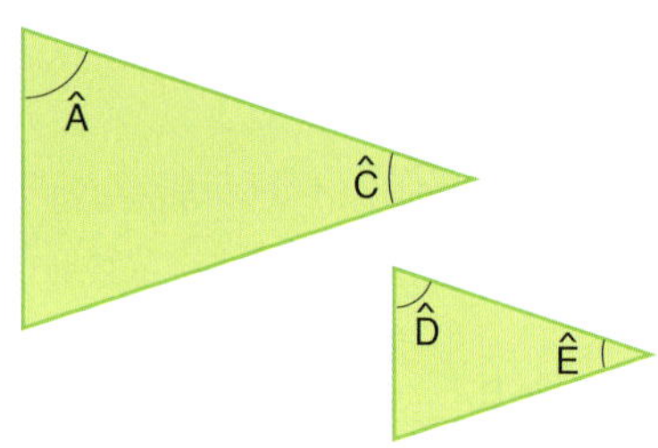

$\widehat{A} = \widehat{D}$ o $\widehat{C} = \widehat{E}$

Dos triángulos isósceles que tengan un lado y la base proporcionales son semejantes.

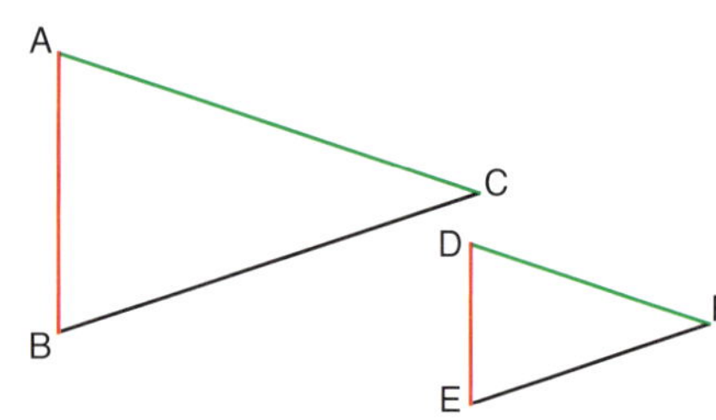

$\frac{AC}{DF} = \frac{AB}{DE}$ o $\frac{CB}{FE} = \frac{AB}{DE}$

Actividades

10. Un triángulo rectángulo *ABC* tiene un ángulo $\widehat{A} = 28°$ mientras que otro triángulo rectángulo *A'B'C'* tiene un ángulo $\widehat{A} = 62°$. ¿Son semejantes estos dos triángulos? ¿Por qué?

11. Fíjate en el triángulo *DEF*. Lo hemos construido uniendo los puntos medios del triángulo *ABC*. ¿Son semejantes los triángulos *DEF* y *ABC*? ¿Por qué?

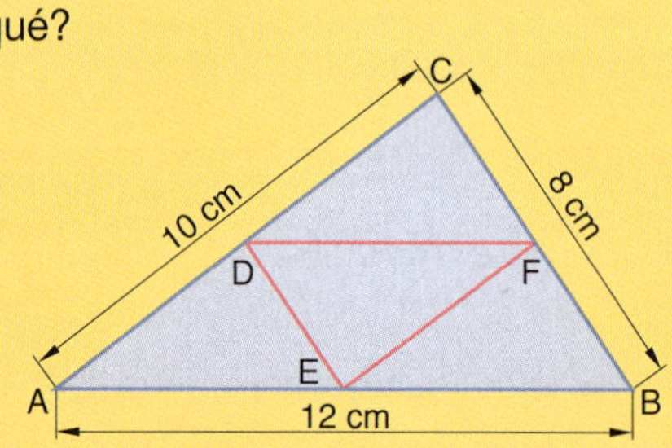

Teorema del cateto

Si dividimos un triángulo rectángulo *ABC* por la altura *h* trazada desde el vértice del ángulo recto, obtenemos dos triángulos rectángulos más pequeños: *ABD* y *ADC*.

Los triángulos *ABC* y *ADC* son rectángulos y tienen el ángulo agudo $\widehat{C}$ igual. Son, por lo tanto, semejantes y se cumple que:

$$\frac{a}{b} = \frac{b}{n}$$

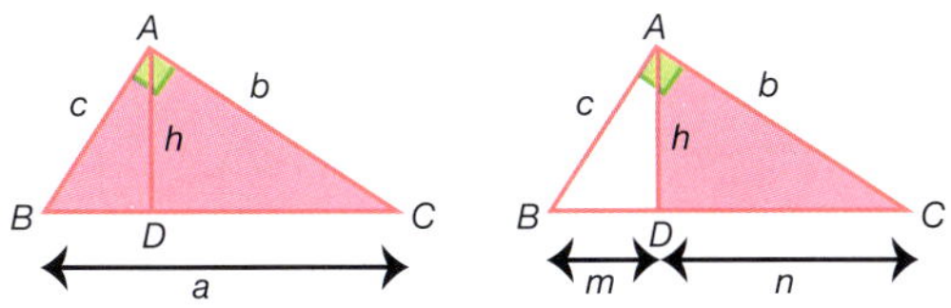

Los triángulos *ABC* y *ABD* son rectángulos y tienen el ángulo agudo $\widehat{B}$ igual. Son, por lo tanto, semejantes y se cumple que:

$$\frac{a}{c} = \frac{c}{m}$$

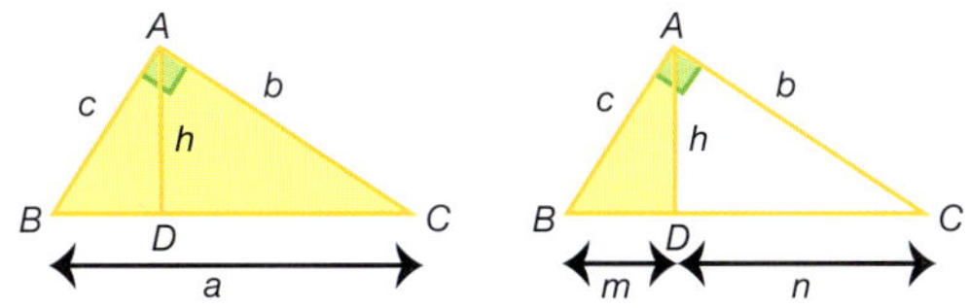

Observa que hemos relacionado cada uno de los catetos de un triángulo rectángulo con los segmentos proyectados por estos sobre la hipotenusa. Esta relación recibe el nombre de **teorema del cateto.**

$$\frac{a}{c} = \frac{c}{m} \Rightarrow \mathbf{c^2 = m \cdot a \Rightarrow c = \sqrt{m \cdot a}}$$

$$\frac{a}{b} = \frac{b}{n} \Rightarrow \mathbf{b^2 = n \cdot a \Rightarrow b = \sqrt{n \cdot a}}$$

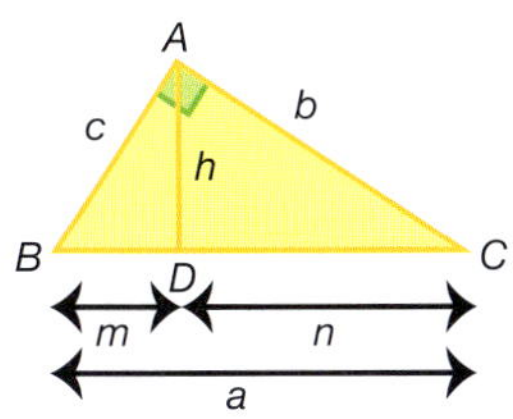

En un **triángulo rectángulo,** el cuadrado de un cateto es igual al producto de la hipotenusa por la proyección del cateto sobre ella.

Proyección de los catetos en un triángulo rectángulo

En un triángulo rectángulo, la altura trazada desde el vértice del ángulo rectángulo divide a la hipotenusa en dos longitudes: ***m*** y ***n***.

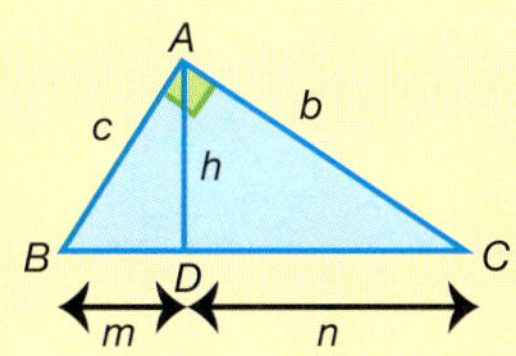

n es la proyección del cateto *b* sobre la hipotenusa.

m es la proyección del cateto *c* sobre la hipotenusa.

Ejemplo 1

¿Cuánto miden los catetos de un triángulo rectángulo si las longitudes de las proyecciones de los catetos sobre la hipotenusa son 4 cm y 16 cm respectivamente?

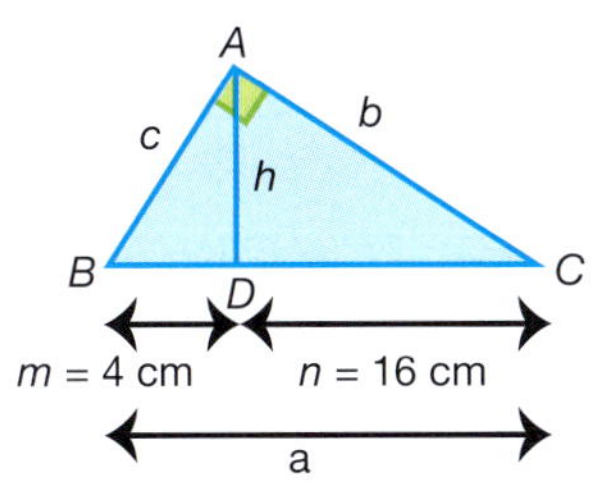

COMPRENSIÓN: Como es un triángulo rectángulo y conocemos las proyecciones de los catetos sobre la hipotenusa, podemos aplicar el teorema del cateto para calcular las longitudes de los catetos.

RESOLUCIÓN: Aplicamos el teorema del cateto.

$c^2 = m \cdot a \Rightarrow c^2 = 4 \cdot (4 + 16) = 4 \cdot 20 = 80 \Rightarrow c = \sqrt{80} = 8{,}94$ cm

$b^2 = n \cdot a \Rightarrow b^2 = 16 \cdot (4 + 16) = 16 \cdot 20 = 320 \Rightarrow b = \sqrt{320} = 17{,}88$ cm

Los catetos miden 8,94 cm y 17,88 cm.

Teorema de la altura

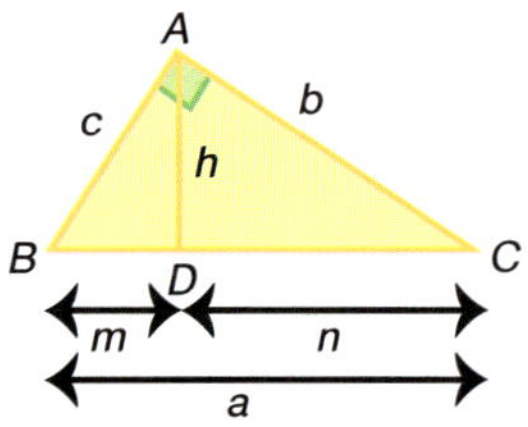

A partir de los criterios de semejanza hemos deducido que:

ADC y *ABC* son semejantes.

ABC y *ABD* son semejantes.

Así, podemos concluir que ***ADC*** y ***ABD* son semejantes** y se cumple que:

$$\frac{n}{h} = \frac{h}{m} \Rightarrow \boldsymbol{h^2 = m \cdot n \Rightarrow h = \sqrt{m \cdot n}}$$

Esta expresión que relaciona la altura sobre la hipotenusa de un triángulo rectángulo con las proyecciones de los catetos sobre ella recibe el nombre de **teorema de la altura.**

> En un **triángulo rectángulo,** el cuadrado de la altura sobre la hipotenusa es igual al producto de las proyecciones de los catetos.

Así, conocidas la proyección de un cateto y la altura sobre la hipotenusa, podemos determinar la proyección del otro cateto despejándola de la expresión del teorema:

$$n = \frac{h^2}{m} \qquad m = \frac{h^2}{n}$$

Ejemplo 2

Calcula la altura de un triángulo rectángulo que divide a la hipotenusa en dos segmentos de 25 cm y 5 cm.

COMPRENSIÓN: Como es un triángulo rectángulo y conocemos las proyecciones de los catetos sobre la hipotenusa, podemos aplicar el teorema de la altura para calcular la longitud de esta.

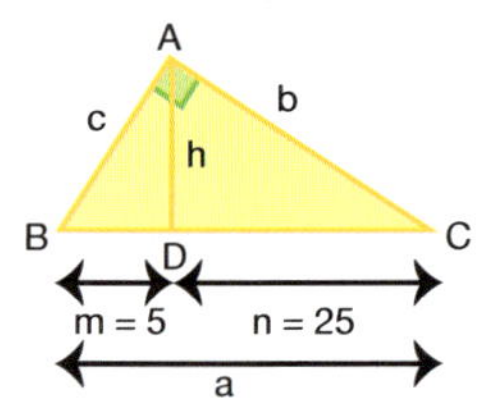

RESOLUCIÓN: Aplicamos el teorema de la altura.

$h^2 = n \cdot m \Rightarrow h^2 = 25 \cdot 5 = 125 \Rightarrow h = \sqrt{125} = 11{,}18\ cm$

La altura mide 11,18 cm.

Ejemplo 3

¿Cuánto mide la hipotenusa de un triángulo rectángulo si la proyección de un cateto sobre ella mide 27 cm y la altura es de 9 cm?

COMPRENSIÓN: Como es un triángulo rectángulo podemos aplicar el teorema de la altura para calcular la longitud de la proyección del segundo cateto. La hipotenusa es la suma de las proyecciones de los catetos.

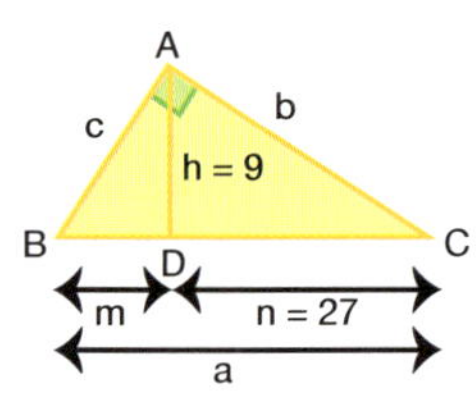

RESOLUCIÓN: Aplicamos el teorema de la altura.

$h^2 = n \cdot m \Rightarrow 9^2 = n \cdot 27;\ 81 = n \cdot 27 \Rightarrow n = \frac{81}{27} = 3\ cm$

La proyección del cateto mide 3 cm. La hipotenusa del triángulo mide 27 + 3 = 30 cm.

Actividades

12. En un triángulo rectángulo, las proyecciones de los catetos sobre la hipotenusa miden 4 cm y 9 cm. Calcula:

a) Las longitudes de los catetos.

b) La longitud de la altura sobre la hipotenusa.

c) El área del triángulo rectángulo.

13. En un triángulo rectángulo, la altura correspondiente a la hipotenusa mide 16 cm y la proyección de uno de sus catetos, 32 cm. ¿Cuánto mide la hipotenusa del triángulo rectángulo?

2. Polígonos semejantes

Observa los polígonos *ABCDE* y *A′B′C′D′E′* de la figura.

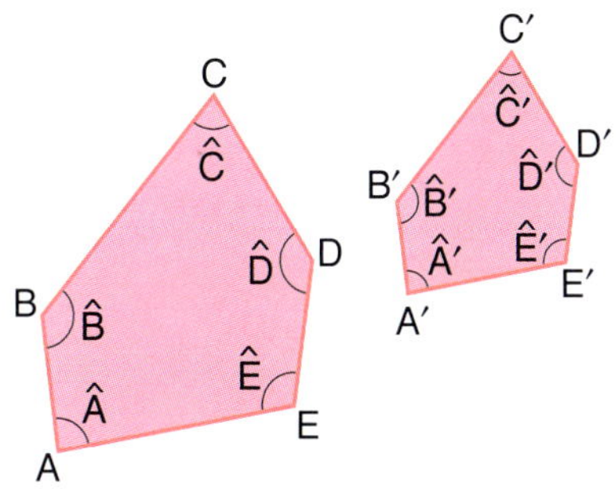

— Los ángulos de los dos pentágonos son respectivamente iguales.

$$\hat{A} = \hat{A}' \qquad \hat{B} = \hat{B}' \qquad \hat{C} = \hat{C}' \qquad \hat{D} = \hat{D}' \qquad \hat{E} = \hat{E}'$$

— Los lados de los dos pentágonos son proporcionales.

$$\frac{A'B'}{AB} = \frac{B'C'}{BC} = \frac{C'D'}{CD} = \frac{D'E'}{DE} = \frac{E'A'}{EA}$$

Decimos entonces que los pentágonos *ABCDE* y *A′B′C′D′E′* son **semejantes.**

Dos polígonos del mismo número de lados son **semejantes** si tienen sus **ángulos iguales** y sus **lados correspondientes proporcionales.**

Es decir, que dos polígonos semejantes tienen la misma forma aunque tengan distinto tamaño.

La razón de proporcionalidad entre los lados correspondientes se llama **razón de semejanza,** *k,* entre los dos polígonos.

$$\frac{A'B'}{AB} = \frac{B'C'}{BC} = \frac{C'D'}{CD} = \frac{D'E'}{DE} = \frac{E'A'}{EA} = k$$

Ejemplo 4

Construye dos cuadrados de lados 6 cm y 4 cm, e indica cuál es su razón de semejanza.

COMPRENSIÓN:

Los dos cuadrados son dos polígonos regulares y, por lo tanto, semejantes.

RESOLUCIÓN:

— Dibujamos los cuadrados *ABCD* y *A′B′C′D′*.

— Determinamos la razón de semejanza, comparando los lados correspondientes.

$$k = \frac{AB}{A'B'} = \frac{6}{4} = \frac{3}{2}$$

La razón de semejanza de los cuadrados es tres medios.

@

Si accedes a la siguiente página, encontrarás una aplicación interactiva sobre la semejanza de polígonos:

http://links.edebe.com/hhm

- Comprueba que los lados de los pentágonos son proporcionales y que cumplen la razón de semejanza indicada en el *applet.*

Semejanza en polígonos regulares

Dos polígonos regulares con el mismo número de lados son semejantes.

Visión 360º

Triangulación

Si unimos tres puntos no alineados, obtenemos un triángulo. Así pues, la triangulación consiste en unir un conjunto de puntos no alineados de tres en tres formando triángulos.

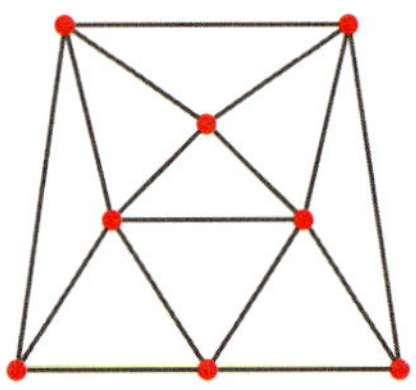

En los siglos XVIII y XIX, la triangulación se utilizaba para confeccionar mapas. Resolvían redes de triángulos cuyos vértices se localizaban en la cima de los montes y que recibían el nombre de redes geodésicas. Actualmente, la triangulación es la base del funcionamiento del sistema de navegación GPS.

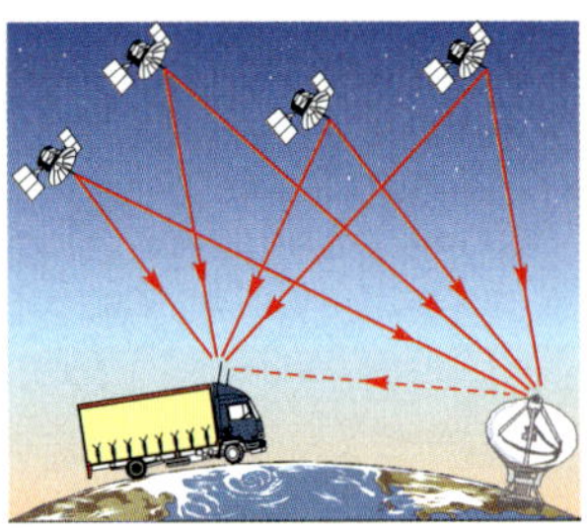

- Crea una presentación en la que incluyas diferentes ejemplos en los que se utilice el método de la triangulación para llevar a cabo mediciones.

2.1. Construcción de polígonos semejantes

Construcción por triangulación

A continuación, vamos a construir un pentágono semejante a otro utilizando el método de la **triangulación.**

1. Efectuamos una triangulación trazando desde el vértice *A* todas las diagonales posibles. Así, obtenemos los triángulos *ADE, ACD* y *ABC.*

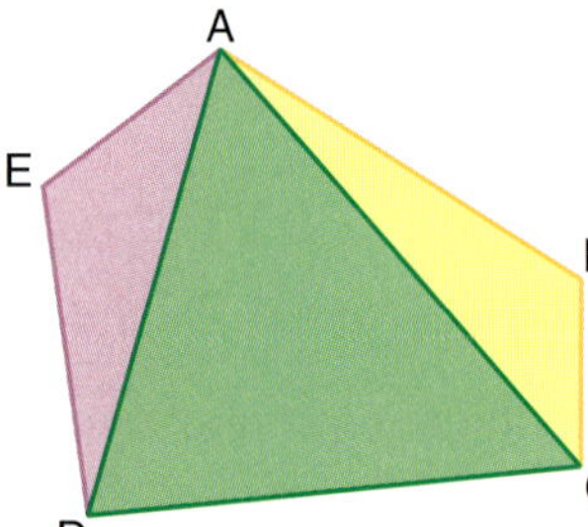

2. Construimos ahora tres triángulos *A′D′E′, A′C′D′* y *A′B′C′* semejantes a los anteriores de razón *k.*

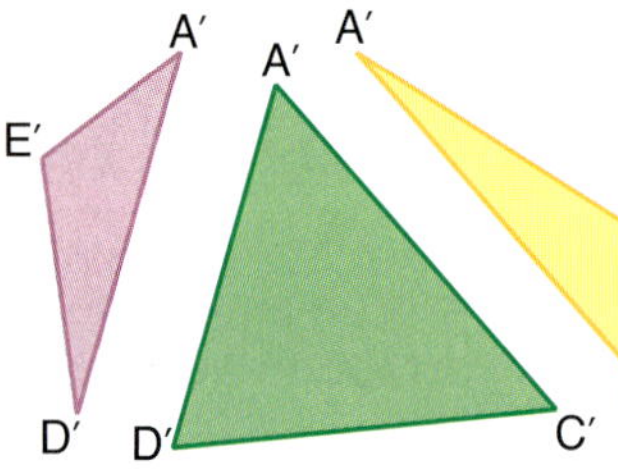

3. Si ahora los situamos en la misma posición que los originales, obtenemos otro pentágono cuyos lados son proporcionales a los del pentágono original, y cuyos ángulos son iguales a los del pentágono original.

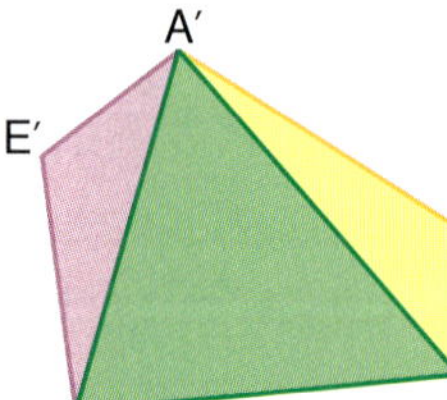

Actividades

14. Construye dos hexágonos semejantes, con razón de semejanza $k = \frac{3}{4}$, utilizando el método de triangulación.

15. Dibuja un trapecio semejante al de la figura, con razón de semejanza $k = \frac{3}{2}$, utilizando el método de triangulación.

Método de Tales o método de radiación

Uno de los métodos más utilizados para construir polígonos semejantes es el **método de Tales** o *método de radiación.* Este procedimiento se basa en la aplicación sucesiva del teorema de Tales.

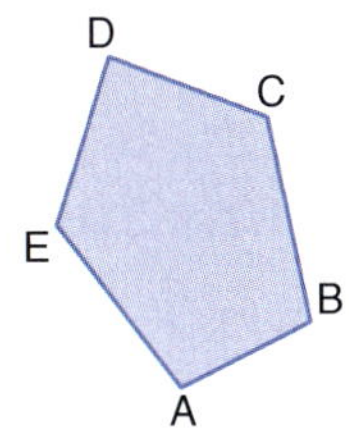

Observa cómo se construye un polígono semejante al polígono *ABCDE,* con razón de semejanza $k = \frac{2}{3}$:

1. Tomamos un punto *O* cualquiera y trazamos semirrectas con origen en el punto *O* y que pasan por cada uno de los vértices del polígono dado.

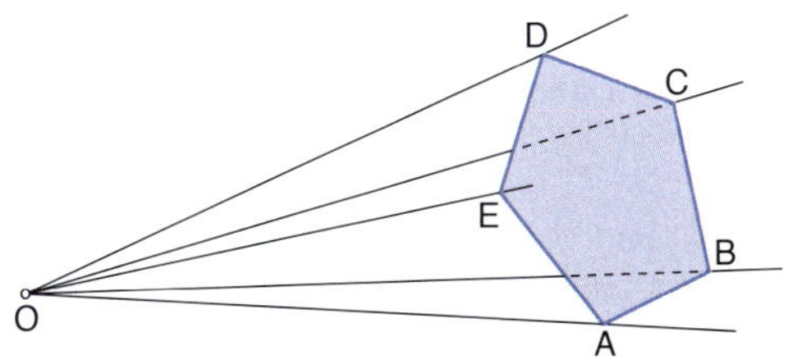

Sobre una de las semirrectas, por ejemplo la *OA,* marcamos el punto *A'* de modo que se cumpla:

$$\frac{OA'}{OA} = \frac{2}{3}$$

El punto *A'* es el homólogo del punto *A.*

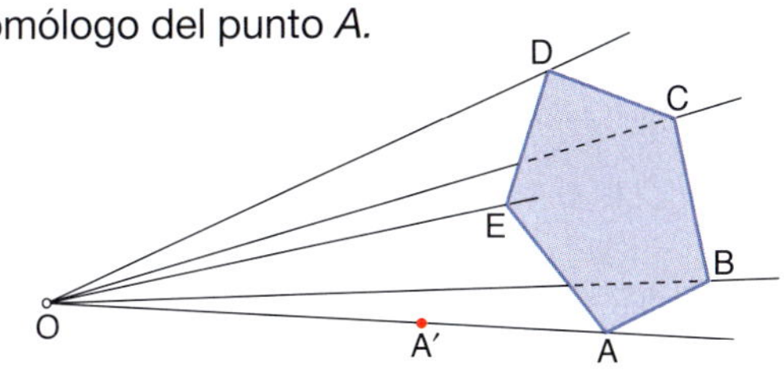

3. Por el punto *A′,* trazamos una paralela al lado *AB* hasta cortar la semirrecta *OB* en el punto *B′.*

   Por el punto *B′,* trazamos una paralela al lado *BC* hasta cortar la semirrecta *OC* en el punto *C′.*

   Repetimos la operación hasta obtener el polígono *A′B′C′D′E′.*

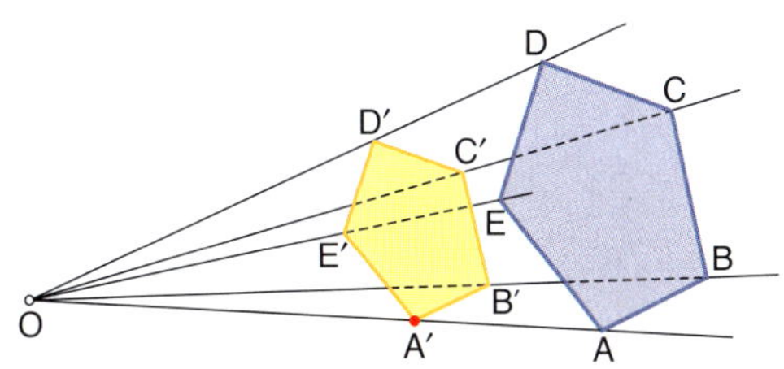

Homotecia

Una **homotecia** de **centro *O*** y razón ***k***, $k \neq 0$, es una transformación geométrica que transforma un punto *A* en otro *A'* alineado con *O* y *A*, de modo que:

$$k = \frac{OA'}{OA}$$

La homotecia se aplica para construir figuras y cuerpos semejantes.

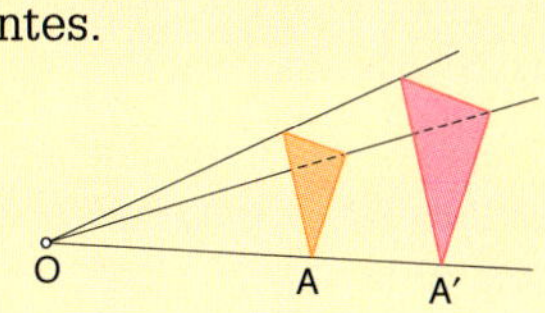

@

Visita el siguiente *applet* y responde a estas preguntas:

http://links.edebe.com/6b3

- ¿Qué sucede con el polígono semejante cuando *k* es mayor que 0 pero menor que 1? ¿Y cuando *k* es menor que 0 pero mayor que -1?
- ¿Y cuando *k* es mayor que 1? ¿Y cuando *k* es menor que -1?

Centro de la homotecia

El punto *O* también puede escogerse del interior del polígono o de un vértice de este.

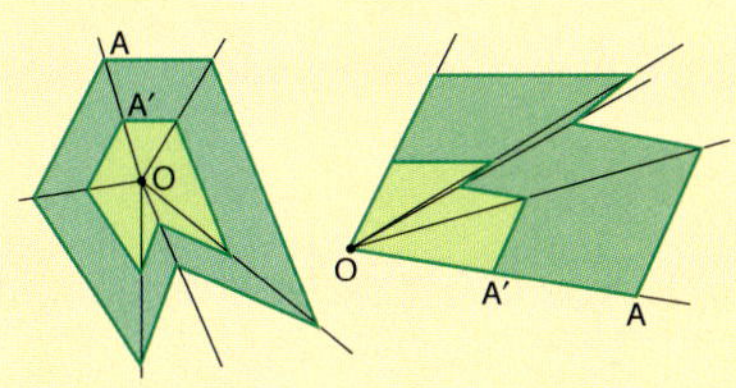

Actividades

16. Construye un polígono semejante al de la figura en cada uno de estos casos:

a) El punto *O* es un punto exterior del hexágono y con razón de semejanza $k = \frac{5}{3}$.

b) El punto *O* es un punto interior del polígono y con razón de semejanza $k = \frac{3}{4}$.

c) El punto *O* es el vértice *A* y con razón de semejanza $k = \frac{3}{2}$.

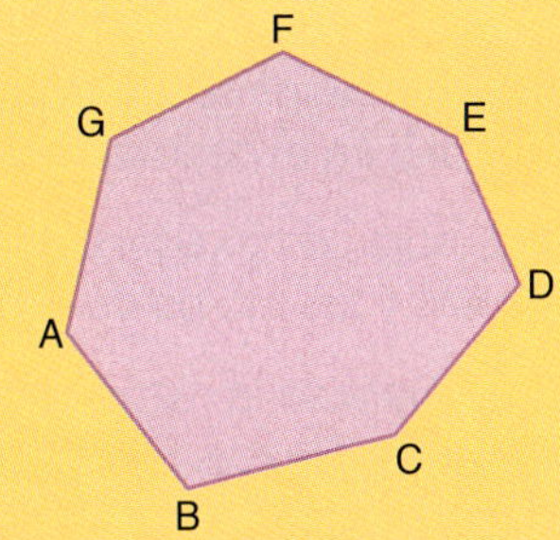

2.2. Perímetros y áreas de polígonos semejantes

A continuación, estudiaremos la relación que existe entre los perímetros y las áreas de polígonos semejantes.

Perímetros de polígonos semejantes

Observa los polígonos *ABCD* y *A'B'C'D'* de la derecha.

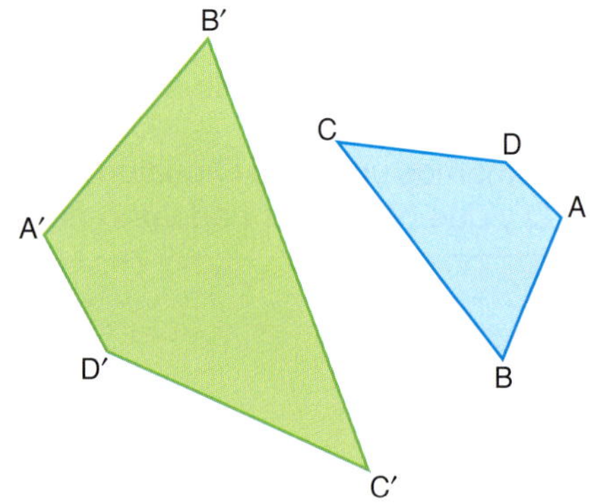

— Los dos polígonos son semejantes.

— Su razón de semejanza es *k*.

Al ser polígonos semejantes de razón *k* se cumple:

$$\frac{A'B'}{AB} = \frac{B'C'}{BC} = \frac{C'D'}{CD} = \frac{D'A'}{DA} = k$$

Así pues, podemos escribir:

$A'B' = k \cdot AB$ $\quad B'C' = k \cdot BC$ $\quad C'D' = k \cdot CD$ $\quad D'A' = k \cdot DA$

Calculamos los perímetros de los polígonos.

$P = AB + BC + CD + DA$

$P' = A'B' + B'C' + C'D' + D'A' = k \cdot (AB + BC + CD + DA)$

La razón entre sus perímetros será:

$$\frac{P'}{P} = \frac{k \cdot (AB + BC + CD + DA)}{AB + BC + CD + DA} = k$$

La razón entre sus perímetros es *k* y coincide con la razón de semejanza.

> La **razón** entre los **perímetros** de dos **polígonos semejantes** es igual a su **razón de semejanza.**

Razón entre longitudes homólogas en figuras semejantes

En dos figuras semejantes, la razón entre dos longitudes homólogas es siempre la misma.

Por ejemplo, si consideramos dos pentágonos regulares:

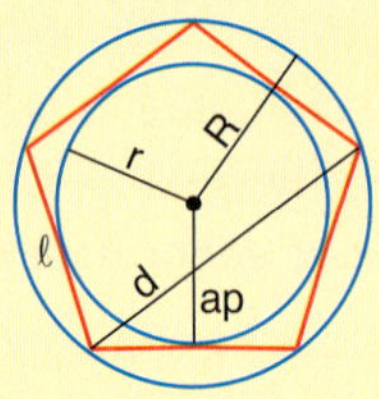

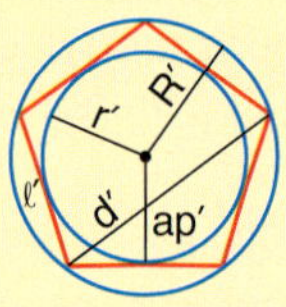

La razón entre los lados, las diagonales, las apotemas, los radios de las circunferencias inscritas y los radios de las circunferencias circunscritas es igual a la constante de semejanza *k*.

$$\frac{l}{l'} = \frac{d}{d'} = \frac{R}{R'} = \frac{r}{r'} = \frac{ap}{ap'} = k$$

Actividades

17. Los lados de un triángulo miden 5 cm, 6 cm y 7 cm. ¿Cuál es el perímetro de un triángulo semejante al anterior con razón de semejanza 3?

18. Las diagonales de un rombo miden 6 cm y 8 cm. ¿Cuánto medirán las diagonales, los lados y el perímetro de otro rombo semejante a este con razón de semejanza 2?

19. Dos polígonos semejantes tienen una razón de semejanza igual a $\frac{1}{2}$. Si el perímetro del menor de ellos mide 40 cm, ¿cuál es el perímetro del otro?

20. Dibuja un hexágono regular de 6 cm de lado y otro inscrito en una circunferencia de 4 cm de radio. Halla las apotemas y los radios de las circunferencias inscrita y circunscrita de cada uno de los hexágonos.

— Calcula la razón entre las distintas longitudes homólogas y compárala con la razón entre los perímetros de las dos figuras.

Áreas de polígonos semejantes

Fíjate en los triángulos QRS y $Q'R'S'$. Ambos son semejantes y con razón de semejanza k.

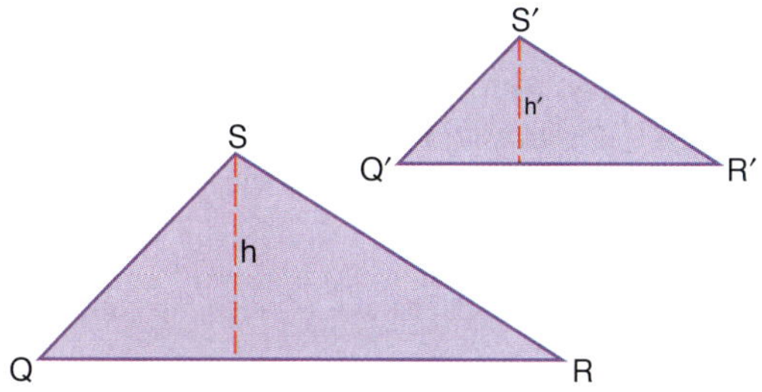

Al ser semejantes, la relación entre dos longitudes homólogas es igual a la razón de semejanza. Entonces:

— La razón entre sus alturas es $\dfrac{h}{h'} = k \Rightarrow h = k \cdot h'$

— La razón entre las bases es $\dfrac{QR}{Q'R'} = k \Rightarrow QR = k \cdot Q'R'$

Así pues, la razón entre sus áreas será:

$$\frac{A}{A'} = \frac{\frac{1}{2} \cdot QR \cdot h}{\frac{1}{2} \cdot Q'R' \cdot h'} = \frac{\cancel{\frac{1}{2}} \cdot k \cdot \cancel{Q'R'} \cdot k \cdot \cancel{h'}}{\cancel{\frac{1}{2}} \cdot \cancel{Q'R'} \cdot \cancel{h'}} = k \cdot k = k^2$$

La razón entre las áreas es k^2, que coincide con el cuadrado de la razón de semejanza.

La **razón** entre las **áreas** de dos **polígonos semejantes** es igual al **cuadrado de la razón de semejanza.**

@

En la siguiente página, podrás comprobar de forma interactiva la relación entre las áreas de polígonos semejantes:

http://links.edebe.com/s5upx

- Responde razonadamente a los ejercicios planteados.

@

Volúmenes de cuerpos semejantes

En la siguiente página, podrás comprobar de forma interactiva la relación entre los volúmenes de cuerpos semejantes:

http://links.edebe.com/ix3d82

- ¿Cuál es la razón entre los volúmenes de dos cuerpos semejantes?

Actividades

21. Halla la razón entre los perímetros y entre las áreas de dos cuadrados sabiendo que el lado de uno de ellos tiene una longitud de 8 cm y el del otro, la mitad.

22. La razón entre las áreas de dos triángulos es $\dfrac{1}{4}$. ¿Cuánto mide el perímetro del triángulo grande si el pequeño tiene un perímetro de 6 cm?

23. Un pentágono regular mide 10,9 cm de lado y 7,5 cm de apotema. ¿Cuánto miden el perímetro y el área de otro pentágono semejante a este cuya razón de semejanza es $\dfrac{4}{5}$?

24. Dibuja un trapecio semejante al de la figura cuya área sea cuatro veces mayor. ¿Cuál es la razón de semejanza entre las dos figuras?

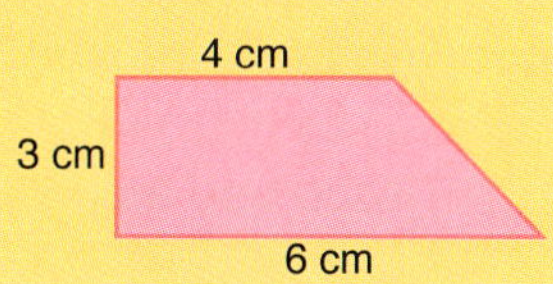

El pantógrafo

El pantógrafo es un instrumento que nos permite dibujar figuras semejantes. Está formado por cuatro barras que forman un paralelogramo articulado, *ABM'C*, y la razón de semejanza puede graduarse modificando esta proporción:

$$\frac{PA}{PB} = \frac{PM}{PM'}$$

El extremo *P* queda fijo; el extremo libre *M* lleva una punta con la que recorreremos la figura original que queremos reproducir. En el extremo *M'* se coloca un lápiz que dibujará la figura semejante. Al ir recorriendo la figura original con la punta situada en *M*, iremos dibujando una figura semejante con el lápiz situado en *M'*.

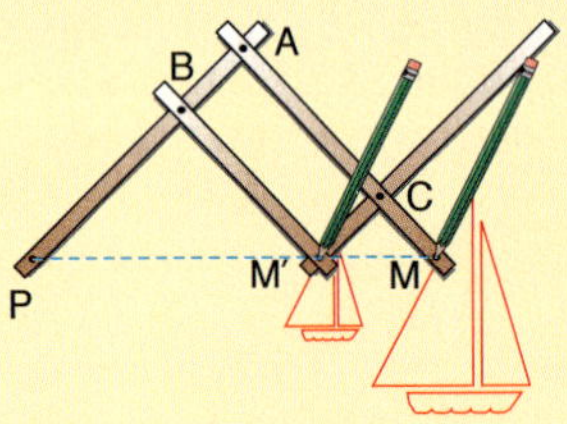

En la siguiente página web se muestra un ejemplo de cómo funciona un pantógrafo:

http://links.edebe.com/h3n

Ampliaciones y reducciones

Para llevar a cabo la **ampliación** de una figura, la razón de semejanza tiene que ser **mayor que la unidad.**

Si lo que queremos es efectuar una **reducción,** la razón de semejanza tiene que ser **menor que la unidad.**

3. Figuras semejantes

El concepto de semejanza puede generalizarse mas allá de los polígonos. Hablamos, entonces, de figuras semejantes.

Decimos que dos figuras son semejantes si la proporción entre la distancia de dos puntos cualesquiera y la distancia de sus puntos homólogos se mantiene. Así pues, dos figuras semejantes tienen la misma forma, pero distinto tamaño.

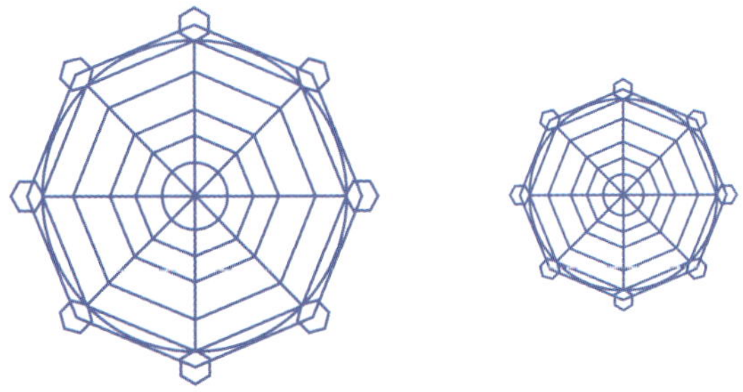

3.1. Construcción de figuras semejantes

Utilizamos el método de Tales para obtener figuras semejantes sencillas. Para figuras más complicadas emplearemos el **método de la cuadrícula.**

Dada la figura de la derecha, construiremos otra semejante con razón de semejanza $\frac{3}{2}$.

1. Inscribimos la figura original en una cuadrícula en la que la longitud de los cuadritos es *a*.

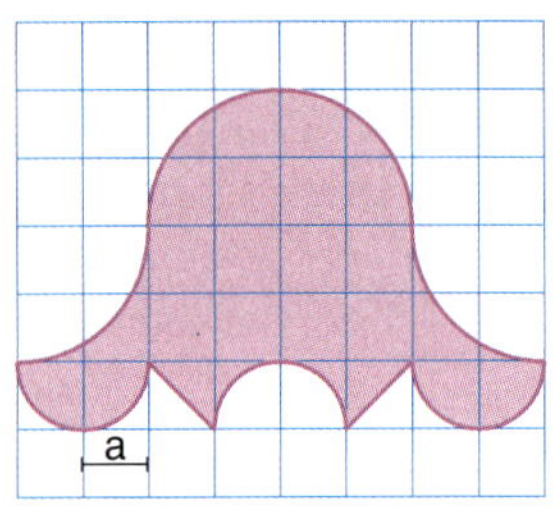

2. Construimos otra cuadrícula en la que aumentamos la longitud *a'* de cada cuadrito. La razón de semejanza entre los lados de los cuadritos de las dos cuadrículas es $\frac{a'}{a} = \frac{3}{2}$.

3. Por último, se reproducen las líneas de la figura sobre la segunda cuadrícula y de este modo obtenemos una figura semejante de razón $\frac{3}{2}$.

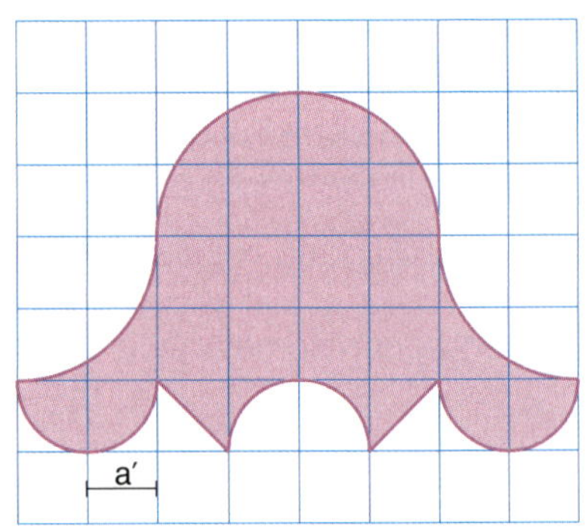

En este caso hemos obtenido una figura mayor que la original; es decir, hemos hecho **una ampliación.**

3.2. Escalas

A menudo utilizamos la semejanza de figuras para representar sobre papel elementos muy grandes u objetos muy pequeños, reduciendo o ampliando, respectivamente, sus medidas según la relación deseada.

En las figuras 1 y 2 de la derecha se muestran ejemplos de objetos representados a escala.

> Un **dibujo a escala** es un dibujo cuyas dimensiones son proporcionales a las del objeto real.
>
> La razón de semejanza entre el dibujo de un objeto y el objeto real es el **factor de escala** o la **escala** del dibujo.

La escala a la que se ha reproducido un dibujo se indica al pie de este, y se expresa mediante un cociente cuyo dividendo es la unidad.

Así, la escala 1:200 significa que una unidad de longitud del dibujo representa 200 unidades de estas mismas unidades en la realidad.

Ejemplos de representaciones construidas a escala serían los planos, las maquetas o los mapas.

A menudo, en el caso de los mapas, la escala se indica de forma gráfica, tal y como se muestra a continuación.

Así, la escala gráfica de la figura nos informa que un segmento del dibujo de longitud igual a la representada mide en realidad 500 km.

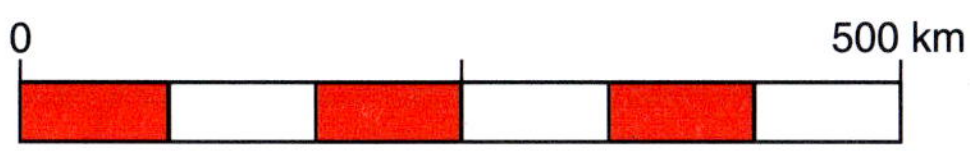

Indicar la escala de forma gráfica nos permite conocer directamente las dimensiones de la realidad con una simple medición.

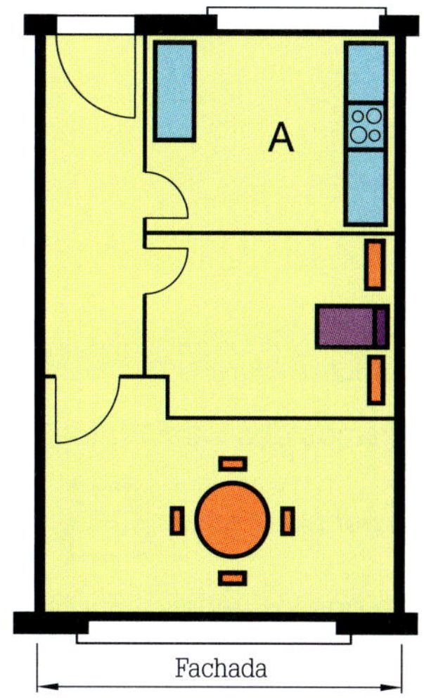

Fig. 1 Escala 1:200

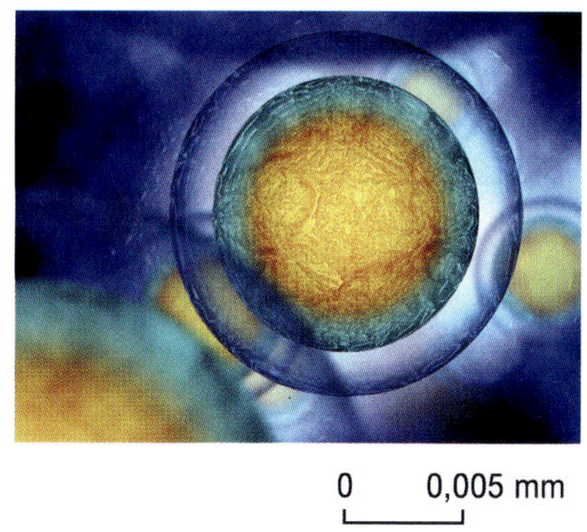

Fig. 2

Ejemplo 5

Calcula en metros la anchura de la fachada del plano de la figura 1. ¿Cuál es la superficie de la habitación A *en metros cuadrados?*

COMPRENSIÓN:
La escala del plano es 1:a; es decir, 1 cm del dibujo corresponde a a unidades en la realidad.

RESOLUCIÓN:
La escala es 1:200, así pues la razón de semejanza es $k = 200$.
Por otro lado, si medimos la anchura de la fachada en el plano, obtenemos una longitud de 3 cm.

Si llamamos x a la anchura real, debe verificarse:

$$\frac{x}{3} = 200 \Rightarrow x = 600 \text{ cm}$$

Así, la anchura de la fachada es de 6 m.

La superficie de la habitación A medida en el plano es:

$$2 \cdot 1{,}5 = 3 \Rightarrow 3 \text{ cm}^2$$

Llamamos y a la superficie de la habitación A. Como la relación entre las áreas de dos polígonos es igual al cuadrado de la razón de semejanza, debe verificarse:

$$\frac{y}{3} = 200^2 \Rightarrow y = 120\,000 \text{ cm}^2$$

Así, la superficie de la habitación A es de 12 m^2.

Actividades

25. Utilizando el método de la cuadrícula, construye la figura semejante a la dada con razón de semejanza $\frac{5}{3}$.

26. A partir de la maqueta, halla la longitud y la altura real del tren.

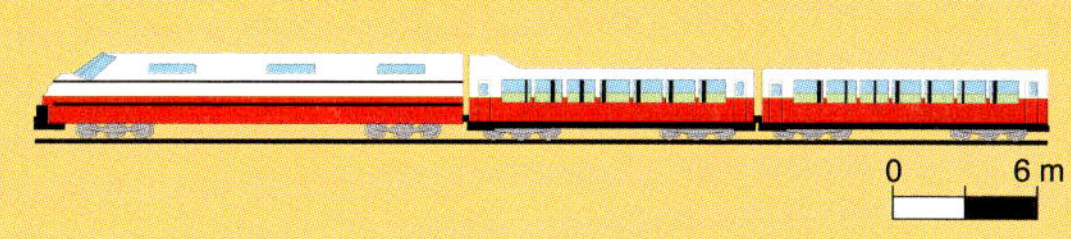

4. Construcciones geométricas con ordenador

4.1. Construcción de triángulos semejantes

Vamos a construir dos triángulos semejantes y a comprobar que lo son.

Construcción de triángulos semejantes	Ejemplo
Dibujamos dos semirrectas a partir de un punto *A* con la opción *Semirrecta que pasa por Dos Puntos*  y un triángulo *ABC* con la opción *Polígono* , de modo que los vértices *B* y *C* se sitúen sobre cada una de las semirrectas.	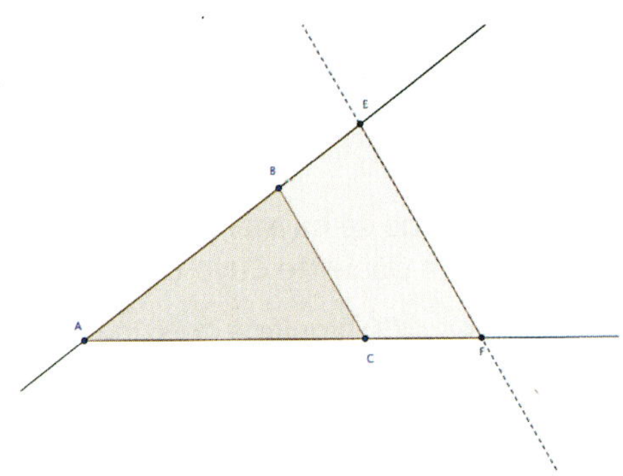
Trazamos una recta paralela al lado *BC* con la opción *Recta Paralela* , y dibujamos un triángulo *AEF* (opción *Polígono*) con un vértice en el punto *A* y los otros dos en los puntos de corte de la recta paralela con las semirrectas.	

Así, hemos obtenido dos triángulos *ABC* y *AEF* semejantes. Procederemos ahora a comprobar la relación entre sus lados, sus perímetros y sus áreas.

Comprobación de la semejanza de triángulos	Ejemplo
Medimos: • Los ángulos no comunes de ambos triángulos con la opción *Ángulo* . • Los lados de ambos triángulos con la opción *Distancia* o *Longitud* 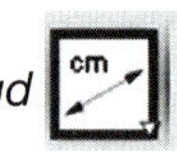. • Los perímetros de ambos triángulos con la opción *Distancia* o *Longitud* 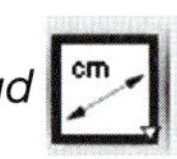. • Las áreas de ambos triángulos con la opción *Área* .	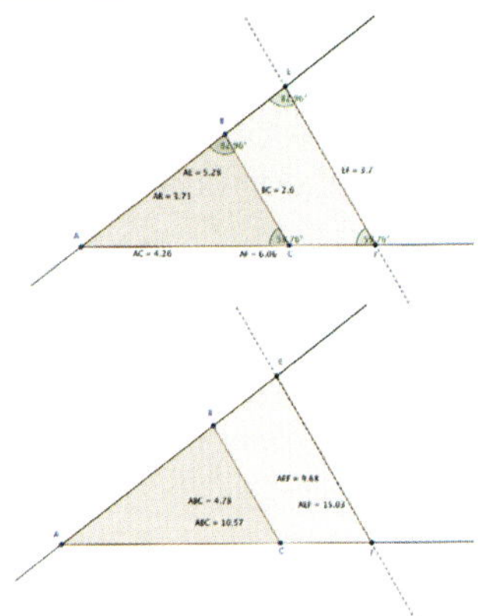
Observamos que: • Los ángulos de ambos triángulos son iguales. • Los lados son proporcionales. • La razón de los perímetros es la razón de semejanza. • La razón de las áreas es el cuadrado de la razón de semejanza.	$\widehat{B} = \widehat{E} = 82{,}96^\circ$ $\quad \widehat{C} = \widehat{F} = 59{,}76^\circ$ $\dfrac{AF}{AC} = \dfrac{FE}{CB} = \dfrac{AE}{AB} = 1{,}42$ La razón de semejanza es 1,42. $\dfrac{P_{AEF}}{P_{ABC}} = \dfrac{15{,}03}{10{,}57} = 1{,}42$ $\quad \dfrac{A_{AEF}}{A_{ABC}} = \dfrac{9{,}68}{4{,}78} = 2{,}03 = (1{,}42)^2$

Actividades

27. Utilizando el programa informático del que dispongas para realizar construcciones geométricas, comprueba las características que deben cumplir dos triángulos isósceles para ser semejantes. Haz lo mismo con los dos triángulos rectángulos.

4.2. Construcción de figuras semejantes

Vamos a construir un pentágono semejante a otro dado con razón de semejanza $\frac{1}{2}$.

Construcción de dos figuras semejantes	Ejemplo
Dibujamos un pentágono *ABCDE* con la opción *Polígono* .	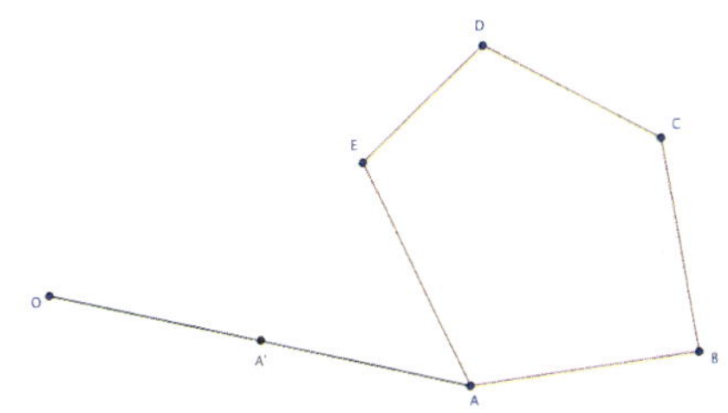
Señalamos un punto *O* cualquiera exterior a la figura con la opción *Nuevo Punto* .	
Trazamos un segmento *OA* desde el punto exterior *O* hasta el vértice *A* con la opción Segmento entre *Dos Puntos* .	
Determinamos el punto medio del segmento con la opción *Punto medio o Centro* y, clicando el botón derecho del ratón y con la opción *Renombra, lo denominamos A'.*	Se cumple que $\frac{OA'}{OA} = \frac{1}{2}$. Esta será la razón de semejanza.
Trazamos semirrectas desde el punto *O* a cada uno de los vértices del pentágono con la opción *Semirrecta que pasa por Dos Puntos* .	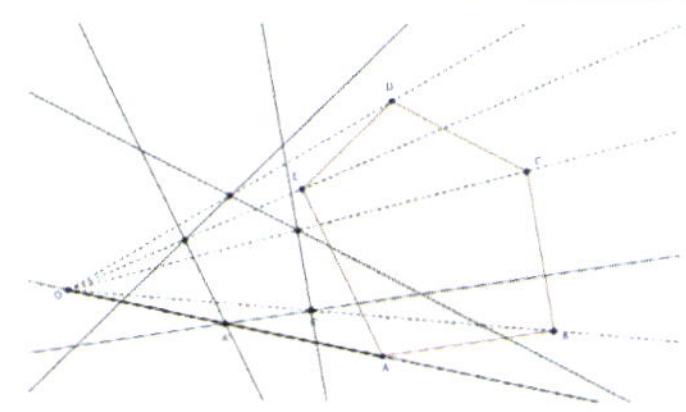
Dibujamos una recta paralela al lado *AB,* que pase por *A'* con la opción *Recta Paralela* . El punto de corte de esta recta con la semirrecta *OB* determinará el vértice *B'.*	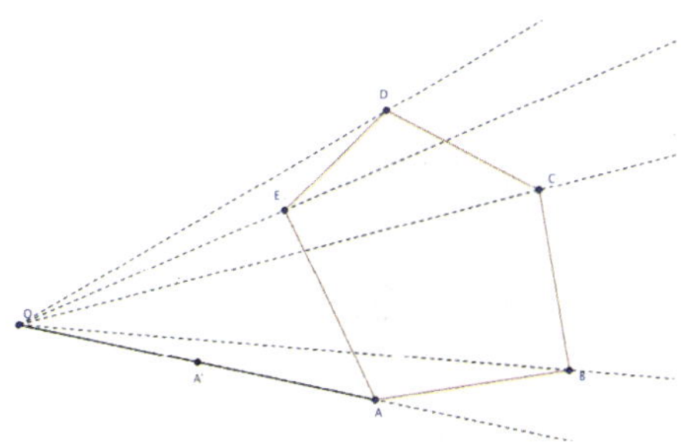
Dibujamos una recta paralela al lado *BC,* que pase por *B',* y obtendremos el vértice *C'* en el punto de corte de esta recta con la semirrecta *OC.*	
Repetimos los mismos pasos para obtener los vértices *D'* y *E'.*	
A partir de los vértices hallados, dibujamos el polígono *A'B'C'D'E'* con la opción *Polígono* .	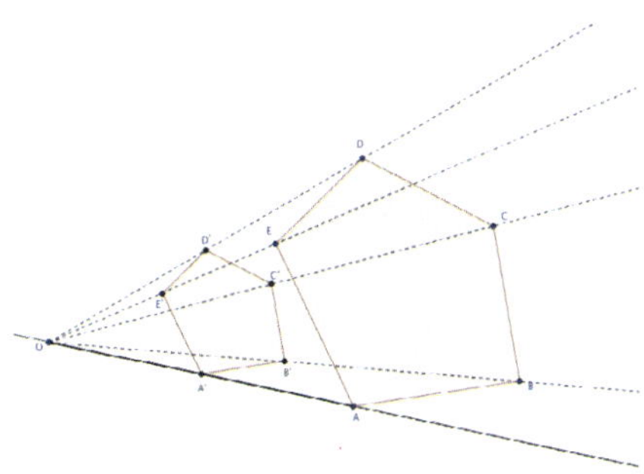
Para observar con claridad la figura, escondemos las rectas paralelas con la opción *Expone/Oculta Objeto* y transformamos las semirrectas en discontinuas.	

Actividades

Utilizando el programa informático del que dispongas para realizar construcciones geométricas:

28. Construye dos pentágonos regulares semejantes con razón de semejanza 3.

29. Construye un pentágono semejante a uno dado con razón de semejanza 2.

ACTIVIDADES RESUELTAS

Razonamiento inverso

La estrategia del razonamiento inverso se aplica en la resolución de problemas de los que se conoce el resultado final. El método consiste en tomar el resultado como punto de partida e ir retrocediendo, mediante las operaciones adecuadas, hasta llegar a la situación inicial.

Hemos elegido un área de un mapa, la hemos reducido en una fotocopiadora un 30 % y, posteriormente, un 20 %. Halla la superficie que ocupa el área inicial elegida en el mapa si sabemos que la superficie del área final es de 1 035 mm² y que el porcentaje de reducción de una fotocopiadora hace referencia a las magnitudes lineales.

Comprender

— ¿Entiendes el enunciado?

— ¿Qué es lo que se busca?

— ¿De qué datos se disponen?

— Leemos de nuevo el enunciado del problema.

— Que el porcentaje de reducción de una fotocopiadora haga referencia a las magnitudes lineales significa que la razón entre longitudes homólogas es igual al porcentaje de reducción.

— Así pues, podemos establecer que las razones de semejanza de las reducciones son $k_1 = 0{,}70$ y $k_2 = 0{,}80$. Por lo tanto, las razones entre las áreas son $k_1^2 = 0{,}49$ y $k_2^2 = 0{,}64$, respectivamente.

Planificar

— Configura un plan para resolver el problema.

Para resolver este problema, aplicaremos el método de razonamiento inverso:

— Elaboraremos un esquema con las operaciones que hay que efectuar para llegar al resultado final.

— Empezando por el final, efectuaremos las operaciones inversas, hasta llegar al resultado que buscamos.

Ejecutar el plan

— Implementa la estrategia elegida. En este caso, puede resultar útil confeccionar un esquema de las operaciones, partiendo del área inicial hasta obtener el resultado final de 1 035 mm².

— Confeccionamos el esquema.

$$\ldots\ldots \xrightarrow{\cdot 0{,}49} \ldots\ldots \xrightarrow{\cdot 0{,}64} 1\,035$$

— Consideramos el área final y señalamos las operaciones inversas:

$$\ldots\ldots \underset{:0{,}49}{\overset{\cdot 0{,}49}{\rightleftarrows}} \ldots\ldots \underset{:0{,}64}{\overset{\cdot 0{,}64}{\rightleftarrows}} 1\,035$$

— Calculamos los números:

$$3\,300{,}38 \underset{:0{,}49}{\overset{\cdot 0{,}49}{\rightleftarrows}} 1\,617{,}19 \underset{:0{,}64}{\overset{\cdot 0{,}64}{\rightleftarrows}} 1\,035$$

Así pues, el área elegida del mapa era de 3 300,38 m².

Revisar

— ¿Cómo puedes comprobar si tu solución es correcta?

Comprobamos, efectivamente, que:

$$3\,300{,}38 \cdot 0{,}49 \cdot 0{,}64 = 1\,035$$

Actividades

Utiliza la estrategia anterior para resolver el siguiente problema:

30. Sobre un mapa a escala 1:10 000 hemos elegido un área y, después, lo hemos reducido en una fotocopiadora, primero un 40 % y, posteriormente, un 10 %. Sabiendo que la superficie del área final es de 2 500 mm², ¿qué superficie ocupa el área inicial? ¿Cuál es la escala del mapa final?

SEMEJANZA

permite definir

TRIÁNGULOS SEMEJANTES

- Triángulos en posición de Tales

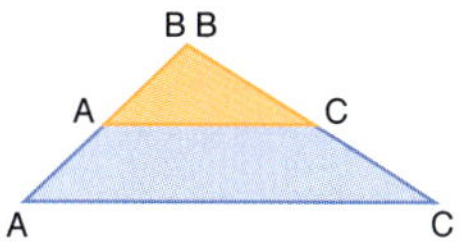

$$\frac{A'B'}{AB} = \frac{B'C'}{BC} = \frac{A'C'}{AC}$$

- Teorema del cateto

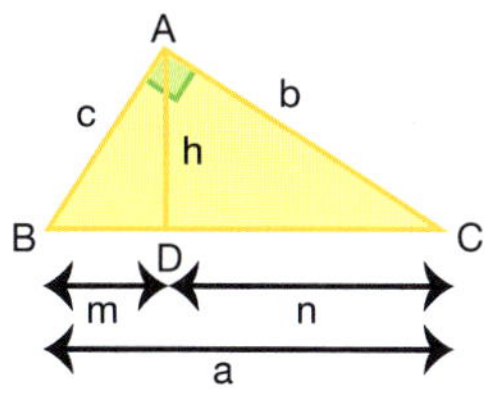

$$c = \sqrt{m \cdot a}$$
$$b = \sqrt{n \cdot a}$$

- Teorema de la altura

$$h = \sqrt{n \cdot m}$$

comprobación

Criterios de semejanza

POLÍGONOS SEMEJANTES

- perímetros
- áreas

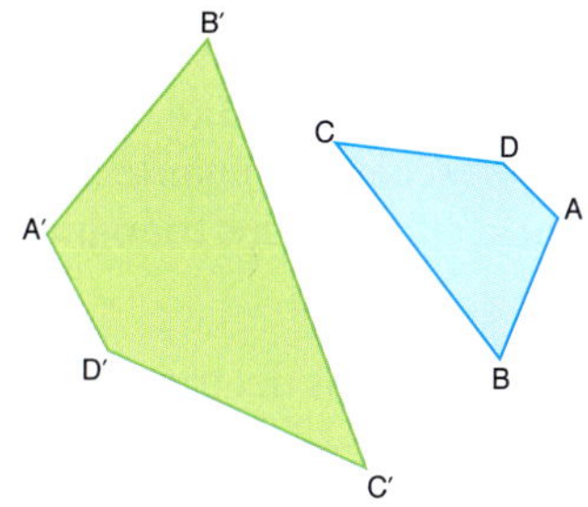

$$\frac{P'}{P} = k \qquad \frac{A'}{A} = k^2$$

Razón de semejanza

FIGURAS SEMEJANTES

aplicaciones

Dibujos a escala

Actividades finales

Triángulos semejantes

31. ★☆☆ Los triángulos *ABC* y *A'B'C'* son semejantes. Halla las medidas de los ángulos y de los lados desconocidos.

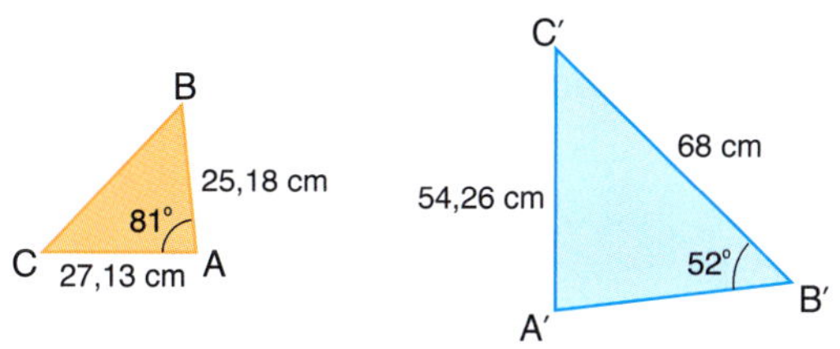

32. ★☆☆ Construye un triángulo equilátero de 4 cm de lado. Dibuja otro triángulo equilátero semejante al anterior con razón de semejanza $\frac{7}{6}$.

33. ★★☆ Observa algunas de las pistas de un aeropuerto que unen los puntos de salida *A*, *B*, *C*, *D* y *E*. ¿Cuál es la distancia entre *A* y *B*?

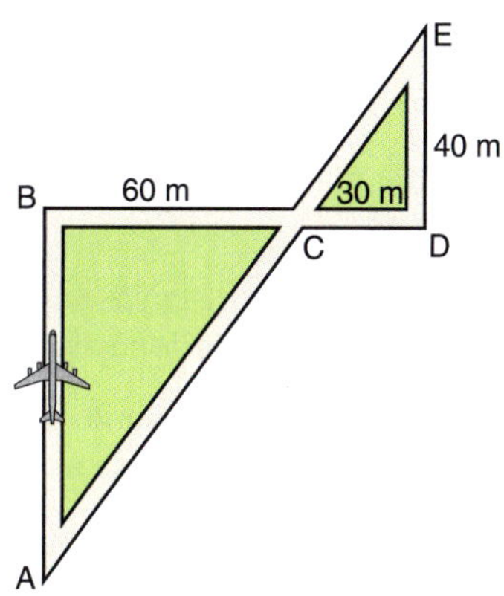

Actividades finales

34. ★★☆ En la siguiente figura pueden observarse tres triángulos rectángulos *ABC, ADC* y *DBC:*

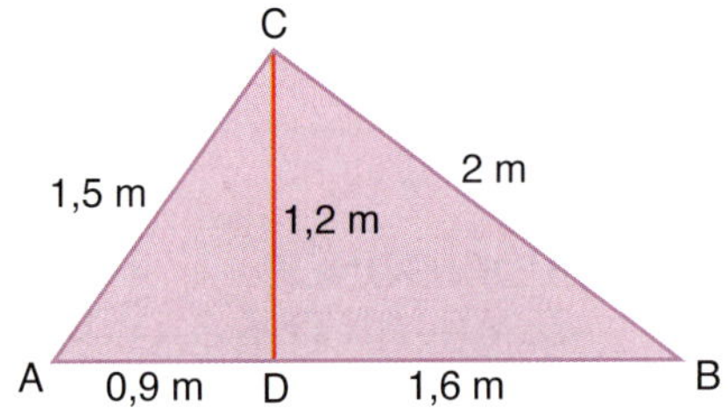

Averigua si son semejantes y, en caso afirmativo, halla la razón de semejanza entre *ABC* y *ADC,* entre *ABC* y *DBC,* y entre *ADC* y *DBC.*

35. ★★☆ El ángulo desigual de un triángulo isósceles mide 108º y el lado desigual, 14 cm. Uno de los lados iguales de otro triángulo isósceles semejante mide 18 cm. Si la razón de semejanza entre los dos triángulos es 2, calcula mentalmente:

a) La medida de los ángulos del triángulo mayor.

b) El perímetro del triángulo menor.

36. ★★☆ Estos triángulos rectángulos son semejantes:

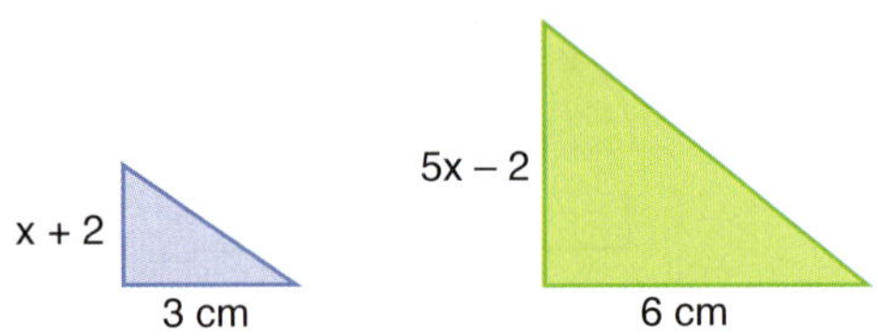

a) ¿Cuál es la razón de semejanza?

b) ¿Cuánto miden los catetos cuyas longitudes no son conocidas?

37. ★★☆ En grupos de tres, recopilad información sobre los criterios de semejanza de triángulos y sobre los triángulos en posición de Tales, y aplicad la **técnica cooperativa** *TGT.*

— Elaborad fichas con las preguntas necesarias para la comprensión del tema.

— Intercambiad las fichas entre los distintos grupos.

— Elegid tres fichas y responded a las preguntas.

38. ★★☆ Indica si son ciertas o falsas estas afirmaciones:

a) Dos triángulos rectángulos isósceles siempre son semejantes.

b) Un triángulo, dos de cuyos ángulos miden 30º y 40º, es semejante a otro, dos de cuyos ángulos miden 110º y 30º.

c) Los ángulos de un triángulo miden 93º, 54º y 33º, y los de un triángulo semejante a este con razón de semejanza $\frac{1}{3}$ miden 31º, 18º y 11º.

d) Dos triángulos rectángulos con un ángulo agudo de 72º 50' son semejantes.

Polígonos semejantes

39. ★☆☆ La razón de semejanza entre dos polígonos *A* y *B* es $\frac{4}{7}$. Completa en tu cuaderno esta tabla:

	Razón de semejanza	Razón entre los perímetros	Razón entre las áreas
Entre *A* y *B*			
Entre *B* y *A*			

40. ★☆☆ La razón entre las apotemas de dos hexágonos regulares es $\frac{5}{4}$. Si el área del mayor es 35,2 cm^2, ¿cuál es el área del menor?

41. ★☆☆ El perímetro de un pentágono regular es $\frac{7}{3}$ veces el perímetro de otro pentágono regular. ¿Cuál es el área del pentágono mayor si el área del menor es 25,5 cm^2?

42. ★★☆ El perímetro de un triángulo rectángulo es 60 cm. Sabiendo que la hipotenusa mide 25 cm y la proyección de uno de sus catetos tiene una longitud de 9 cm, halla las longitudes de los catetos.

43. ★★☆ Construye un cuadrado de 4 cm de lado. Indica el punto medio de cada uno de sus lados y traza los segmentos que unen de forma consecutiva estos puntos medios. ¿Qué figura obtienes? ¿Es semejante a la figura original?

— Indica la razón de semejanza entre las dos figuras.

44. ★★☆ Determina la longitud de la hipotenusa del siguiente triángulo rectángulo:

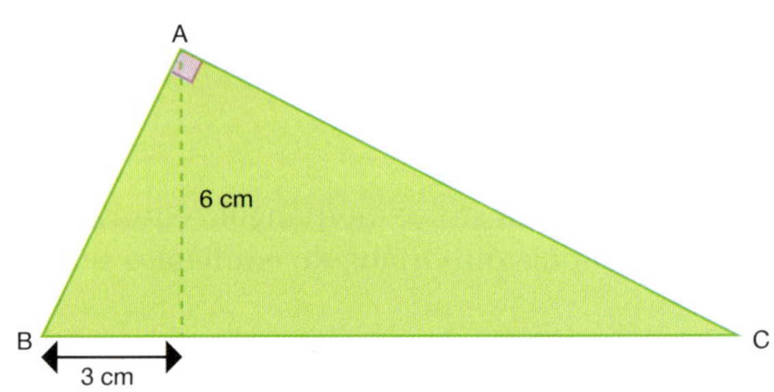

45. ★★☆ Formad grupos de cuatro miembros. Considerad el triángulo rectángulo en el teorema de la altura y aplicad la **destreza** *Las partes y el todo* con la ayuda de este organizador gráfico:

TRIÁNGULO RECTÁNGULO EN EL TEOREMA DE LA ALTURA

↓

¿Qué componentes observas en el triángulo rectángulo?

↓ ↓ ↓ ↓

¿Qué sucedería si faltara alguna de sus componentes?

↓ ↓ ↓ ↓

¿Cuál es la función de cada una de ellas?

46. ★★☆ En el siguiente triángulo rectángulo la proyección del cateto mayor es 1,5 cm mayor que el doble de la proyección del cateto menor.

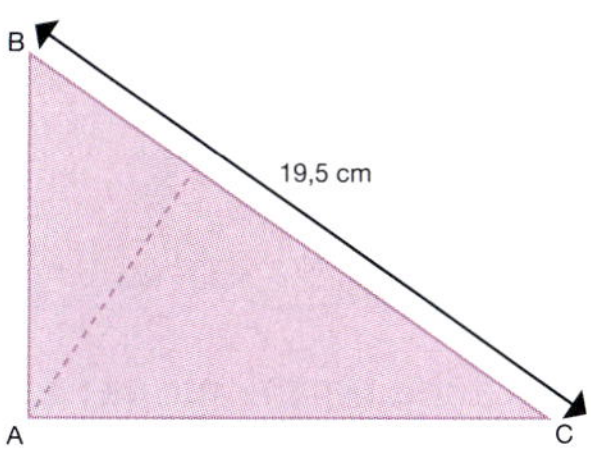

Calcula la altura del triángulo sobre la hipotenusa.

47. ★★☆El perímetro de un pentágono *ABCDE* es 17,5 cm y su área, 21 cm^2.

a) Construye dos pentágonos semejantes $A'B'C'D'E'$ y $A''B''C''D''E''$ con razones de semejanza $\frac{1}{2}$ y $\frac{3}{2}$.

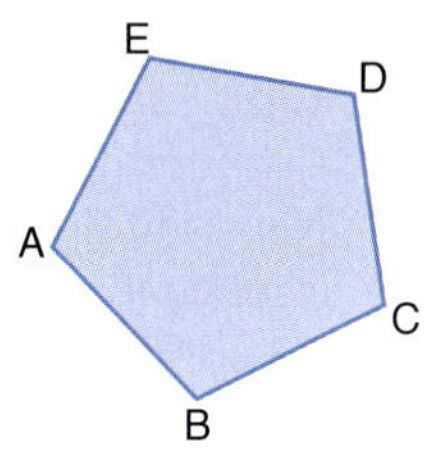

b) Completa en tu cuaderno esta tabla:

Pentágono	Perímetro	Área
ABCDE	17,5 cm	21 cm^2
A′B′C′D′E′		
A″B″C″D″E″		

48. ★★★ Calcula el área de este triángulo rectángulo. Representa el resultado con tres decimales.

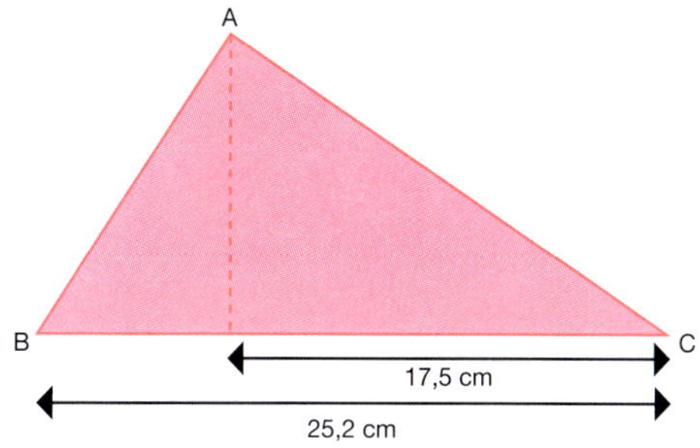

49. ★★★ Determina el valor de *x* para que estos triángulos isósceles sean semejantes.

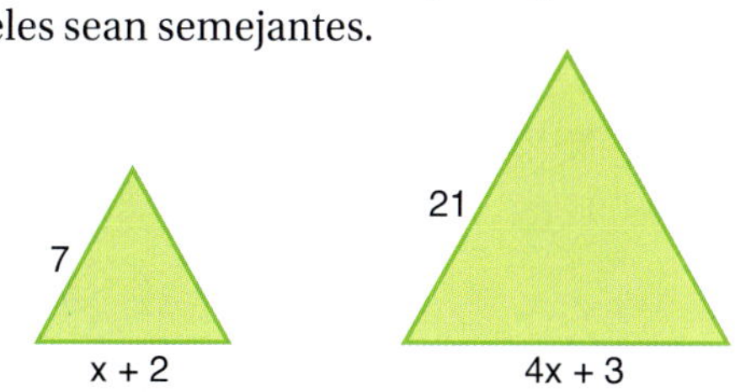

50. ★★★ El lado desigual de un triángulo isósceles *A* mide 6 cm; el lado igual, 5 cm y los ángulos iguales, 53,13°. Determina cuáles de los siguientes triángulos son semejantes al triángulo *A* y calcula la razón de semejanza en cada caso.

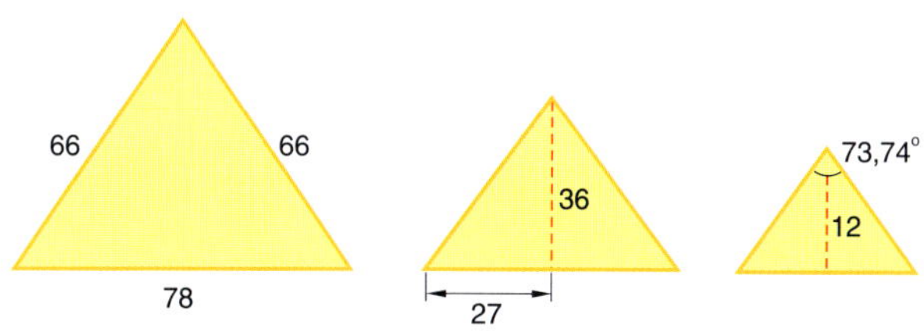

51. ★★★ Dados los siguientes triángulos rectángulos semejantes:

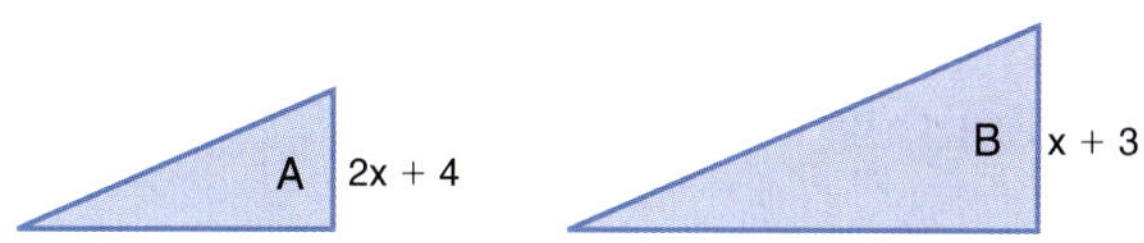

a) Calcula el valor de *x* para que la razón de semejanza entre los dos triángulos semejantes sea $\frac{2}{3}$.

b) ¿Cuánto medirán las hipotenusas de los triángulos si la base de *A* mide $\frac{5x-1}{3}$?

Figuras semejantes

52. ★☆☆ Se quiere colocar un listón alrededor de la puerta de un armario, cuyas medidas en un dibujo a escala 1:40 son 1,25 cm × 2 cm. ¿Cuántos metros de listón son necesarios?

Actividades finales

53. ★☆☆ La siguiente figura está dibujada a escala 1:100. Halla su área.

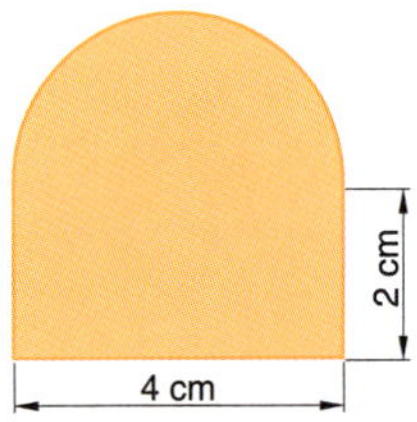

54. ★★☆ En este plano están señaladas diferentes distancias. Si la distancia real entre la escuela y la casa es 700 m:

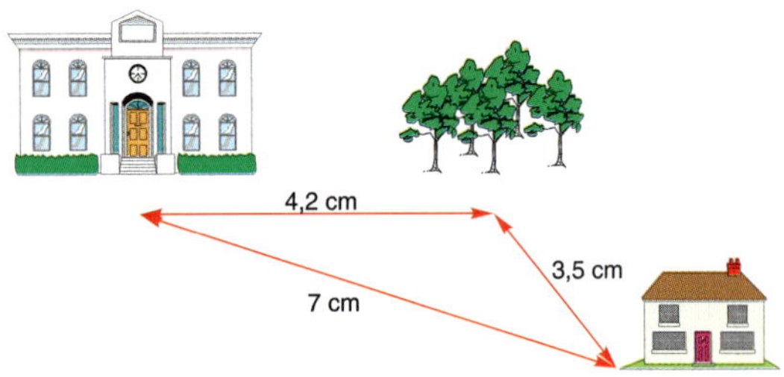

a) ¿Cuál es la escala del plano?

b) ¿Cuál es la distancia real entre la escuela y la arboleda? ¿Y entre la arboleda y la casa?

55. ★★☆ Dibuja un plano de tu casa con la escala que consideres más adecuada de las dos que te proponemos a continuación: 1:100 o 1:200.

56. ★★★ Ana tiene dos cajas con forma de cubo. Sabiendo que la razón de semejanza es 3 y que el volumen del cubo más grande es de 216 dm^3, determina el volumen de la caja pequeña.

57. ★★★ Un cono tiene 25 cm de generatriz y 7 cm de radio de la base. El volumen de otro cono, semejante al primero, es de 153,86 cm^3.

Determina la longitud de la generatriz del segundo cono.

Problemas

58. ★☆☆ Para averiguar la altura de un poste telefónico medimos su sombra, que es de 30 m. A la misma hora, una señal de tráfico de 2 m de altura proyecta una sombra de 4,8 m. ¿Cuál es la altura del poste?

59. ★☆☆ Si un poste de 2 m proyecta una sombra de 3 m, ¿qué sombra proyectará un árbol de 9 m?

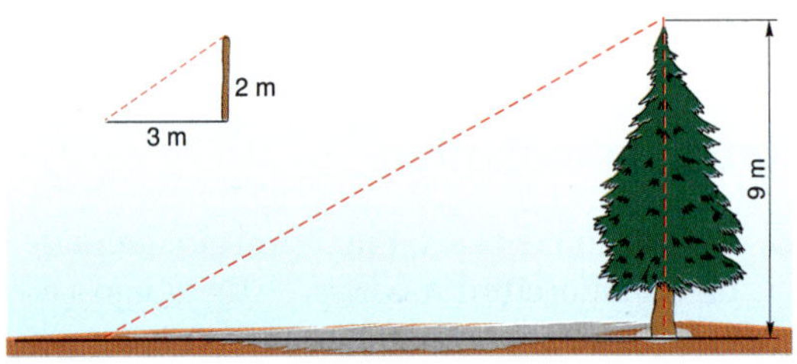

60. ★☆☆ Un edificio está formado por dos bloques. Observa la figura y halla la altura del bloque más alto.

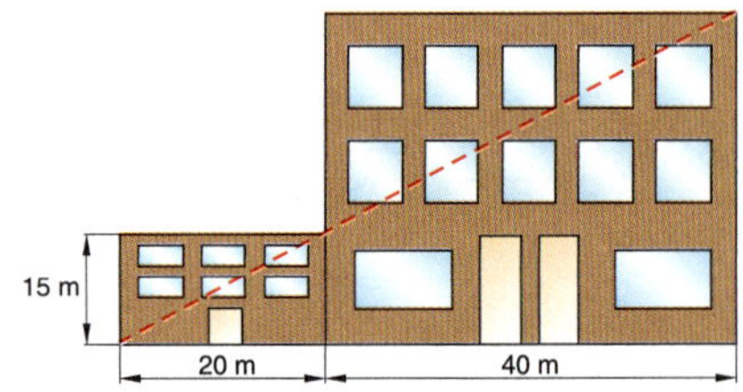

61. ★☆☆ Calcula el área de un triángulo rectángulo sabiendo que uno de los catetos y la hipotenusa de un triángulo semejante de razón de semejanza $k = 2$ miden 3 cm y 5 cm, respectivamente.

62. ★☆☆ Los lados de una habitación rectangular miden 4,5 m y 2,4 m. Al confeccionar un plano de la habitación la longitud del lado mayor es 1,5 cm.

a) ¿Cuál es la escala del plano?

b) ¿Cuánto medirá en el plano el lado menor de la habitación?

63. ★☆☆ A partir de este mapa, halla la distancia real que recorrerán los piratas hasta llegar al tesoro.

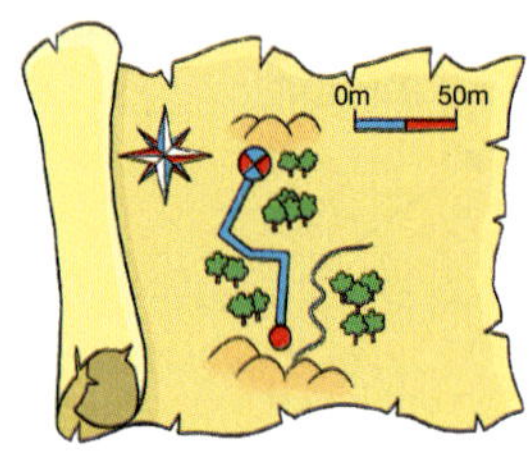

64. ★★☆ Joaquín debe confeccionar el plano de una casa. Puede escoger entre la escala 1:100 y la 1:300, pero quiere usar la que precise un formato menor. ¿Qué escala debe elegir? ¿Qué razón de semejanza hay entre los dos posibles planos? Razona tu respuesta

65. ★★☆ La casa de Claudia tiene un jardín rectangular de 5 m y 7 m de lado, totalmente vallado en su perímetro. Después de mucho ahorrar, consigue comprar más terreno alrededor de su jardín y la nueva superficie pasa a ser cuatro tercios de la anterior, pero conservando las proporciones entre los lados.

a) ¿Cuántos metros de valla deberá comprar para poder cercar su nuevo terreno si no puede reutilizar las vallas del terreno original?

b) ¿Y si puede reutilizarlas?

66. ★★☆ El lado desigual de un triángulo isósceles A es la suma del triple del lado desigual de otro triángulo isósceles semejante B más 6 cm. Si la suma de los lados desiguales de A y B es 18 cm, ¿cuál es la razón de semejanza entre ambos triángulos?

67. ★★☆ Los catetos de un triángulo rectángulo miden 3 cm y 4 cm. Si la hipotenusa de otro triángulo rectángulo semejante mide 25 cm:

a) ¿Qué relación de semejanza existe entre ambos?

b) Utilizando el resultado del apartado anterior, calcula el área del segundo triángulo.

68. ★★☆ En la siguiente figura:

a) ¿Cuál es la razón de semejanza entre el triángulo central y los adyacentes?

b) Si el triángulo equilátero central de la figura tiene un área de 30 cm^2, ¿cuál es el área total de la figura?

69. ★★☆ Dado un hexágono regular *A* de área 35,46 cm^2, calcula el área de cada uno de los seis triángulos equiláteros en los que puede dividirse un hexágono semejante *B* con razón de semejanza dos tercios respecto del hexágono *A*.

70. ★★☆ Miguel tiene tres figuras semejantes de tamaños distintos, tales que el área de cada una es la cuarta parte del área de su inmediatamente superior.

a) ¿Cuál es la razón de semejanza entre la menor y la mayor?

b) ¿Cuál sería la razón si tuviera cuatro figuras?

c) ¿Y si tuviera diez? ¿Y mil?

71. ★★☆ El perímetro de un cuadrado es 36 cm^2. ¿Cuánto miden los lados y el perímetro de un cuadrado con razón de semejanza tres cuartos respecto del cuadrado anterior?

72. ★★☆ Indica la razón de semejanza entre estas dos figuras:

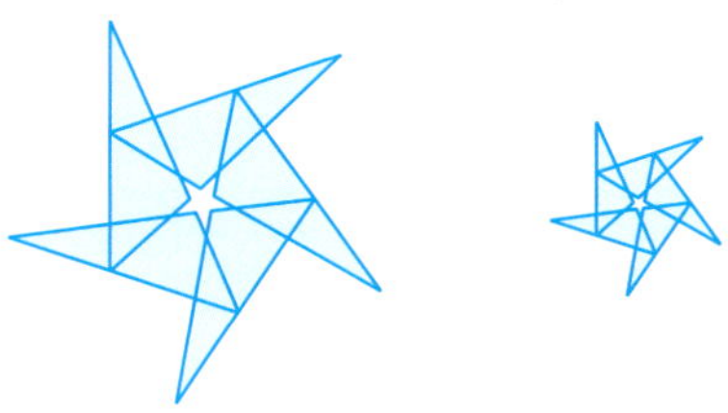

73. ★★★ Sobre un plano dibujado a escala 1:5 medimos un ángulo de 60°. ¿Cuál es la medida real de este ángulo?

74. ★★★ Calcula la longitud de la barra de acero más larga.

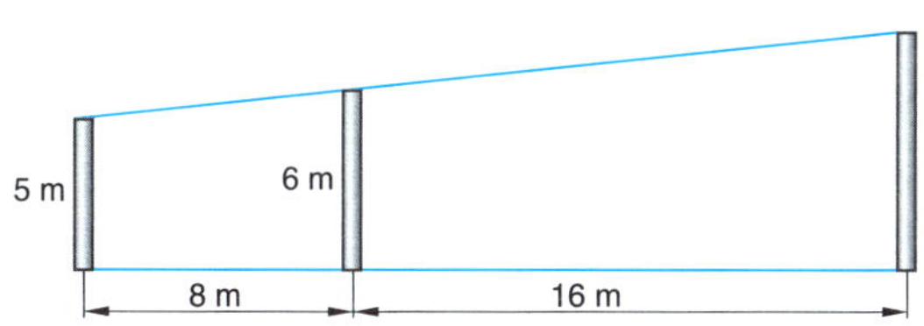

75. ★★★ ¿Cuál es la distancia que separa los puntos *A* y *B*, y *C* y *B* en línea recta sobre el mapa representado a continuación?

— A partir del desnivel que observas, determina los kilómetros reales que recorreremos para llegar a *C* desde *B*.

Indicación: Ten en cuenta las curvas de nivel y utiliza el teorema de Pitágoras para hallar la hipotenusa de un triángulo rectángulo.

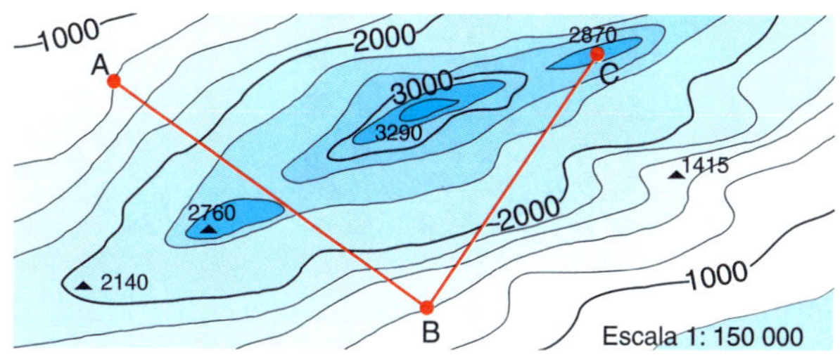

76. ★★★ Un fabricante de material escolar quiere editar un mapa de la Península Ibérica en formato DIN-A4 (297 mm × 210 mm).

Sabiendo que la Península Ibérica mide de norte a sur, aproximadamente, 890 km, y que su anchura máxima es de 1 030 km, ¿qué escala debe emplear?

77. ★★★ Formad grupos de 3 o 4 alumnos, y dibujad un plano de vuestro centro educativo en la escala que consideréis más adecuada de las dos propuestas a continuación: 1:100 o 1:200.

78. ★★★ Hacemos una fotocopia, con una ampliación del 125 %, del plano de una casa a escala 1:225. Si en el plano la distancia entre dos puertas es de 2,1 cm, contesta a las siguientes preguntas con la ayuda de la calculadora:

a) ¿Cuál es la distancia entre las dos puertas en realidad?

b) ¿Cuál es la distancia entre las dos puertas en el plano fotocopiado?

c) ¿Cuál es la escala del plano fotocopiado?

79. ★★★ Dos triángulos semejantes tienen una razón de semejanza igual a $\frac{7}{3}$. Otros dos triángulos semejantes tienen una razón de semejanza $\frac{2}{3}$. ¿Qué perímetro tienen los cuatro triángulos si la suma de todos los perímetros es $\frac{635}{3}$ cm y la suma de los perímetros de los dos triángulos no semejantes mayores es 135 cm?

Indicación: Plantea el problema como un sistema de ecuaciones.

MATEMÁTICAS A TU ALCANCE

PBL: **Obras de arte con mosaicos**

Un estudio de arte necesita el asesoramiento de artistas jóvenes para lanzar una campaña publicitaria que incentive el conocimiento de las artes plásticas en estudiantes de vuestra edad.

Os han propuesto que ayudéis en el proceso de la campaña publicitaria encargándoos de los folletos publicitarios. Se os ha planteado participar dando ideas con ejemplos sobre mosaicos geométricos.

Formad grupos de cuatro componentes y distribuid las tareas. Seguid esta metodología de trabajo:

— En primer lugar, debéis recopilar información sobre los diferentes tipos de mosaicos y las dimensiones de los folletos existentes.

a) Para ello, entrad en las siguientes páginas web sobre mosaicos:

@ **http://links.edebe.com/jaare**

@ **http://links.edebe.com/z284**

@ **http://links.edebe.com/fftm**

b) Y sobre dimensiones de folletos publicitarios:

@ **http://links.edebe.com/ttb**

c) Consultad vídeos en YouTube introduciendo palabras clave en el buscador:

@ **http://links.edebe.com/z9j6**

— A continuación, tenéis que seleccionar dos tipos de mosaicos y dos dimensiones de folletos publicitarios en los que centréis vuestra investigación.

— Una vez elegidos los tipos de mosaicos y los folletos publicitarios, completad esta tabla:

Nombre del mosaico	Polígonos que lo forman	Dimensiones de los polígonos del folleto publicitario I	Dimensiones de los polígonos del folleto publicitario II

— A continuación, plantead estas preguntas sobre cada mosaico e intentad darles respuesta:

- ¿Qué ventajas e inconvenientes presenta cada mosaico?
- ¿Qué dimensión del folleto consideráis la más apropiada para el tipo de campaña?
- ¿En qué porcentaje se reducirá o aumentará el mosaico según el folleto publicitario elegido?

— Ahora es el momento de exponer vuestro trabajo ante el estudio de arte. Para ello, apoyadlo con una presentación en Prezi:

@ **http://prezi.com**

Cre@ctividad: Semejanza con GeoGebra

El programa GeoGebra permite construir figuras semejantes con la herramienta *Homotecia* . Observa cómo podemos obtener una imagen semejante a una original.

- Dibuja un polígono con la herramienta *Polígono* o inserta una imagen en la *Vista Gráfica*. Incluye también un punto que será el centro de la homotecia.

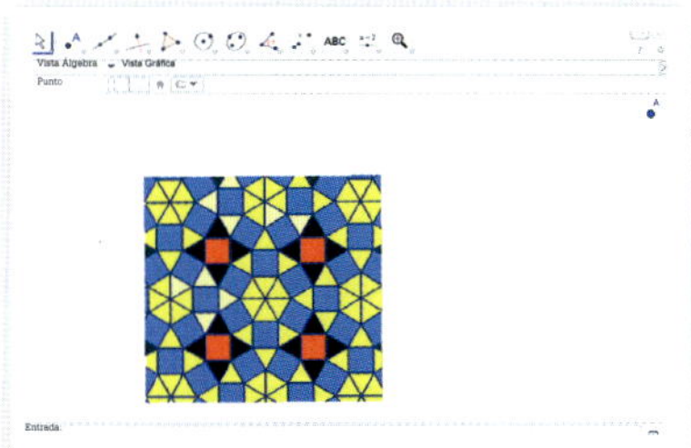

- A continuación, haz clic en la herramienta *Homotecia*. Selecciona, en primer lugar, el polígono o la figura insertada y, en segundo lugar, el punto marcado como centro de la homotecia. Aparecerá un cuadro de diálogo en el que anotar el factor de escala deseado.

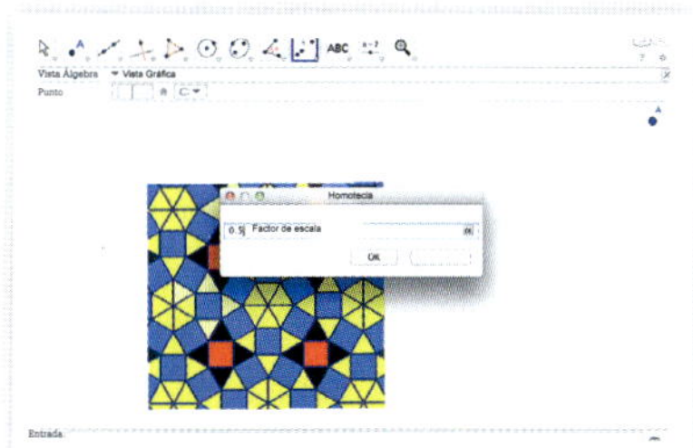

- Como resultado visualizaréis dos figuras semejantes con la razón de semejanza (factor de escala) que hayáis insertado en el cuadro de diálogo.

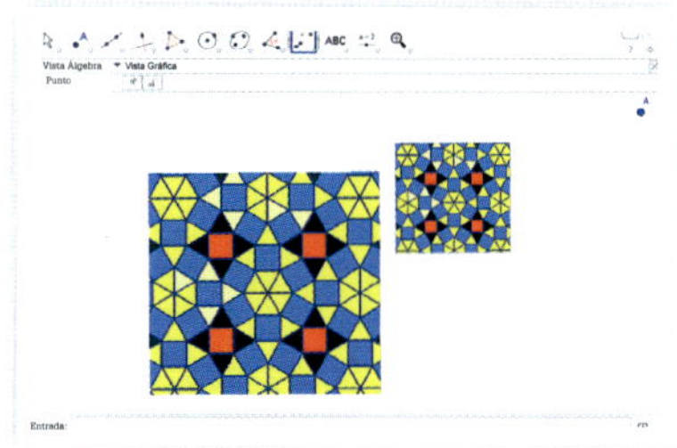

En este caso el mosaico obtenido es un mosaico reducido a la mitad.

Atrévete

- Escoged uno de los dos mosaicos de la propuesta realizada para el folleto publicitario. Llevad a cabo ampliaciones y reducciones del mosaico a partir de un deslizador en el que el factor de escala varíe de 0 a 1 con un incremento del 0,01.
- ¿A qué porcentaje equivale un factor de escala 1? ¿Y un factor de escala 0?

Visión 360º

No solo en el arte aparecen mosaicos con formas geométricas. En la naturaleza encontramos muchos ejemplos de ellos.

Las abejas, por ejemplo, utilizan mosaicos hexagonales para construir sus panales de miel, ya que estos polígonos se ajustan mejor al plano, pues ofrecen menor perímetro.

En las manchas de la piel de muchos animales también se esconden mosaicos geométricos: en las jirafas, en las serpientes, etc.

- Buscad más ejemplos de mosaicos en la naturaleza y cread una presentación en la que para cada diapositiva incluyáis un título, una imagen y una descripción sobre el mosaico observado en la ilustración.

Pon a prueba tus competencias

1. En un determinado momento del día, las sombras que proyectan un edificio y una farola son las que se muestran en la imagen:

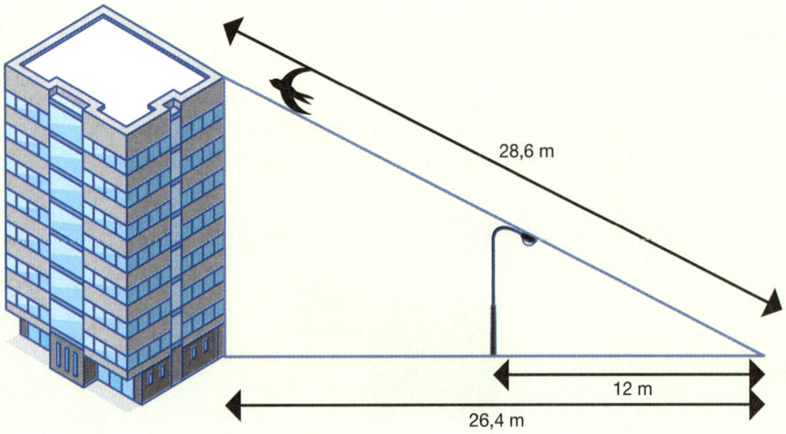

a) Determina la razón de semejanza entre los dos triángulos rectángulos de la figura.

b) Calcula la altura del edificio.

c) Determina la altura de la farola.

d) Una golondrina que se encontraba en el suelo a 12 m de la farola voló hasta ponerse encima de ella. ¿Qué distancia recorrió?

e) A continuación, la gaviota voló hasta la azotea del edificio. ¿Cuál es la distancia recorrida en este segundo tramo?

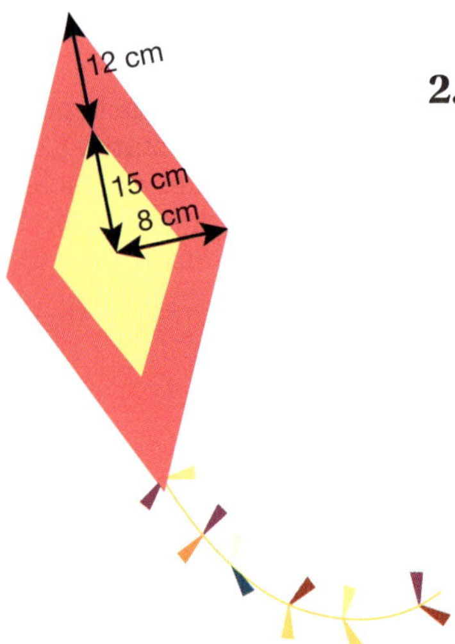

2. Una cometa en forma de rombo, tiene un rombo inscrito con las medidas que se muestran en la imagen:

a) Calcula la razón de semejanza entre los dos rombos de la cometa.

b) Halla el área del rombo interior.

c) Determina el perímetro de la cometa.

d) Calcula el área de la cometa.

e) ¿Qué área ocupa la zona exterior de la cometa?

3. Los cables de fibra óptica tienen diferente número de capas según su funcionalidad.

El cable de fibra óptica de la imagen posee tres capas con distintos diámetros.

Otro cable de fibra óptica es semejante al anterior, pero no contiene la capa *jacket*.

a) Calcula la razón de semejanza entre los diámetros de ambos cables.

b) Si el primer cable mide 1 000 μm, ¿cuál es la longitud del segundo cable?

c) Halla el volumen del primer cable. Presenta el resultado con tres decimales.

d) Determina el volumen del segundo cable.

Nota: 1 $\mu m = 10^{-6}\ m$ y en los cálculos aproximaremos π a 3,14.

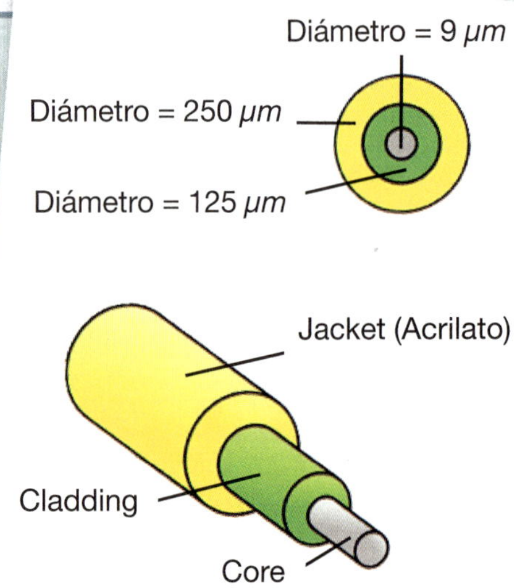

4. Observa el siguiente molde de una pieza metálica de una determinada maquinaria:

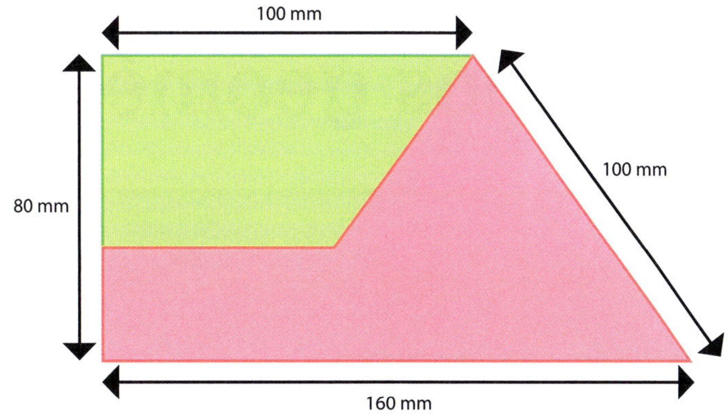

Este molde está formado por dos trapecios rectángulos: uno exterior y otro interior, cuyas bases mayores miden 160 mm y 100 mm, respectivamente.

a) Determina la razón de semejanza de las longitudes de las bases mayores de los dos trapecios rectángulos.

b) El área del trapecio mayor es de 10400 mm^2. ¿Cuál es el área del trapecio menor?

Sabiendo que la pieza metálica está formada por la pieza resultante de eliminar el trapecio rectángulo interior:

c) Calcula el perímetro de la pieza.

d) Halla su área.

5. Un artista quiere construir la siguiente figura formada por dos triángulos rectángulos semejantes y un rectángulo. Los catetos mayores de cada triángulo deben ser el triple de largos que los menores de su correspondiente triángulo, y la altura de los dos triángulos ha de medir 66 cm. Además, la anchura del rectángulo es de 10 cm. ¿Qué relación de semejanza hay entre los dos triángulos?

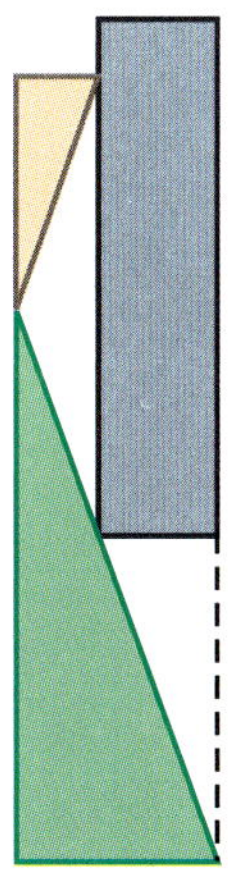

a) Denomina *x* al cateto menor del triángulo menor e *y* al cateto menor del triángulo mayor, y plantea un sistema de ecuaciones:

— Escribe la primera ecuación correspondiente a la relación entre la altura y los catetos de los dos triángulos.

— Escribe la segunda ecuación referida a la diferencia de longitud entre los dos catetos menores de los triángulos.

b) Resuelve el sistema de ecuaciones.

c) Utiliza un programa infórmatico para construir la figura y comprobar que se cumple la razón de semejanza obtenida

Reflexiona

Diario de aprendizaje

— ¿Consideras que el texto que inicia la unidad tiene relación con los conceptos tratados en ella? ¿Con cuáles?

— Los contenidos estudiados en la unidad, ¿te han servido para ampliar tus conocimientos sobre semejanza?

— ¿Crees que algunos conceptos aprendidos en esta unidad pueden ser aplicables en tu vida cotidiana? ¿Cuáles? ¿Cómo?

9 GEOMETRÍA

Cuerpos geométricos

La casa danzante

Los arquitectos Frank Gehry y Vlado Milunic diseñaron un emblemático edificio del centro de Praga: la casa danzante. Esta construcción está inspirada en la mítica pareja cinematográfica de comedias musicales: Ginger Rogers y Fred Astaire.

CONTENIDOS

1. Elementos geométricos del espacio
2. Poliedros
3. Cuerpos de revolución
4. Construcciones geométricas con GeoGebra

PBL: Diseño de dados de juegos de mesa

Cre@ctividad: Desarrollo plano de poliedros con GeoGebra

Rutina de pensamiento

MIRAR: 10 VECES 2

- Observa las imágenes durante aproximadamente 30 segundos.
- Anota en una lista diez palabras o frases sobre cualquier aspecto de las imágenes.
- Fíjate de nuevo en las imágenes durante 30 segundos y añade diez palabras o frases más.
- Poned en común y comentad vuestras respuestas.

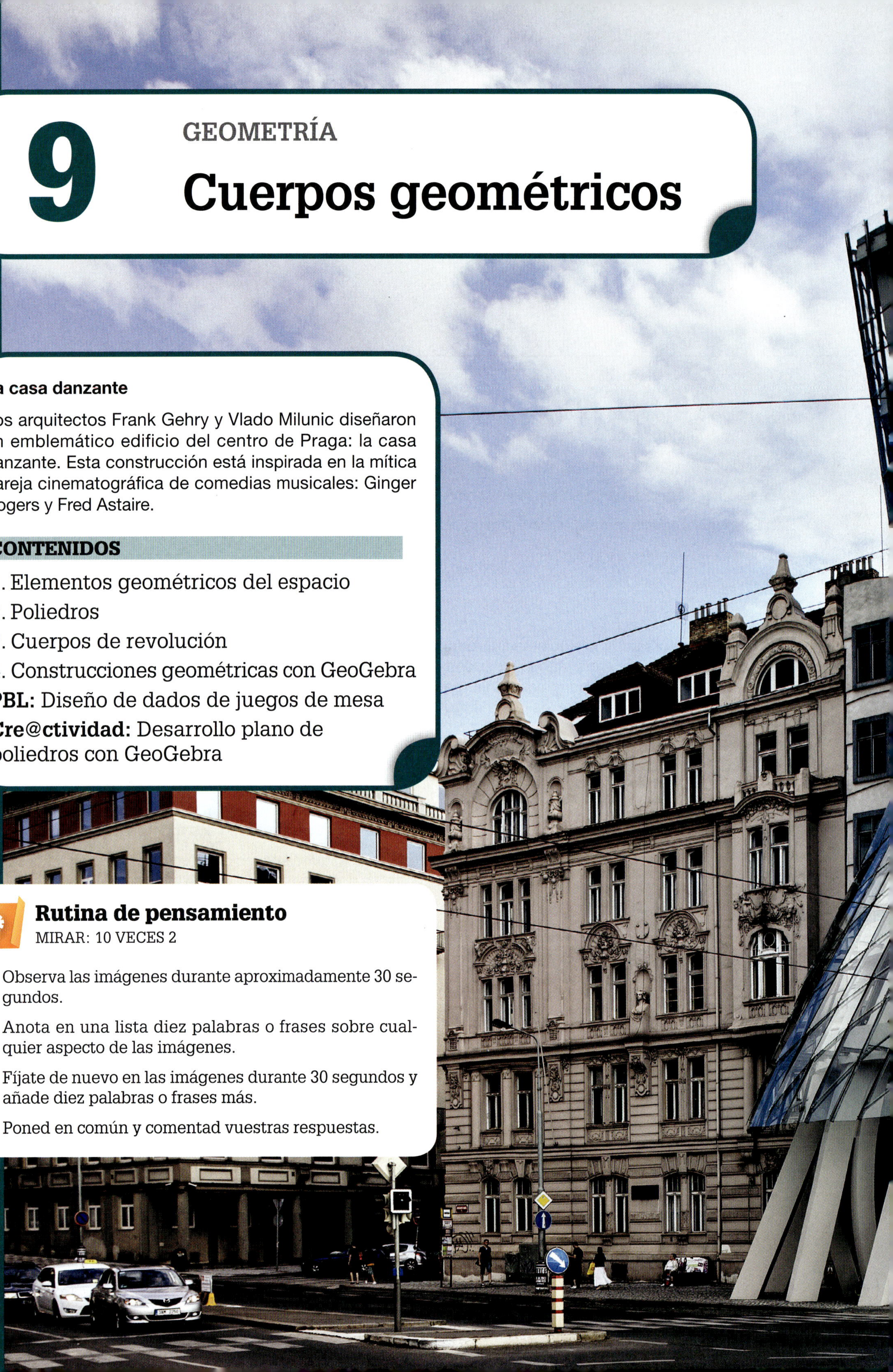

1. Elementos geométricos del espacio

1.1. Punto, recta y plano

El punto, la recta y el plano son los tres elementos básicos de la geometría.

Punto	Recta	Plano
	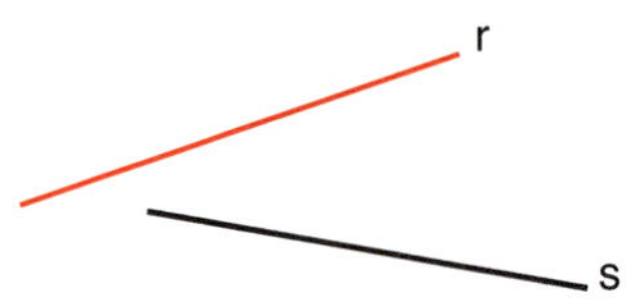	
– Se representa mediante dos pequeños trazos que se cortan o mediante un pequeño círculo. – Se simboliza con letras mayúsculas: *A*, *B*, *C*...	– Se representa mediante una línea recta. – Se simboliza con letras minúsculas: *r*, *s*, *t*...	– Se representa por medio de un paralelogramo. – Se simboliza con letras griegas: α, β ,γ...

A partir de estos tres elementos básicos, podemos definir otros elementos geométricos.

Representación de rectas y planos

Tanto las rectas como los planos son ilimitados. Por ello, al representarlos, solo dibujamos una parte.

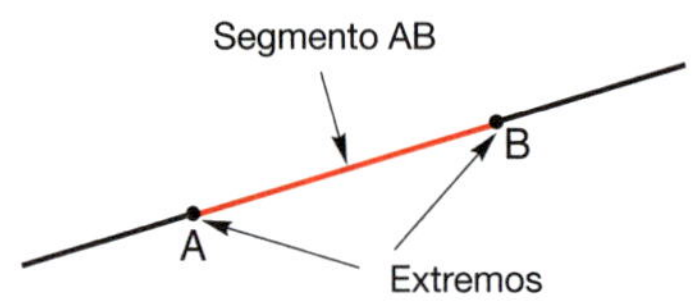

Segmento: parte de una recta comprendida entre dos puntos.

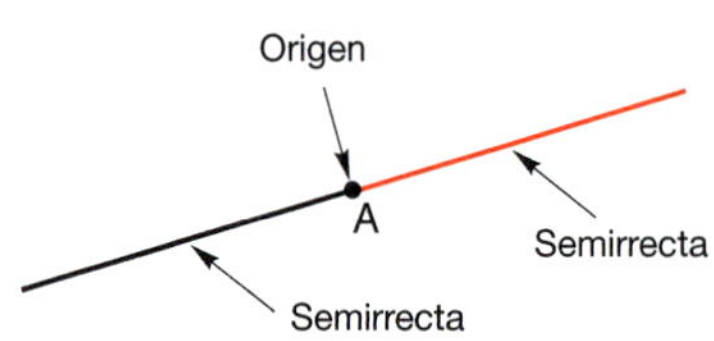

Semirrecta: cada una de las partes en que un punto divide a una recta.

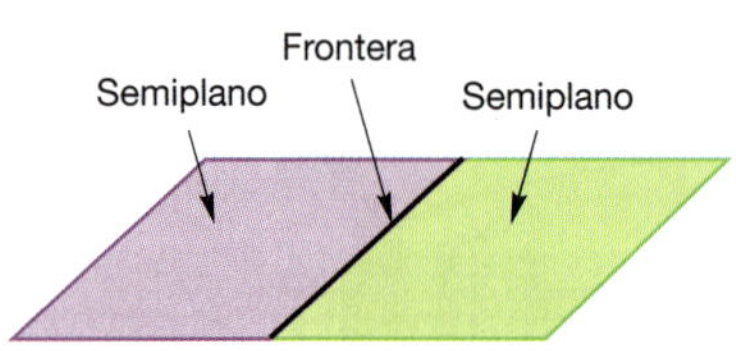

Semiplano: cada una de las partes en que una recta divide a un plano.

Actividades

1. Dibuja una recta y señala tres puntos. ¿Cuántos segmentos aparecen? ¿Y cuántas semirrectas?

2. Dibuja un plano cualquiera y un punto en este plano. ¿Cuántas rectas pasarán por este punto? Si ahora dibujas otro punto en el plano, ¿cuántas rectas pasarán por los dos puntos?

3. ¿Puedes dibujar toda una semirrecta en un papel? ¿Por qué?

4. En un sistema de coordenadas cartesianas, dibuja la recta que pasa por los puntos (1, −1) y (2, 1).

— Indica algún otro punto que pertenezca a la recta.

Determinación de rectas y planos en el espacio

Como ya sabes, por un punto del plano pasan infinitas rectas, mientras que por dos puntos solo pasa una. Lo mismo sucede en el espacio.

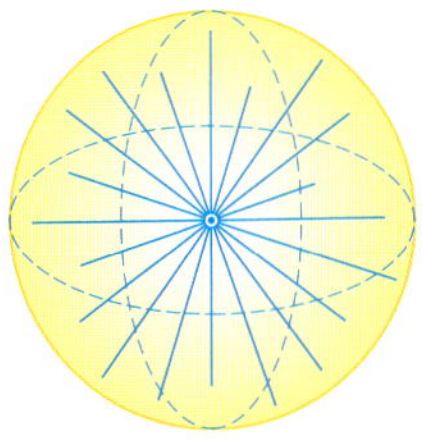

Por un **punto** del espacio pasan **infinitas rectas.**

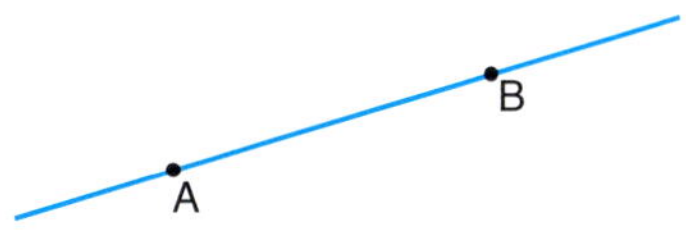

Por **dos puntos** pasa una **única recta.**

Así pues, para **determinar una recta** únicamente necesitamos **dos puntos.**

Pero, ¿cuántos puntos son necesarios para determinar un plano? Para responder a esta pregunta fíjate en estas figuras:

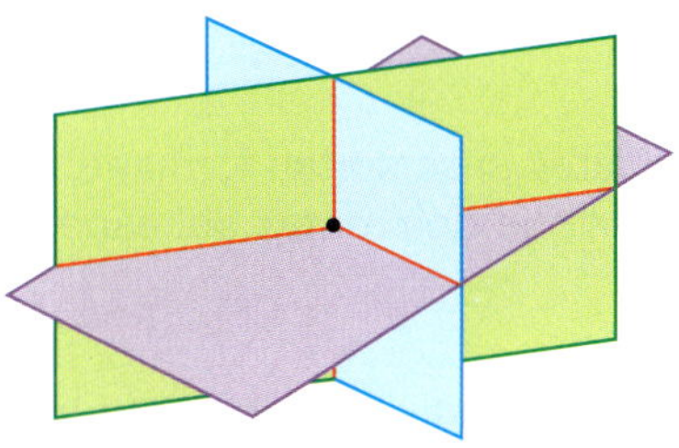

Por **un punto** podemos trazar **infinitos planos.**

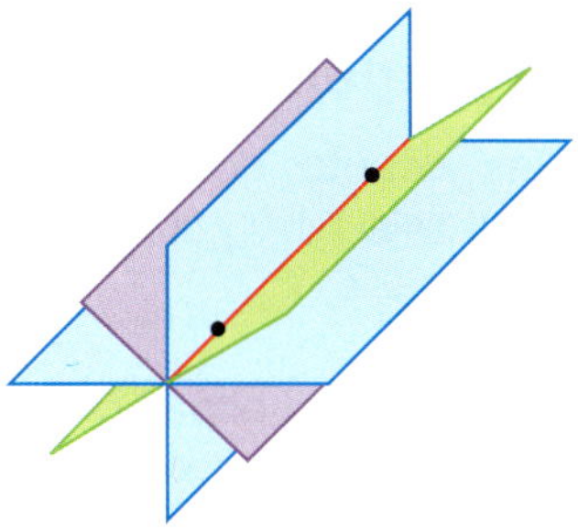

Por **dos puntos** podemos trazar **infinitos planos.**

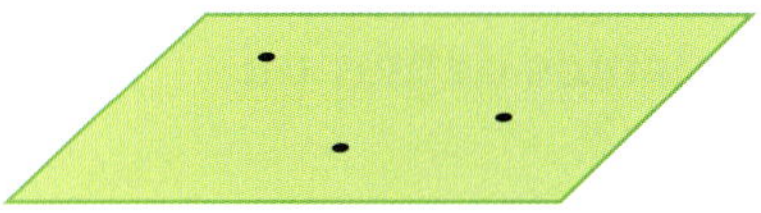

Por **tres puntos** no alineados solo podemos trazar **un plano.**

Así, para **determinar un plano** necesitamos **tres puntos no alineados;** es decir, que no estén sobre una misma recta.

Teniendo en cuenta que dos puntos determinan una recta, también podemos formar un plano mediante una recta y un punto que no pertenezca a esta.

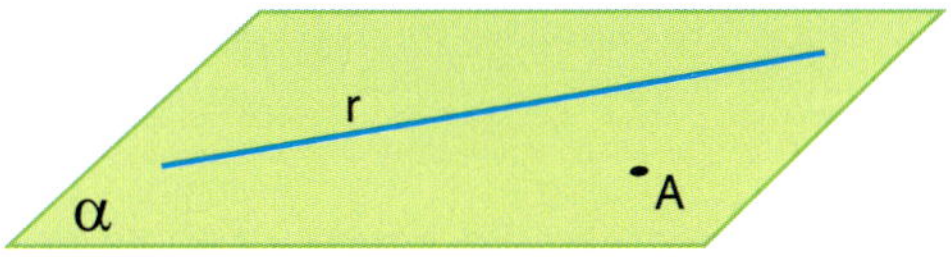

Actividades

5. Considera cuatro puntos, de modo que tres de ellos no estén alineados y que los cuatro no estén en un mismo plano. ¿Cuántas rectas determinan? ¿Y cuántos planos?

6. Dibuja un punto y traza tres semirrectas de modo que puedas determinar tres planos distintos.

1.2. Posiciones relativas de rectas y planos

A continuación, veremos qué posiciones relativas pueden darse entre los distintos elementos geométricos.

Posiciones relativas de dos rectas

Dos rectas en el espacio pueden presentar distintas posiciones relativas.

Rectas secantes	Rectas paralelas	Rectas coincidentes	Rectas que se cruzan
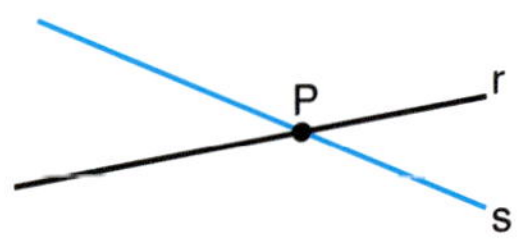	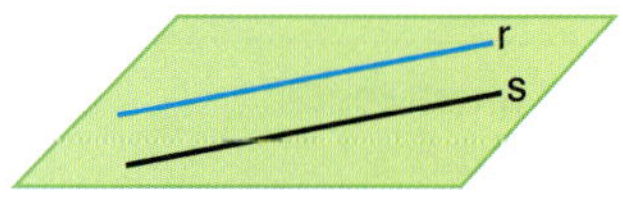		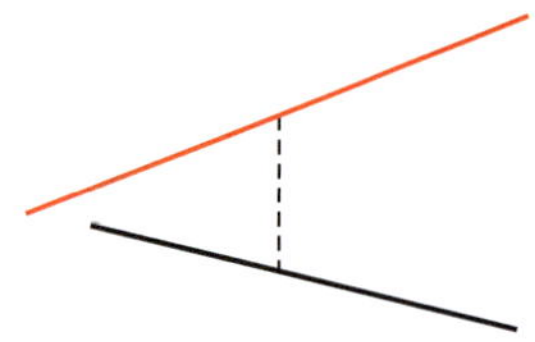
Dos **rectas secantes** tienen un **único punto en común.**	Dos **rectas paralelas** no tienen **ningún punto en común** y están en **un mismo plano.**	Dos **rectas coincidentes** tienen **todos los puntos en común.**	Dos **rectas que se cruzan** no tienen **ningún punto en común** y no existe **ningún plano que las contenga.**

¿Con qué elementos podemos definir un plano?

Hemos visto que un plano queda determinado por tres puntos no alineados, o por una recta y un punto que no pertenezca a esta.

Pero también queda determinado por dos rectas paralelas, o por dos rectas secantes.

Rectas perpendiculares

Dos rectas secantes del plano son perpendiculares si se cortan formando cuatro ángulos iguales, pero ¿cuándo podremos decir que dos rectas del espacio son perpendiculares?

- Dos rectas en el espacio son perpendiculares si están contenidas en el mismo plano, y son perpendiculares en este plano.

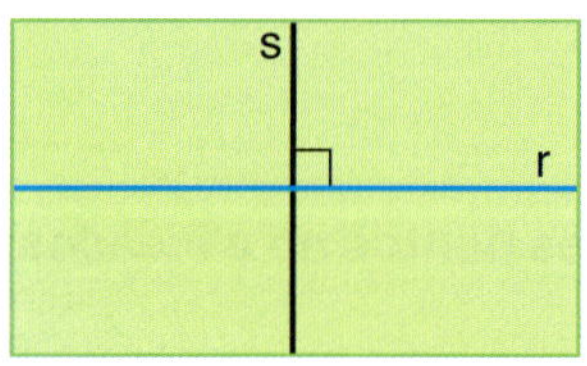

- Dos rectas en el espacio son perpendiculares si se cruzan de modo que podemos encontrar una paralela a una de ellas, contenida en el mismo plano de la otra y perpendicular a esta.

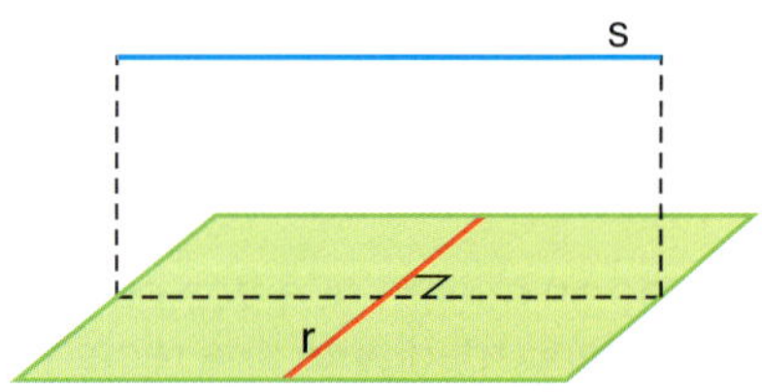

Actividades

7. En la figura de la derecha, indica la posición relativa de las rectas que contienen *AB* y *CD*, *AB* y *BE*, *AB* y *CE*.

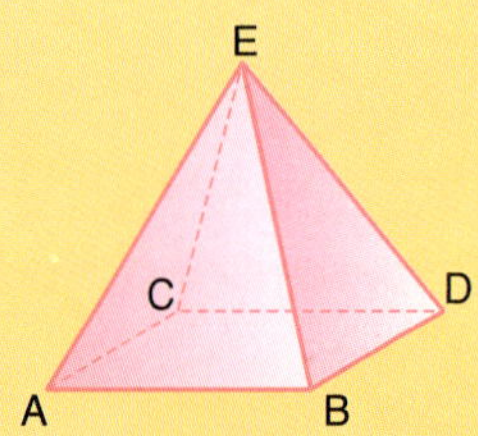

8. Observa esta figura y señala dos pares de rectas secantes, dos pares de rectas paralelas, dos pares de rectas que se crucen y dos rectas perpendiculares:

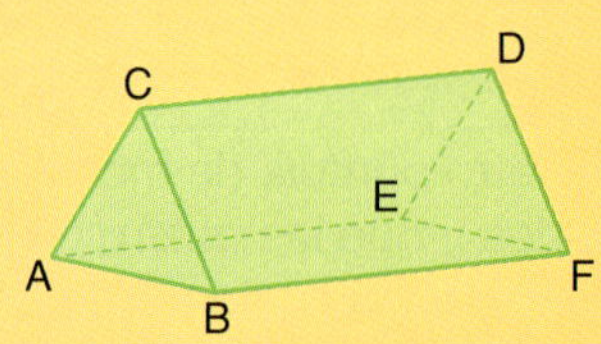

Posiciones relativas de una recta y un plano

Una recta del espacio puede ser secante a un plano, paralela a un plano, o puede estar contenida en él.

Recta secante a un plano	Recta paralela a un plano	Recta contenida en un plano
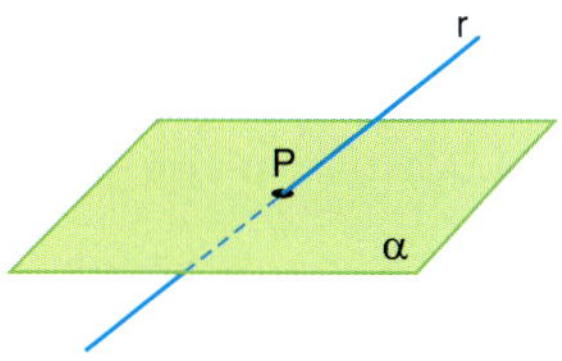	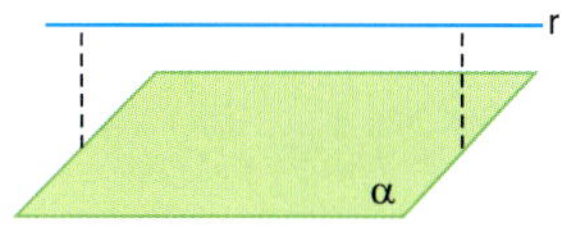	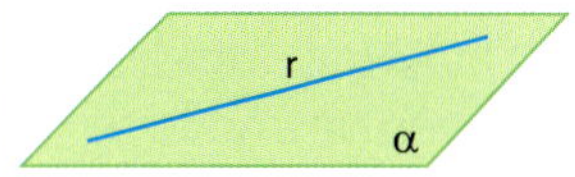
La recta y el plano tienen un **único punto en común.**	La recta y el plano no tienen **ningún punto en común.**	**Todos los puntos** de la recta pertenecen al plano.

Rectas y planos perpendiculares

Si te fijas en la figura, la recta *r* es perpendicular a cualquier recta del plano α. Así podemos decir:

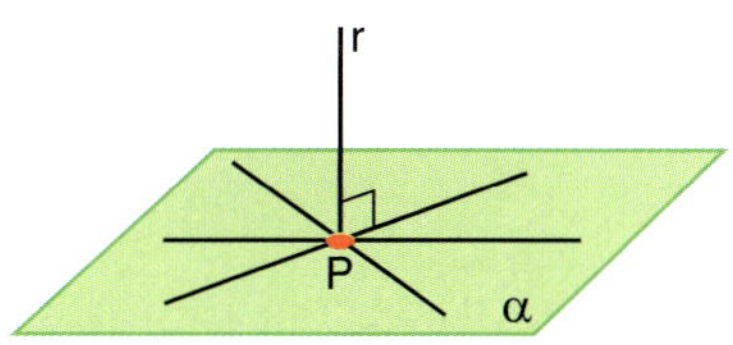

Una **recta** es **perpendicular a un plano** si es perpendicular a cualquier recta del plano.

El punto *P* se denomina pie de la perpendicular y es el punto de intersección entre la recta perpendicular y el plano.

Posiciones relativas de dos planos

Dos planos en el espacio pueden ser secantes, paralelos o coincidentes.

Planos secantes	Planos paralelos	Planos coincidentes
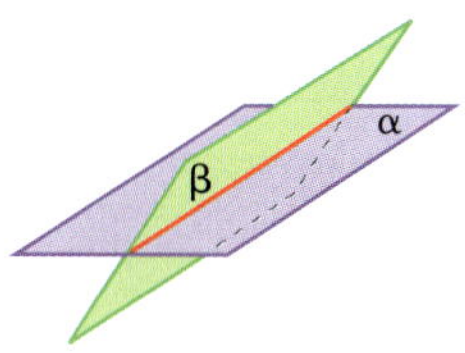	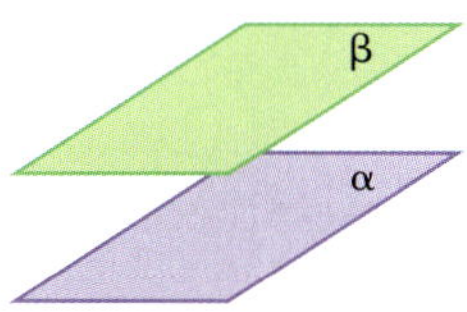	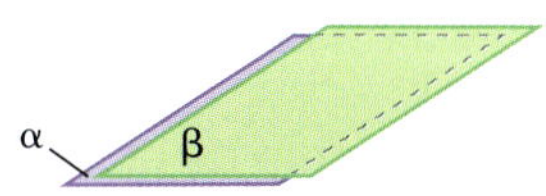
Dos **planos secantes** tienen una **recta en común.**	Dos **planos paralelos** no tienen **ningún punto en común.**	Dos **planos coincidentes** tienen **todos los puntos en común.**

Distancias

Distancia de un punto a un plano

Es la longitud del segmento perpendicular *PQ*, interceptado por el plano.

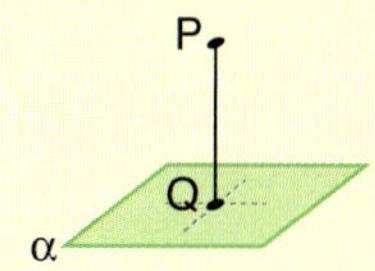

Distancia entre dos planos paralelos

Es la longitud del segmento perpendicular *PQ*, interceptado por los planos.

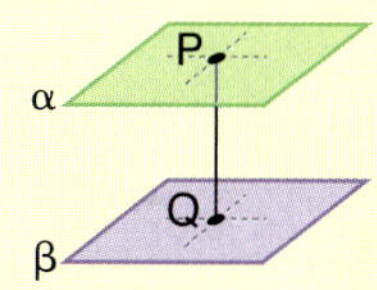

Fíjate

Una recta queda determinada por dos puntos, pero también queda determinada por dos planos secantes.

Actividades

9. Dibuja un plano α determinado por dos rectas, *r* y *s*, que se cortan en un punto *P*. Asigna sobre la recta *r* un punto *Q* y sobre la recta *s* un punto *R*. ¿El segmento *QR* está contenido en el plano α?

10. Dadas dos rectas paralelas, ¿hay algún plano perpendicular a una de ellas y que contenga la otra?

11. Una recta *r* es perpendicular a una recta *s* que está contenida en el plano α. ¿La recta *r* es necesariamente perpendicular al plano α?

La unidad de medida de los ángulos

La unidad de medida que normalmente utilizamos para medir ángulos es el **grado sexagesimal.**

Un grado sexagesimal es el ángulo que obtenemos al dividir el ángulo recto en 90 partes iguales. Se simboliza 1°.

Los submúltiplos del grado sexagesimal son el minuto sexagesimal (') y el segundo sexagesimal ("). La relación entre estas unidades es:

$$(°) \underset{:60}{\overset{\cdot 60}{\rightleftarrows}} (') \underset{:60}{\overset{\cdot 60}{\rightleftarrows}} ('')$$

La expresión de la medida de los ángulos estará en forma compleja si la expresamos en más de una unidad, o en forma incompleja si solo utilizamos una unidad.

1.3. Ángulo diedro

Hemos visto que dos planos secantes se cortan determinando una recta. Al cortarse, se forman cuatro regiones, limitadas por semiplanos. Cada una de esas regiones recibe el nombre de ángulo diedro o diedro.

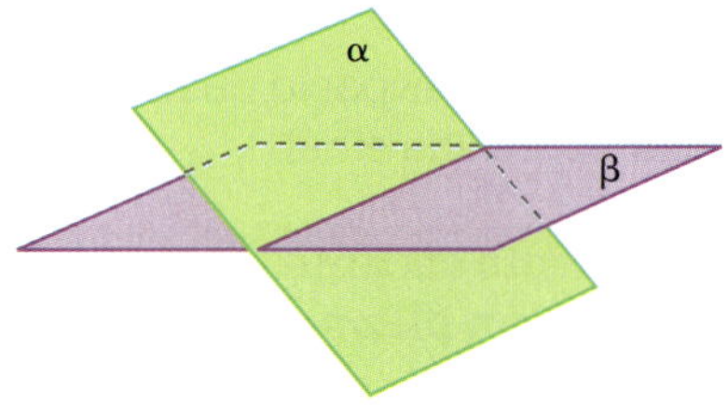

Un **ángulo diedro** es la región del espacio limitada por dos semiplanos que tienen una recta en común.

Los elementos característicos de los diedros son dos: la cara y la arista.

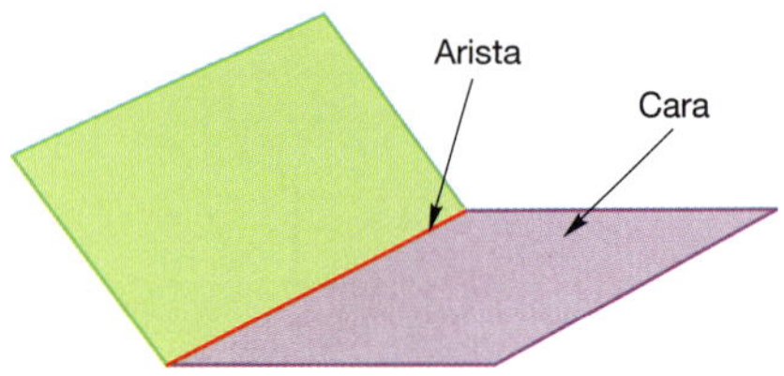

Cara: cada uno de los semiplanos de un diedro.

Arista: recta común a los dos semiplanos.

Medida de un diedro

Observa el ángulo $\hat{A}$ de la derecha.

El ángulo $\hat{A}$ se llama **ángulo rectilíneo** del diedro. Sus lados son dos semirrectas perpendiculares a la arista del diedro, y situadas una en cada cara de este.

Tomaremos como medida del diedro la medida de este ángulo $\hat{A}$.

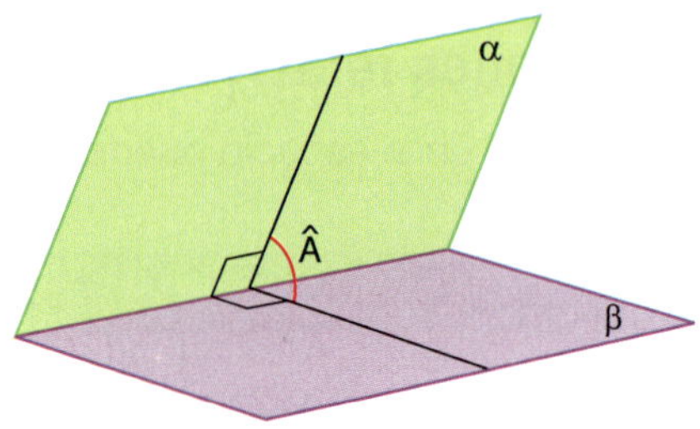

La **medida** de un **diedro** es la **medida** de su **ángulo rectilíneo.**

Ángulo rectilíneo del diedro

En un diedro podemos trazar muchos ángulos rectilíneos, pero todos miden lo mismo.

Por ello, hablaremos del ángulo rectilíneo de un diedro.

Actividades

12. ¿Cuántos diedros observas en una caja de zapatos? ¿Cuáles son sus medidas? Haz un esquema de la caja y márcalos.

— Pon dos ejemplos más de diedros que puedas observar a tu alrededor.

13. Fíjate en la siguiente figura que está formada al cortar un cubo en diagonal. ¿Cuántos diedros observas? ¿Qué medidas tienen?

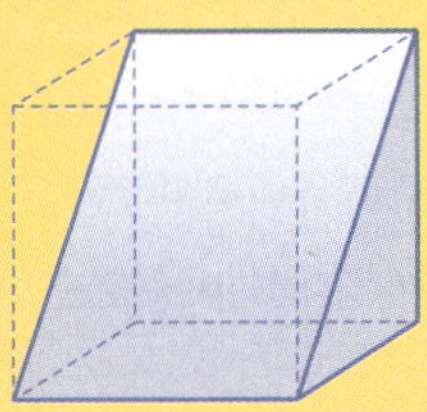

14. Fíjate en estas figuras. Una de ellas tiene como base un triángulo equilátero y la otra un hexágono regular. Identifica los diedros que forman cada una de las figuras y halla sus medidas.

a)

b)

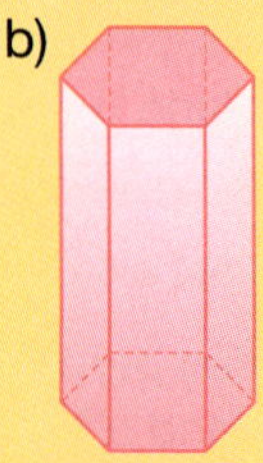

Tipos de diedros

Podemos clasificar los diedros a partir de sus ángulos rectilíneos.

Diedro cóncavo	Diedro convexo
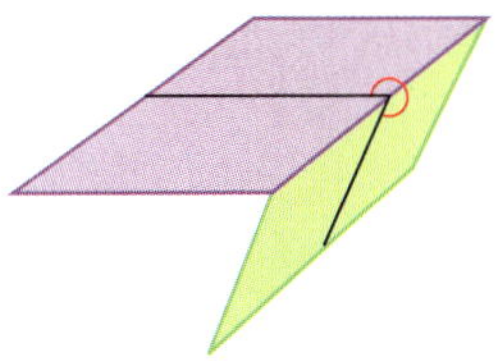	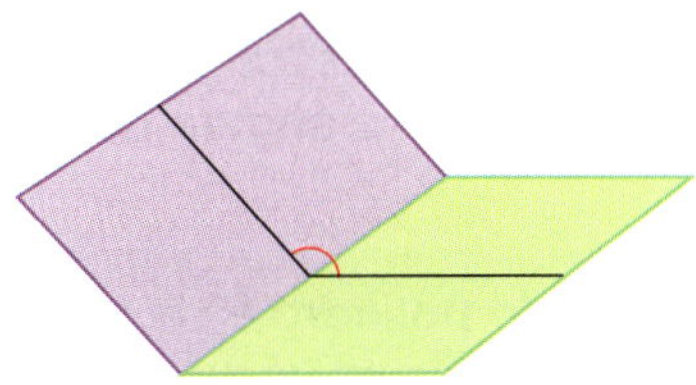

Además, los diedros convexos pueden clasificarse en agudos, rectos y obtusos.

Diedro agudo	Diedro recto	Diedro obtuso
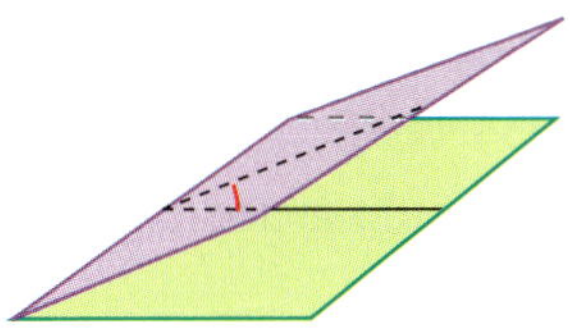	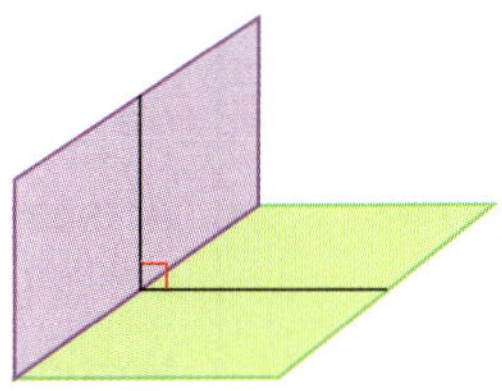	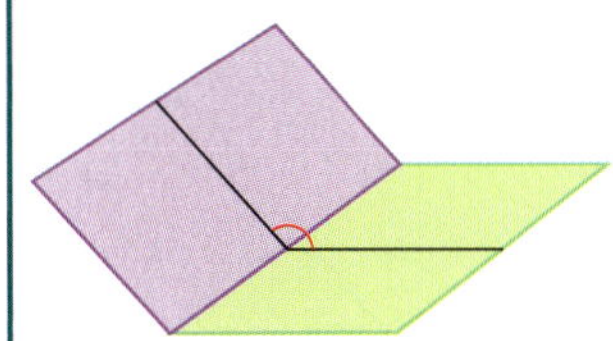

También podemos hablar de diedros complementarios y diedros suplementarios si sus ángulos rectilíneos son, respectivamente, ángulos complementarios o ángulos suplementarios (figs. 1 y 2).

Diedros complementarios

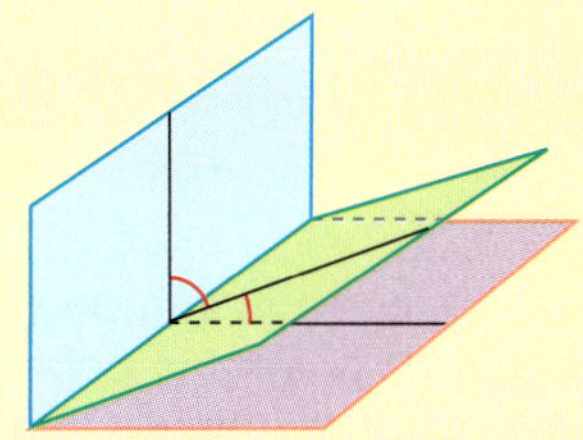

Fig. 1.

Diedros suplementarios

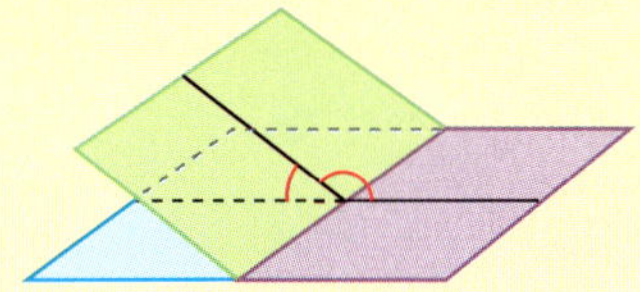

Fig. 2.

Planos perpendiculares

Observa los planos de la figura.

— Son planos secantes.

— Determinan cuatro diedros rectos.

En este caso, decimos que los planos son perpendiculares.

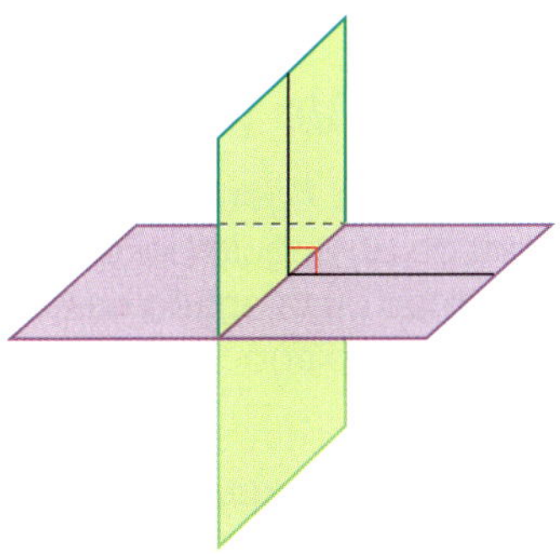

> Dos planos son **perpendiculares** si son secantes y los cuatro diedros que determinan son rectos.

Actividades

15. ¿Dos planos paralelos pueden formar un diedro?

16. Al cortarse dos planos, uno de los diedros formado mide 43° 25' 34''. Calcula cuánto miden los otros tres diedros, clasifícalos y determina cuánto miden el diedro complementario y el diedro suplementario.

17. Haz una tabla relacionando los diedros cóncavo, convexo, agudo, recto y obtuso con sus medidas respectivas.

18. Dibuja el diedro complementario y el diedro suplementario de estos diedros, y determina sus medidas.

a)

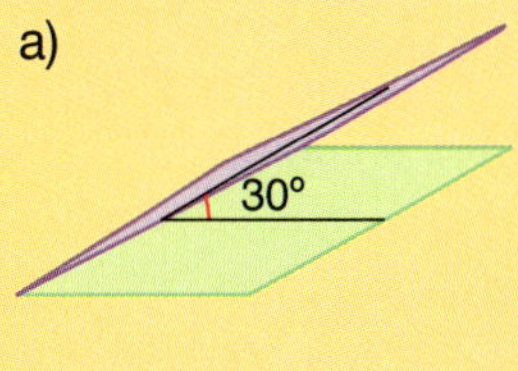

b)

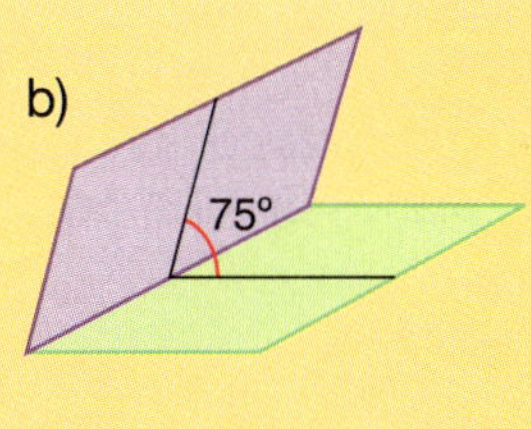

Si accedes a la página **http://links.edebe.com/7x8,** encontrarás una aplicación interactiva con diversos ángulos poliedros.

1.4. Ángulo poliedro

Hasta este momento hemos considerado dos planos que se cortan formando ángulos diedros.

Consideramos ahora tres o más planos que se cortan en un punto. Como puedes ver en la figura de la derecha estos planos limitan una región del espacio. Esta región se llama **ángulo poliedro.**

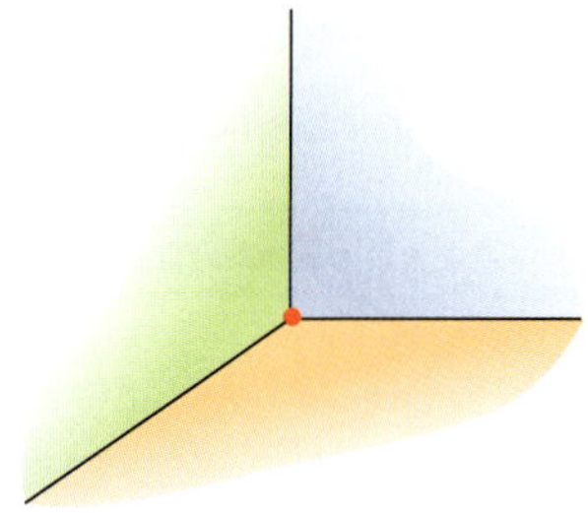

Un **ángulo poliedro** es la región del espacio limitada por tres o más planos que concurren en un punto.

Ángulo triedro

Hay casos particulares de ángulos poliedros que tienen su propio nombre.

Uno de ellos es el **ángulo triedro,** que es el ángulo poliedro formado por tres planos que se cortan en un mismo punto.

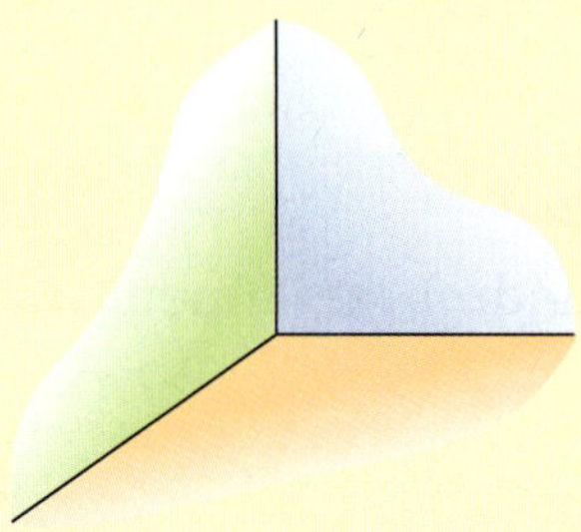

En un ángulo poliedro podemos distinguir tres regiones.

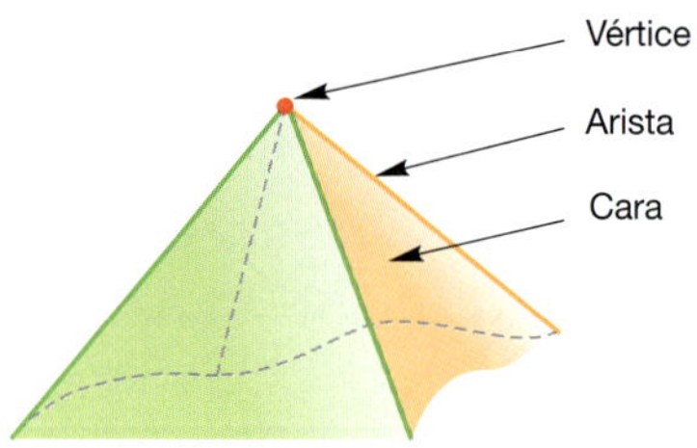

Cara: cada uno de los semiplanos de un ángulo poliedro.

Arista: recta común a dos caras del ángulo poliedro.

Vértice: punto común de los planos del ángulo poliedro.

Los ángulos poliedros pueden ser, como los diedros, cóncavos o convexos. Aquí solo estudiaremos los ángulos poliedros **convexos.**

Desarrollo plano de un ángulo poliedro

Fíjate en la figura de la derecha. Hemos cortado un ángulo poliedro por una arista y lo hemos desplegado hasta hacerlo coincidir con un plano.

Esta operación se denomina **desarrollo plano** de un ángulo poliedro.

Observa que la suma de los ángulos del desarrollo es menor que 360°. Todos los ángulos poliedros cumplen esta propiedad.

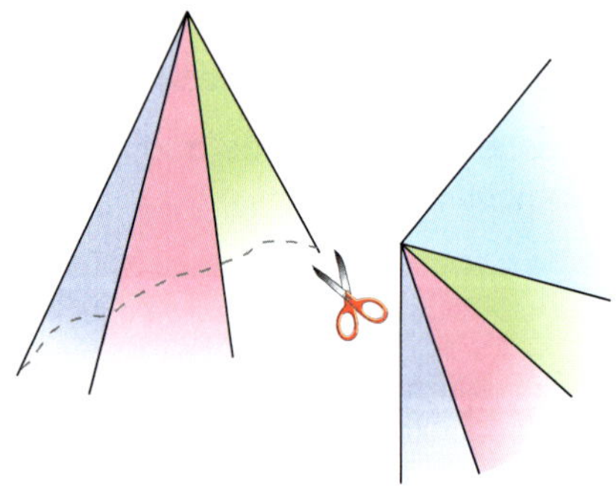

La **suma** de los ángulos que concurren en el vértice del desarrollo plano de un ángulo poliedro es **menor** que 360°.

Actividades

19. ¿Podrías construir un ángulo poliedro con tres ángulos planos de 120° concurrentes en un mismo vértice?

20. ¿Podrías construir un ángulo poliedro con cinco ángulos planos de 52° 20' 13'', 35° 26', 105° 18' 41'', 17° 13' y 93° 14' 51'', concurrentes en un mismo vértice?

2. Poliedros

En muchos objetos de la vida cotidiana, podemos observar formas poligonales.

Decimos que estos objetos tienen formas poliédricas o de poliedro.

> Un **poliedro** es una región del espacio limitada por polígonos.

Los elementos característicos de un poliedro son los siguientes:

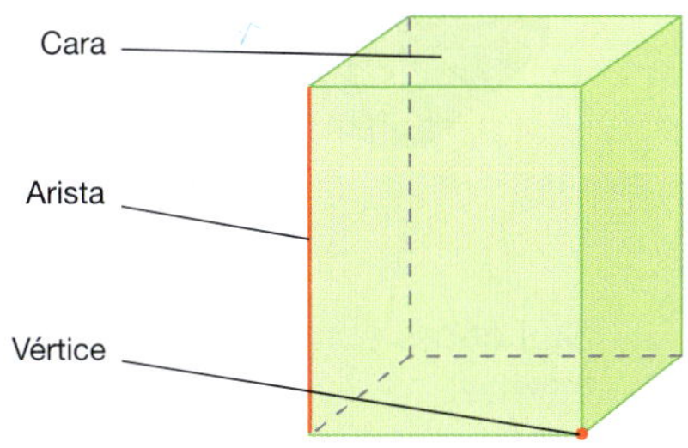

Cara: cada uno de los polígonos de un poliedro.

Arista: cada uno de los lados de los polígonos.

Vértice: cada uno de los puntos de corte de las aristas.

Fíjate en que las caras que concurren en un mismo vértice forman un ángulo poliedro. Así pues, podremos clasificar los poliedros en cóncavos o convexos.

Poliedro convexo	Poliedro cóncavo
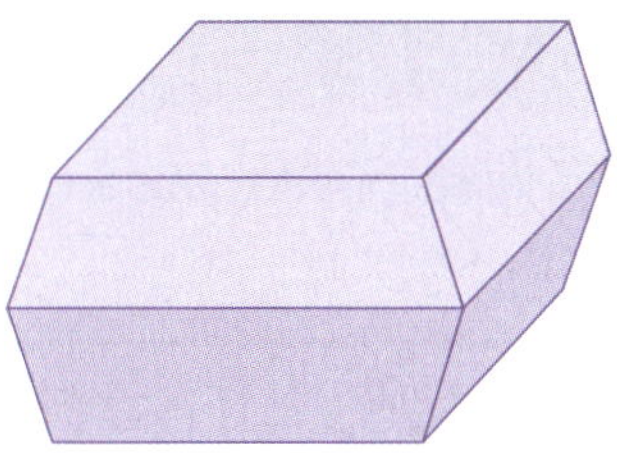	
Un poliedro es **convexo** si tiene todos los ángulos convexos.	Un poliedro es **cóncavo** si alguno de sus lados es cóncavo.

¿Cóncavo o convexo?

Existen algunas formas intuitivas para identificar si un poliedro es cóncavo o convexo.

- Un poliedro es convexo si todas sus caras pueden apoyarse sobre un plano, y es cóncavo si alguna de sus caras no puede apoyarse en un plano.
- Un poliedro es convexo si cualquier par de puntos del poliedro puede unirse mediante un segmento que esté contenido en el poliedro. En caso contrario, es cóncavo.

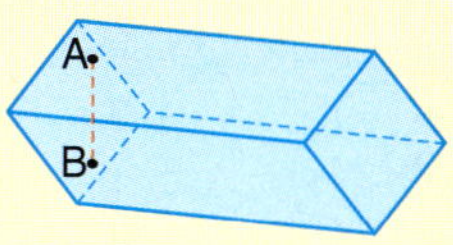

Observa el poliedro de la derecha. La suma del número de caras (6) y el número de vértices (8) es igual al número de aristas (12) más 2.

$$C + V = A + 2$$

Esta propiedad se cumple en todos los poliedros convexos y se llama **relación de Euler.**

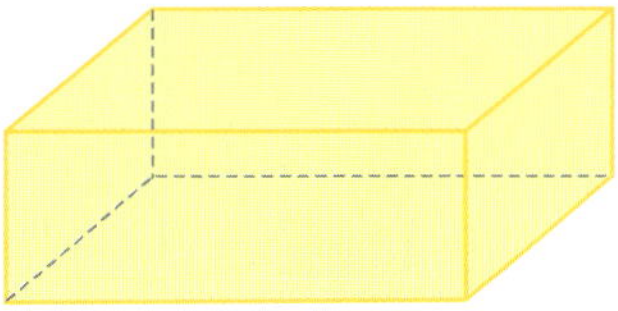

Actividades

21. Si cortas un ángulo poliedro por un plano que intersecte con todas sus aristas, ¿qué figura obtienes? Haz un dibujo.

22. Cuenta el número de caras, vértices y aristas de los poliedros de la derecha, y comprueba que se cumple la relación de Euler.

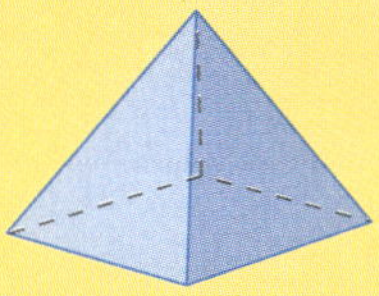

a)

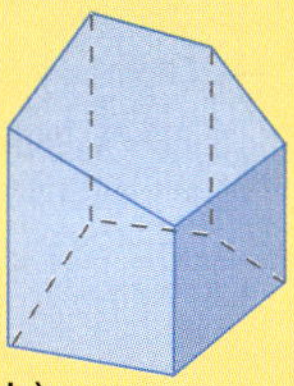

b)

Poliedro no regular

Todas las caras del siguiente poliedro son triángulos equiláteros, pero en cada vértice no concurren el mismo número de aristas.

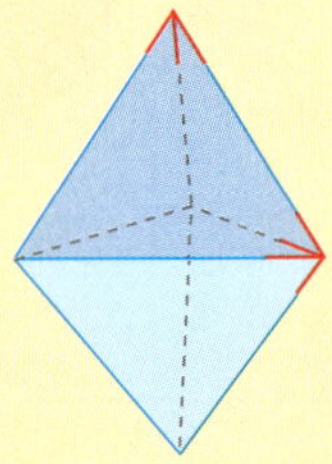

En los vértices superior e inferior concurren tres aristas mientras que en los otros vértices concurren cuatro.

Por lo tanto, no es un poliedro regular.

@

En la siguiente página, encontrarás una animación de cómo se obtienen los desarrollos planos de los poliedros regulares:

http://links.edebe.com/6v9mn

2.1. Poliedros regulares

Observa estos poliedros:

— Sus caras son cuadrados.

— En cada vértice concurren tres aristas.

— Sus caras son triángulos equiláteros.

— En cada vértice concurren tres aristas.

Estos dos poliedros son ejemplos de poliedros regulares.

Un **poliedro** es **regular** si todas sus caras son polígonos regulares y en cada uno de sus vértices concurre el mismo número de aristas.

Solo hay cinco poliedros regulares, cuyas propiedades puedes observar en esta tabla:

Poliedro	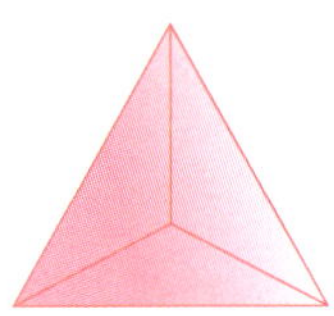 Tetraedro	 Octaedro	 Icosaedro	 Hexaedro o cubo	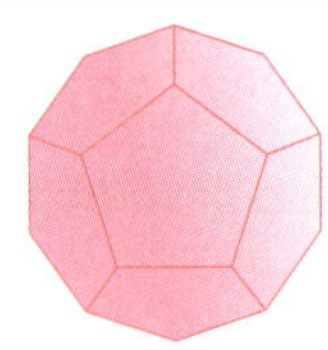 Dodecaedro
Desarrollo plano					
Polígonos de las caras	Triángulo equilátero	Triángulo equilátero	Triángulo equilátero	Cuadrado	Pentágono
Número de aristas por vértice	3	4	5	3	3

Observa que el desarrollo plano se obtiene cortando el poliedro por las aristas hasta hacer coincidir todas las caras en un mismo plano.

Es fácil deducir que no pueden existir más poliedros regulares. Solo es preciso tener en cuenta que:

— Las caras que concurren en un mismo vértice tienen que formar un ángulo poliedro.

— La suma de los ángulos que concurren en el vértice del desarrollo plano de un ángulo poliedro es menor que 360°.

Consideremos, por ejemplo, el caso en que las caras son triángulos equiláteros.

Triángulos que concurren en un vértice	3 triángulos	4 triángulos	5 triángulos
Poliedro que obtenemos	Tetraedro	Octaedro	Icosaedro
Desarrollo plano del ángulo poliedro		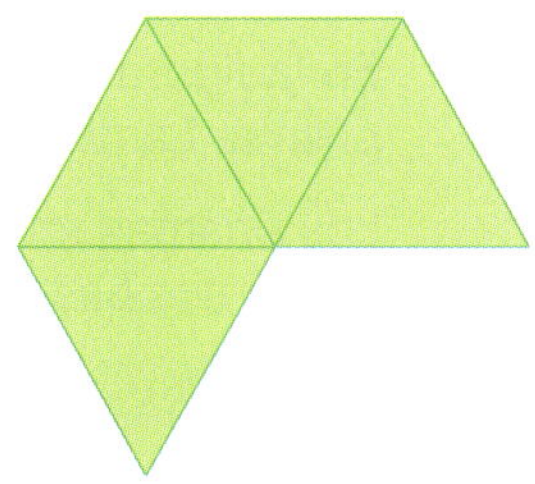	
Suma de los ángulos que concurren en un vértice	$3 \cdot 60° = 180° < 360°$	$4 \cdot 60° = 240° < 360°$	$5 \cdot 60° = 300° < 360°$

Fíjate en que la suma de los ángulos que concurren en el vértice del desarrollo plano del ángulo poliedro correspondiente es menor de 360°.

Con esto, podemos ver que no puede existir un poliedro con seis o más triángulos equiláteros concurrentes. Si fuese así, la suma de los ángulos de las caras que concurrirían en un vértice sería 360° o más, lo cual es imposible.

Del mismo modo, puedes comprobar que el único poliedro cuyas caras son cuadradas es el cubo; el único cuyas caras son pentágonos regulares es el dodecaedro, y que no puede haber poliedros regulares cuyas caras sean polígonos regulares de seis o más lados.

Ángulo de un triángulo equilátero

Cada uno de los ángulos de un triángulo equilátero mide 60°.

Desarrollos planos de poliedros

Existen distintos materiales manipulativos con los que se pueden obtener desarrollos planos de poliedros y reconstruirlos de nuevo.

- En grupos, con el material manipulativo de que dispongáis, construid todos los desarrollos planos que formen un cubo. ¿Cuántos desarrollos planos distintos habéis obtenido? ¿Qué condiciones tienen que cumplir la composición de seis cuadrados iguales para que formen un cubo?

Actividades

23. Dibuja el desarrollo plano de un cubo, distinto al de la página anterior.

24. ¿Existe algún poliedro regular de caras triangulares que tenga el mismo número de aristas que el dodecaedro?

25. Explica por qué no es posible construir un poliedro regular en el que concurran cuatro caras cuadradas en cada vértice.

26. ¿Existe algún poliedro regular en el que concurran cuatro pentágonos regulares en cada vértice? Explica por qué.

27. Comprueba, para cada uno de los cinco poliedros regulares, que se cumple la relación de Euler:

$$C + V = A + 2$$

(C: número de caras; V: número de vértices; A: número de aristas)

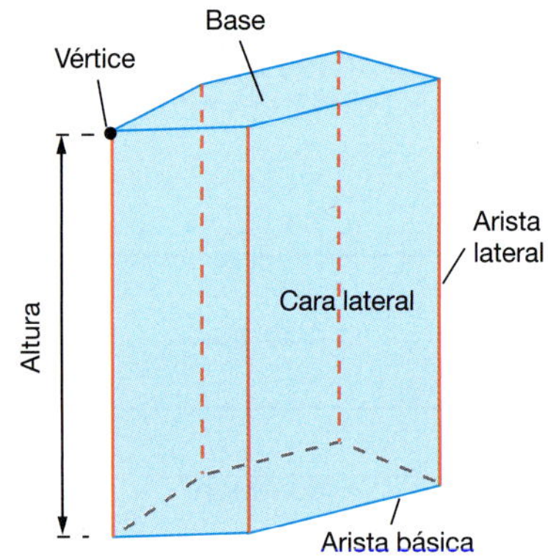

Fig. 3.

2.2. Poliedros no regulares

Un **poliedro no** es **regular** si tiene alguna cara que no es un polígono regular o en dos de sus vértices concurre un número distinto de aristas.

Prismas

Observa estos objetos poliédricos.

— Dos de sus caras son polígonos iguales y paralelos.

— El resto son paralelogramos.

> Un **prisma** es un poliedro en el que dos de sus caras son polígonos iguales y paralelos, y el resto son paralelogramos.

En la figura 3 puedes observar cuáles son los elementos característicos de un prisma. La distancia entre los planos que contiene las bases es la **altura.**

Los prismas reciben el nombre de triangulares, cuadrangulares, pentagonales... según sus bases sean triángulos, cuadriláteros, pentágonos...

Prisma triangular	Prisma cuadrangular	Prisma pentagonal	Prisma hexagonal
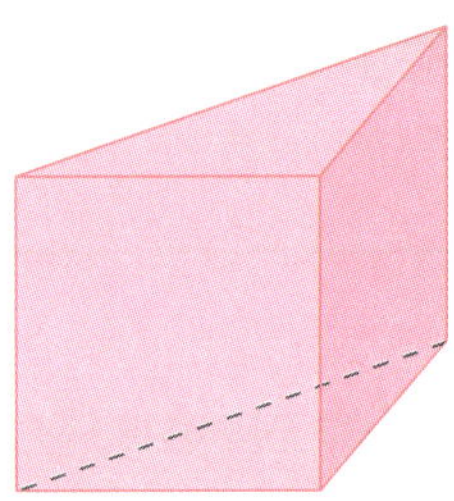	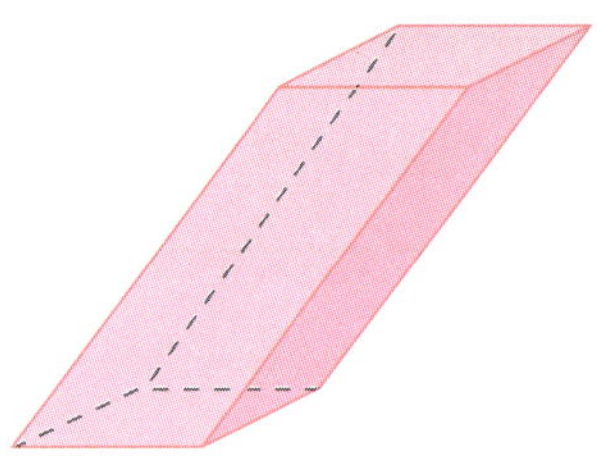	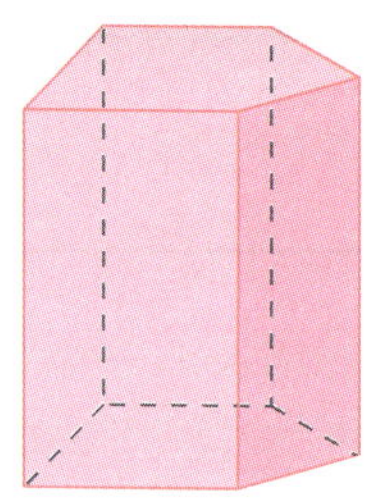	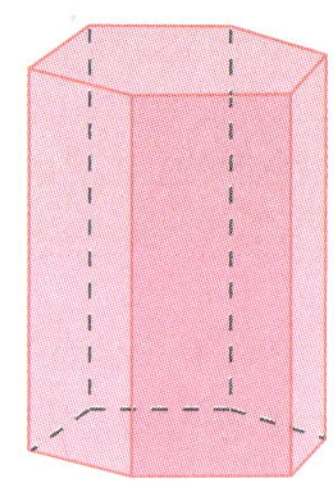

Paralelepípedos

Los prismas cuyas caras son todas **paralelogramos** se llaman paralelepípedos.

El más conocido es el **ortoedro** que está formado por seis caras rectangulares iguales dos a dos.

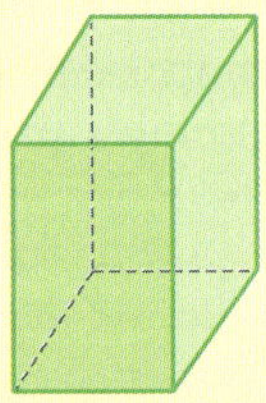

Un prisma es **recto** si las aristas laterales son perpendiculares a las aristas básicas.

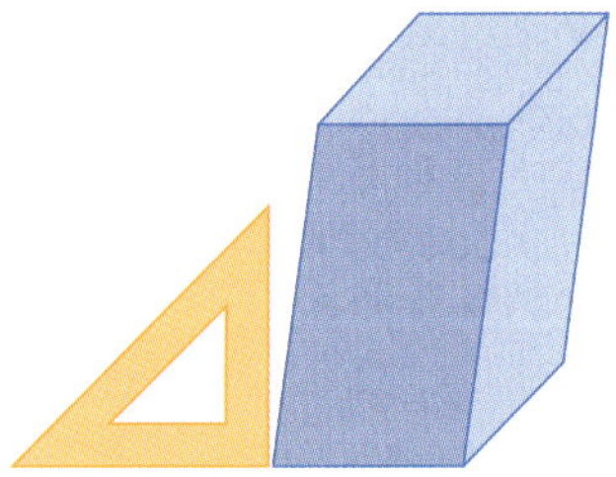

Un prisma es **oblicuo** si las aristas laterales no son perpendiculares a las aristas básicas.

Un prisma es **regular** si es recto y los polígonos de las bases son polígonos regulares.

Actividades

28. Dibuja un prisma octogonal y enumera todos sus elementos.

29. ¿Existe algún poliedro regular que sea un prisma?

30. Dibuja un paralelepípedo y su desarrollo plano.

31. ¿Qué polígono son las caras laterales de un prisma recto?

Pirámides

Observa estos objetos piramidales.

— Una de sus caras es un polígono cualquiera.

— Las otras caras son triángulos que tienen un vértice común.

> Una **pirámide** es un poliedro en el que una de sus caras es un polígono cualquiera y las otras son triángulos que tienen un vértice común.

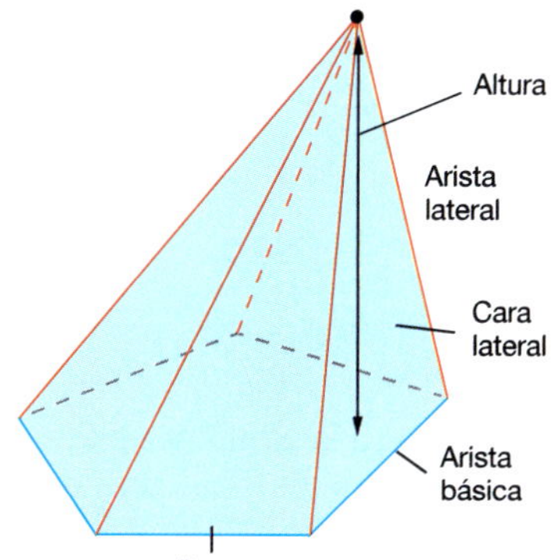

Fig. 4.

Sus elementos característicos se muestran en la figura 4. La distancia entre el vértice y el plano que contiene la base es la **altura.**

Como en el caso de los prismas, las pirámides reciben el nombre de triangulares, cuadrangulares, pentagonales..., según sea la base.

Pirámide triangular	Pirámide cuadrangular	Pirámide pentagonal	Pirámide hexagonal
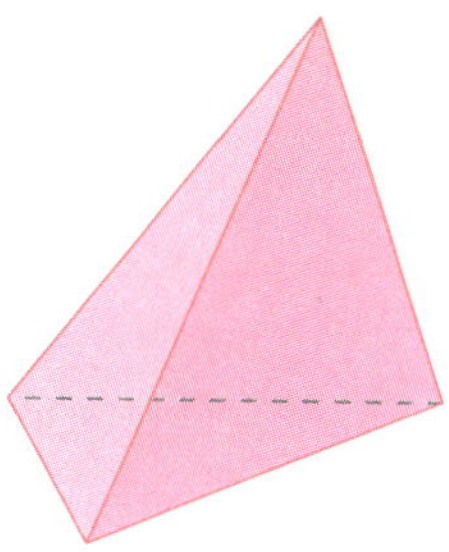	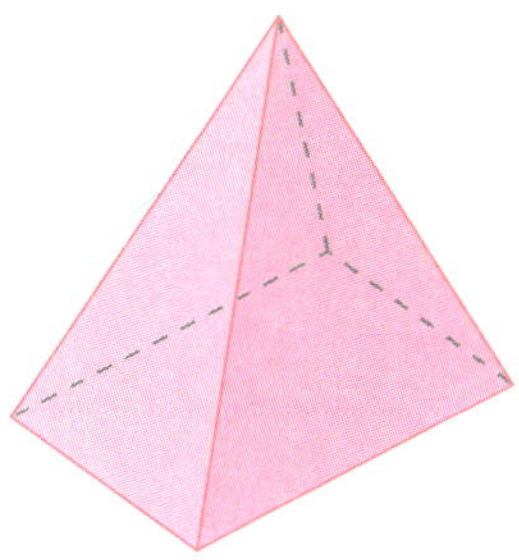	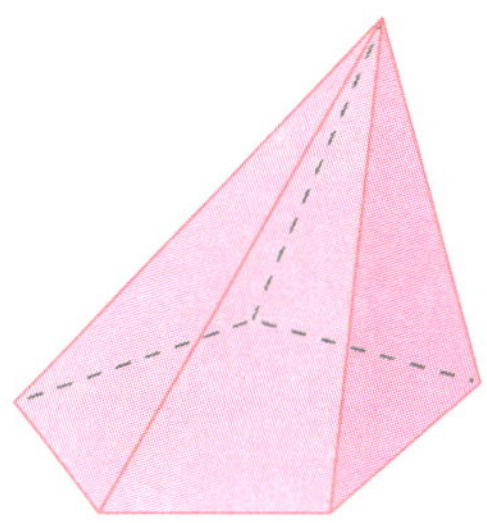	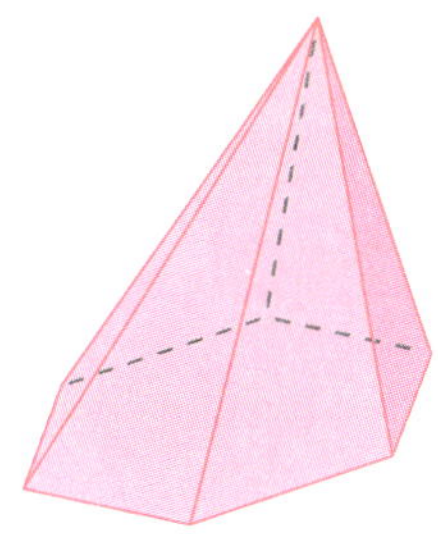

Igual que los prismas, las pirámides pueden clasificarse en rectas y oblicuas.

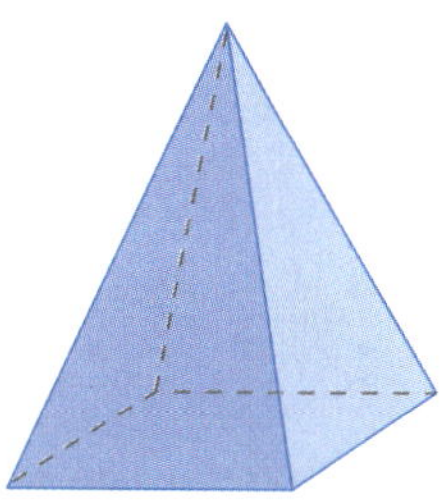

Una pirámide es **recta** si todas las caras laterales forman el mismo ángulo diedro con la base.

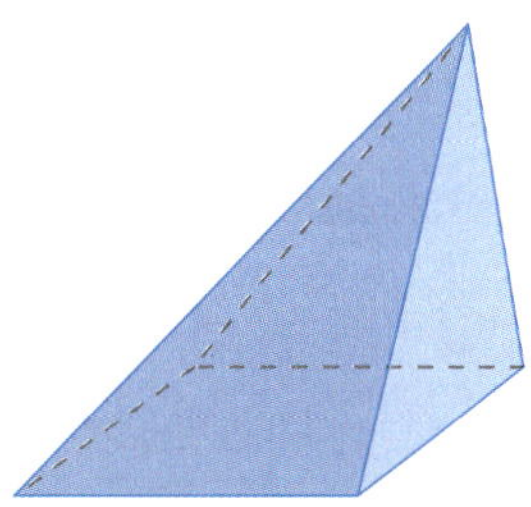

Una pirámide es **oblicua** si las caras laterales no forman el mismo ángulo diedro con la base.

Tronco de pirámide

Si seccionamos una pirámide por un plano paralelo a su base, obtenemos otro cuerpo que llamamos **tronco de pirámide.**

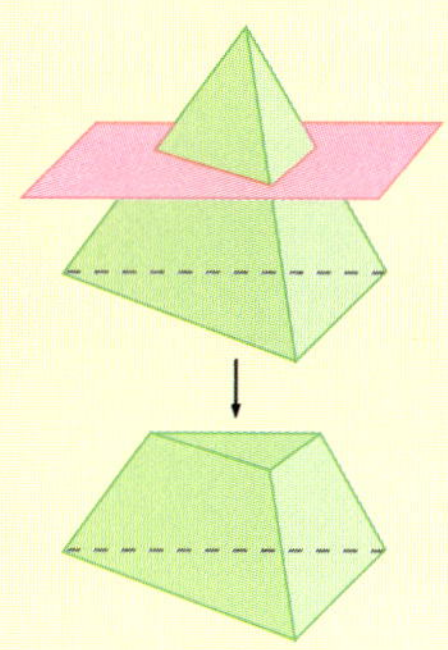

Actividades

32. Dibuja una pirámide octogonal recta y enumera todos sus elementos. A continuación, dibuja una pirámide octogonal oblicua con la misma base.

33. ¿Qué tipo de triángulo son las caras laterales de una pirámide recta?

34. ¿Existe algún poliedro regular que sea una pirámide? En el supuesto de que exista, dibuja la imagen y el desarrollo plano.

35. ¿Qué relación existe entre el número de aristas de una pirámide y el número de lados de su base?

3. Cuerpos de revolución

Hasta ahora hemos estudiado cuerpos cuyas caras son polígonos, pero no todos los objetos cumplen esta característica.

Observa la formación de los siguientes objetos:

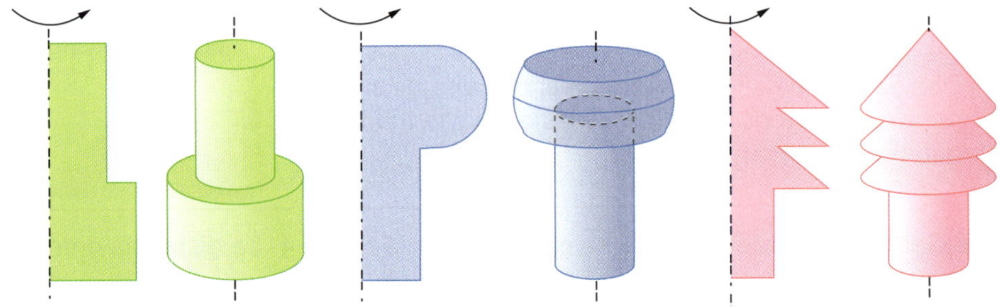

Estos cuerpos se denominan cuerpos de revolución.

Los **cuerpos de revolución** son cuerpos que se obtienen al girar una figura plana 360° alrededor de un eje.

@

Si accedes a la siguiente página web, podrás visionar una animación de cómo se obtienen los distintos cuerpos de revolución:

http://links.edebe.com/2tvij

- ¿Qué otras figuras planas, al girar alrededor del eje, generan un cilindro, un cono o una esfera?

3.1. Cilindro

Observa la figura. Al girar 360° un rectángulo alrededor de uno de sus lados, obtenemos un cuerpo geométrico que se llama cilindro de revolución o, simplemente, cilindro.

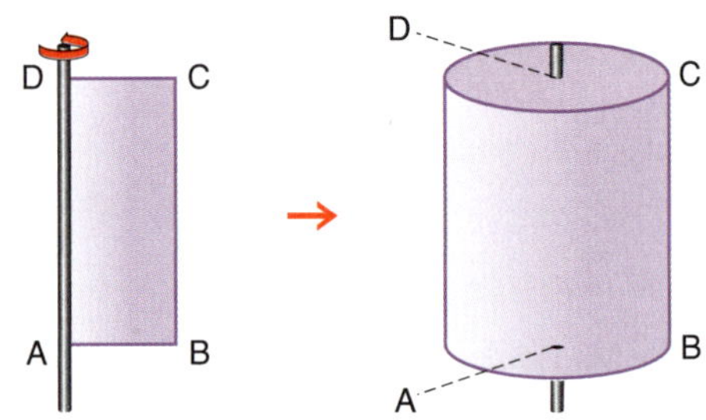

Un **cilindro** es el cuerpo que se obtiene al girar 360° un rectángulo alrededor de uno de sus lados.

Sus elementos característicos son los siguientes:

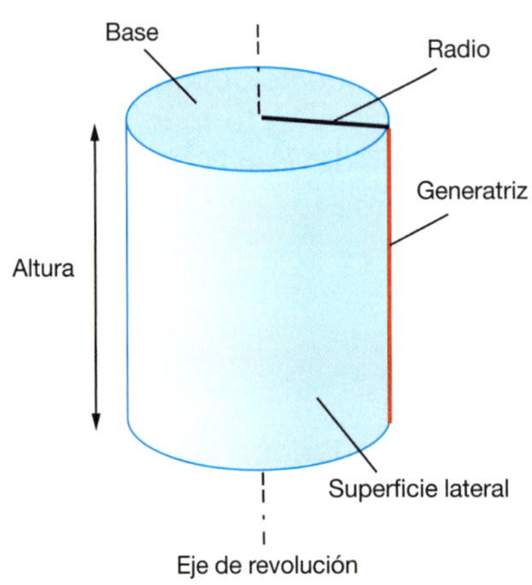

Eje de revolución: recta que contiene el lado alrededor del cual gira el rectángulo.

Generatriz: lado paralelo al eje de revolución que genera la **superficie lateral.**

Bases: círculos generados por los lados perpendiculares al eje de revolución. La longitud de estos lados son los **radios** de dichos círculos.

Altura: distancia entre los planos que contienen las bases del cilindro.

3.2. Cono

Observa la figura. En este caso consideramos un triángulo rectángulo que gira 360° alrededor de uno de sus catetos, obteniendo así un cuerpo geométrico denominado cono.

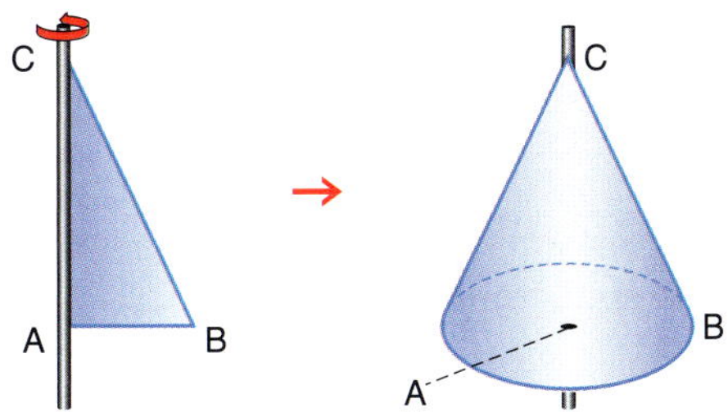

Un **cono** es el cuerpo que se obtiene al hacer girar 360° un triángulo rectángulo alrededor de uno de sus catetos.

Sus elementos son:

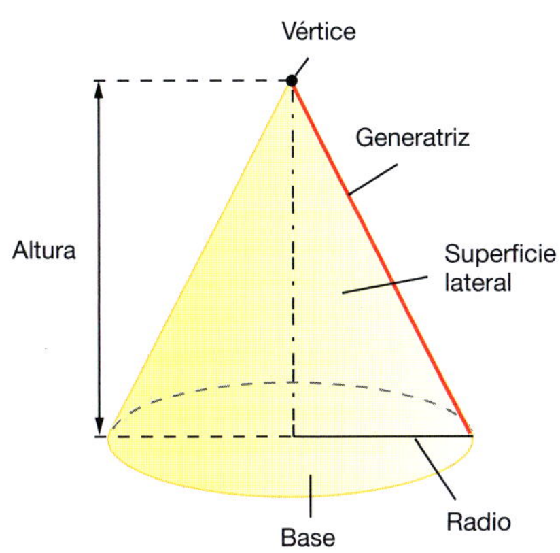

Eje de revolución: recta que contiene el cateto alrededor del cual gira el triángulo.

Generatriz: hipotenusa del triángulo que genera la **superficie lateral.**

Base: círculo generado por el cateto perpendicular al eje de revolución. La longitud de dicho cateto es el **radio** del círculo.

Vértice: punto donde se cortan la generatriz y el eje de revolución.

Altura: distancia entre el vértice y el plano que contiene la base.

Tronco de cono

Si seccionamos un cono por un plano paralelo a su base, obtenemos otro cuerpo que llamamos **tronco de cono.**

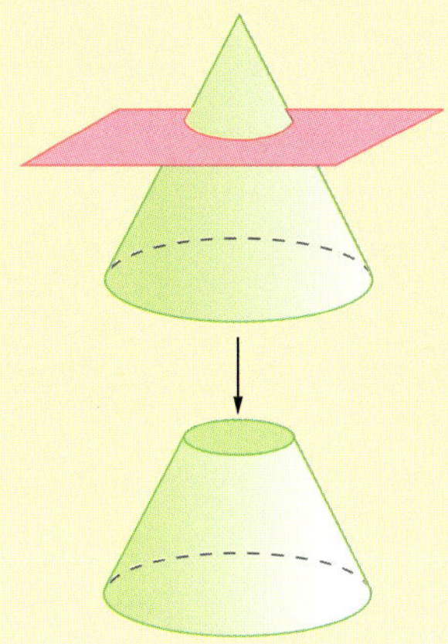

Actividades

36. Marta debe confeccionar un cilindro de cartulina. Ella misma recorta las bases del cilindro, corta la cara lateral por una generatriz y lo extiende sobre una hoja.

— Construye un cilindro como el de Marta.

A continuación, Marta dibuja uno igual pero añadiendo unas pestañas para poder unirlo. Observa el dibujo que ha hecho Marta.

37. Cita tres objetos con forma de cilindro. Dibuja uno e indica las bases, la superficie lateral y la generatriz.

38. Dibuja el siguiente desarrollo plano en una cartulina, recórtalo y construye el cono correspondiente.

39. Cita tres objetos con forma de cono. Después, dibuja uno e indica la base, la superficie lateral, la generatriz, el vértice y la altura.

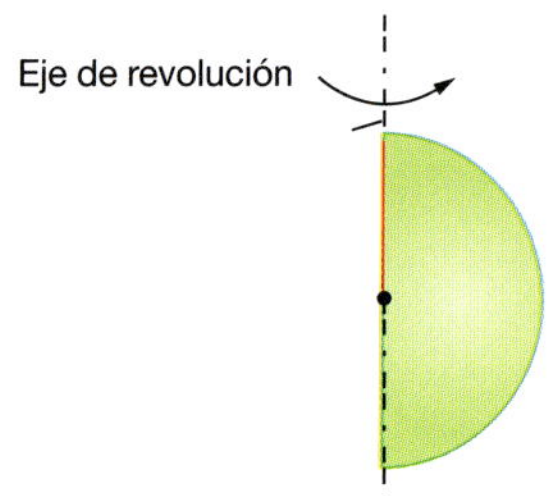

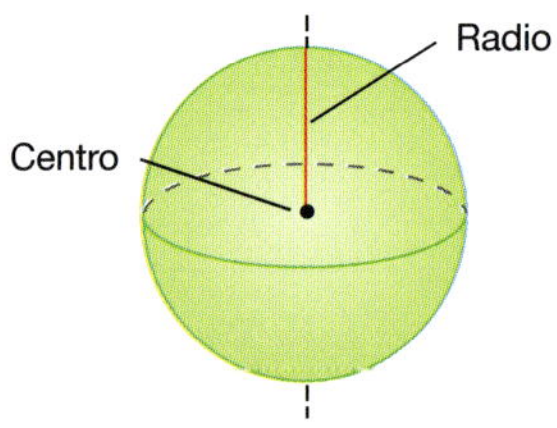

3.3. Esfera

Observa en la figura de la izquierda cómo obtenemos una esfera a partir de un semicírculo.

> La **esfera** es el cuerpo que se obtiene al girar 360° un semicírculo alrededor de su diámetro.

Sus elementos característicos son estos:

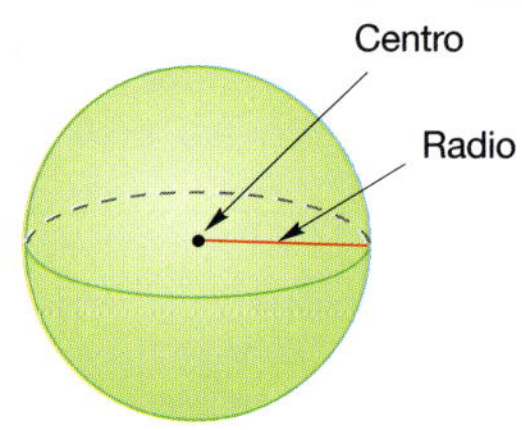

Centro: punto del que todos los puntos de la superficie esférica distan lo mismo.

Radio: segmento que une el centro con un punto cualquiera de la superficie esférica.

Dentro de la esfera podemos dibujar dos tipos de circunferencia:

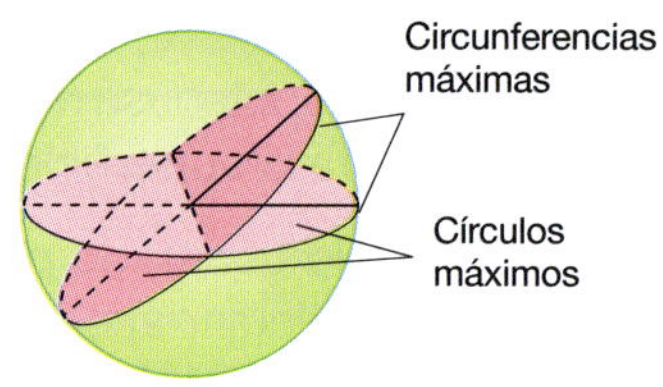

Las **circunferencias máximas** son circunferencias con el centro y el radio de la esfera. Los círculos que limitan se llaman **círculos máximos.**

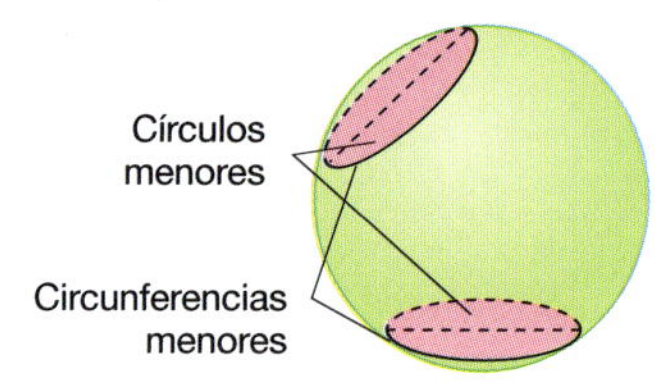

Las **circunferencias menores** son circunferencias situadas en la superficie de la esfera y que no pasan por el centro de esta. Los círculos que limitan se denominan **círculos menores.**

Figuras esféricas

A partir de la esfera y de su superficie, obtenemos las siguientes figuras esféricas:

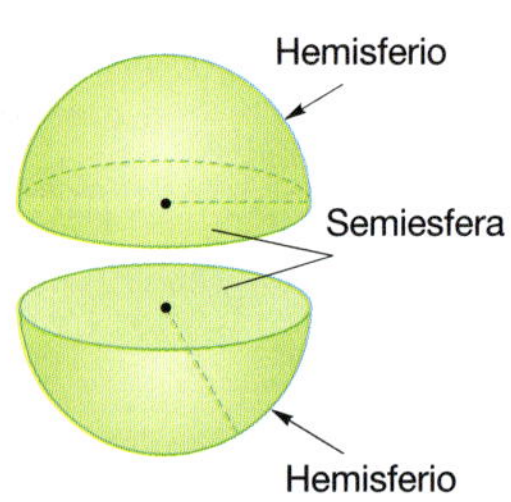

Semiesfera: cada una de las partes en que queda dividida una esfera al ser cortada por un plano que pasa por su centro.

Hemisferio: cada una de las partes en que queda dividida una superficie esférica al ser cortada por un plano que pasa por su centro.

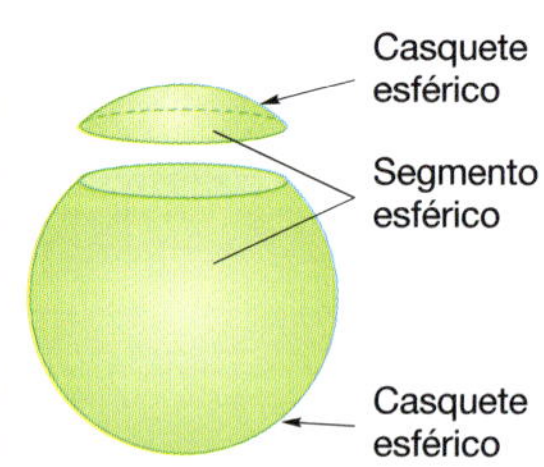

Segmento esférico: cada una de las partes en que queda dividida una esfera al ser cortada por un plano secante.

Casquete esférico: cada una de las partes en que queda dividida una superficie esférica al ser cortada por un plano secante.

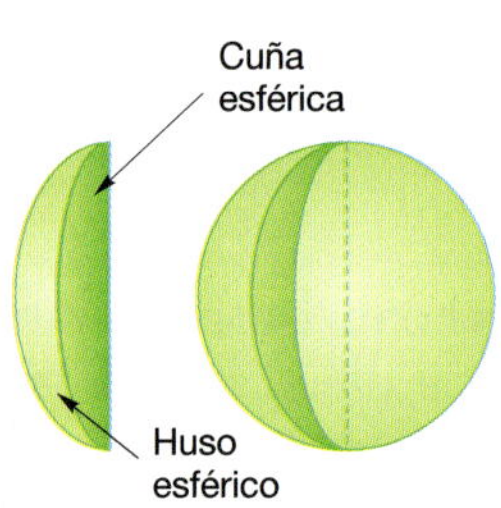

Cuña esférica: parte de la esfera limitada por dos semicírculos máximos que comparten el diámetro.

Huso esférico: parte de la superficie esférica limitada por dos semicírculos máximos que comparten diámetro.

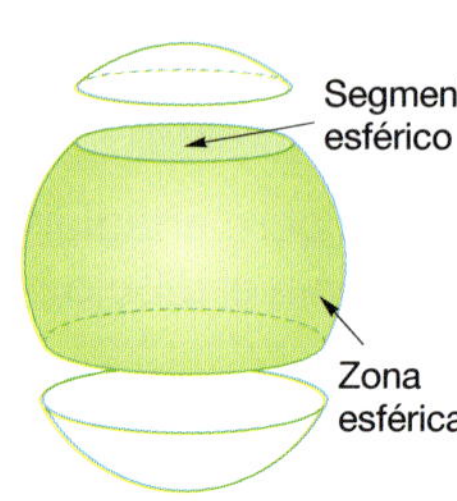

Segmento esférico de dos bases: parte de la esfera comprendida entre dos planos paralelos y secantes a la esfera.

Zona esférica: parte de la superficie esférica comprendida entre dos planos paralelos y secantes a la esfera.

La esfera terrestre

Hay muchos objetos que nos recuerdan a una esfera, aunque uno de los más particulares es la Tierra.

Fíjate en sus elementos:

Eje terrestre: línea imaginaria en torno a la cual gira la Tierra. Su intersección con la superficie terrestre determina dos puntos denominados **polos.**

Ecuador: circunferencia máxima situada en el plano perpendicular al eje terrestre. Divide el planeta en dos hemisferios (el hemisferio norte y el hemisferio sur).

Meridianos: circunferencias máximas que pasan por los polos. Limitan los husos de la superficie esférica terrestre.

Paralelos: circunferencias menores situadas en planos paralelos al ecuador. Limitan las zonas de la superficie esférica terrestre.

Por cualquier punto de la superficie de la Tierra pasan un paralelo y un meridiano. Ambos forman una red sobre la esfera terrestre que nos permite orientarnos de forma parecida a como lo hacemos en un sistema de coordenadas cartesianas.

Los países entre dos usos

Los husos horarios no son regulares. Esto sucede porque algunos países situados entre dos husos adoptan una hora única.

Husos horarios

Debido al movimiento de la Tierra, la hora del día varía de un lugar a otro. Cuando en un sitio es mediodía, al este de este lugar ya ha transcurrido el mediodía, mientras que al oeste aún no ha llegado. Por ello, en la Tierra existen diferencias horarias.

Como la Tierra efectúa una vuelta completa sobre sí misma cada 24 horas, se ha dividido la superficie terrestre en 24 husos llamados husos horarios.

Todos los lugares situados en un mismo huso horario adoptan la misma hora.

Cuando pasamos de un huso a otro, se avanza el reloj una hora si vamos hacia el este y se retrasa una hora si vamos hacia el oeste.

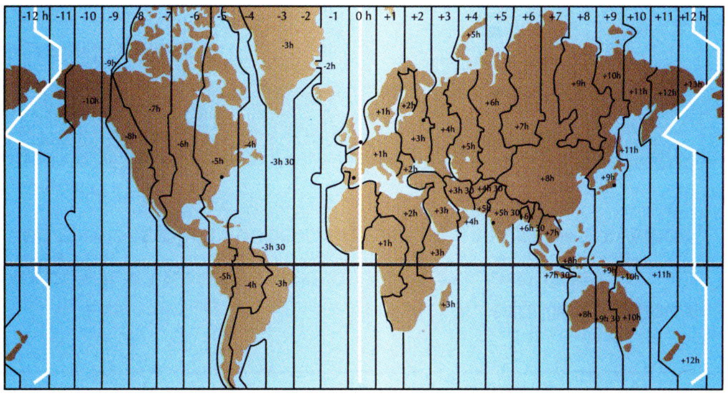

Actividades

40. ¿A partir de qué figura plana podremos obtener, por rotación, una semiesfera? Dibújala.

41. Explica la diferencia entre una semiesfera y un hemisferio. Puedes utilizar si quieres la analogía entre una naranja y su piel.

¿Qué analogía se te ocurre para explicar la diferencia entre una cuña esférica y un huso esférico?

42. Observa el mapa de los husos horarios y determina qué hora es en estas ciudades cuando en España son las 12 h: Tokio, Londres, Nueva York, Moscú y Sídney.

43. ¿Son iguales todos los meridianos de la Tierra? ¿Y los paralelos? Razona la respuesta.

4. Construcciones geométricas con GeoGebra

Para poder construir cuerpos geométricos con GeoGebra, hemos de activar la Vista 3D seleccionando *Gráficos 3D* desde la Vista Algebraica o haciendo clic en la ventana *Vista Gráfica 3D.*

GeoGebra también dispone de estos comandos:

Pirámide [<Polígono>, <Numero(altura)>] y **Prisma [<Polígono>,<Punto3D>].**

- A partir de ellos, construye una pirámide y un prisma con el polígono de la base y la altura que desees.

Puntos 2D y 3D

Un **punto en el plano (2D)** se indica mediante un par de números que señalan la distancia del punto a los ejes de abscisas y ordenadas. Se escribe (*x*, *y*).

Un **punto en el espacio (3D)** se indica con tres números que muestran la distancia del punto a los ejes de abscisas, ordenadas y cotas. Se escribe (*x*, *y*, *z*).

4.1. Construcción de poliedros con el ordenador

Con el comando **Prisma [<Polígono>,<Numero(altura)>]** se genera un prisma cuya base está determinada por el polígono indicado en el primer parámetro y cuya altura está determinada por el valor del segundo parámetro.

Procedimiento	Construcción de un prisma regular pentagonal
Dibujamos en la Vista Gráfica un polígono regular con la herramienta *Polígono regular* . Observamos en la Vista Algebraica el nombre del polígono que acabamos de dibujar.	En nuestro caso, construimos un pentágono regular y observamos en la Vista Algebraica que al polígono se le ha denominado *polígono1.*
Introducimos en la barra de entrada **Prisma[<Polígono>,<Numero(altura)>]** con el nombre correspondiente al polígono que nos indique la Vista Algebraica y con el valor de la altura que deseemos.	Escribimos en la barra de entrada la función *Prisma [polígono1, 3].* 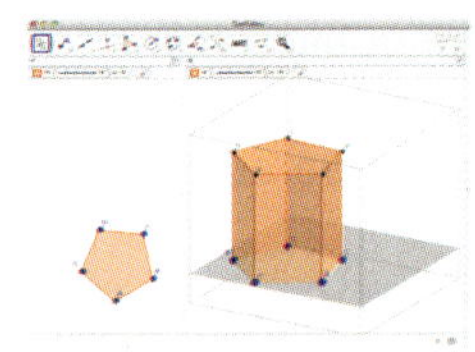 Se ha creado un prisma pentagonal regular de 3 unidades de altura.

Con el comando **Pirámide[<Polígono>,<Punto3D>]** se genera una pirámide cuya base está determinada por el polígono indicado en el primer parámetro y cuya altura está determinada por el vértice formado por tres componentes (*x*, *y*, *z*) del segundo parámetro.

Procedimiento	Construcción de una pirámide cuadrangular
Dibujamos en la Vista Gráfica un polígono regular con la herramienta *Polígono regular* y observamos en la Vista Algebraica el nombre del polígono.	En nuestro caso, dibujamos un cuadrado y observamos en la Vista Algebraica que al polígono se le ha denominado *polígono2.*
Introducimos en la barra de entrada la instrucción **Pirámide [<Polígono>,<Punto3D>]** con el nombre correspondiente al polígono que nos indique la Vista Algebraica y con el valor de las coordenadas (*x*, *y*, *z*) del vértice que deseemos y que determinará la altura.	Escribimos en la barra de entrada la instrucción: *Pirámide [polígono2,(0,0,4)].* 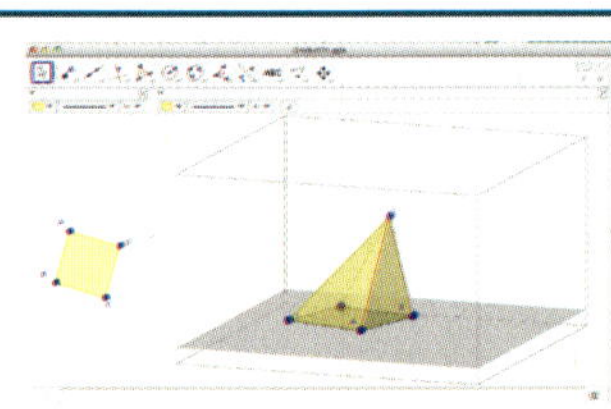 Se ha creado una pirámide cuadrangular de 4 unidades de altura.

Actividades

44. Construye un prisma y una pirámide con los comandos **Prisma[<Polígono>,<Numero(altura)>]** y **Pirámide[<Polígono>,<Numero(altura)>]** en los que tanto el número de lados del polígono regular como la altura dependan de dos deslizadores.

4.2. Construcción de cuerpos de revolución con el ordenador

Con el comando **Cilindro[<Círculo>,<Numero(altura)>]** se genera un cilindro cuya base está determinada por el círculo indicado en el primer parámetro y cuya altura está determinada por el valor del segundo parámetro.

Procedimiento	Construcción de un cilindro
Dibujamos en la Vista Gráfica un círculo con la herramienta *Circunferencia (centro, radio)*.	Dibujamos un círculo y observamos en la Vista Algebraica que al círculo se le ha denominado *c*.
Introducimos en la barra de entrada **Cilindro[<Círculo>,<Numero(altura)>]** con el nombre correspondiente al parámetro de la cónica que nos indique la Vista Algebraica y con el valor de la altura que deseemos.	Escribimos en la barra de entrada la función *Cilindro [c, 5]*. 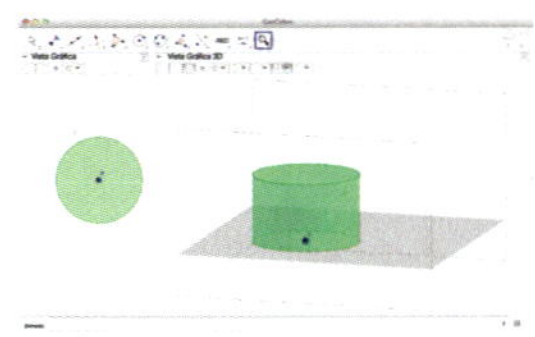 Se ha creado un cilindro de 5 unidades de altura.

Con el comando **Cono[<Punto3D>,<Punto3D>,<Numero(radio)>]** se genera un cono con centro el punto del primer parámetro, vértice el punto del segundo parámetro y radio el valor del tercer parámetro.

Procedimiento	Construcción de un cilindro
Dibujamos en la Vista Gráfica 3D dos puntos con la herramienta *Punto*. Un primer punto será el centro del círculo de la base y un segundo punto, el vértice del cono.	Dibujamos los dos puntos y observamos en la Vista Algebraica los nombres de los dos puntos marcados en la Vista Gráfica 3D. En nuestro caso, los puntos se denominan *A* y *B*.
Introducimos en la barra de entrada **Cono[<Punto3D>,<Punto3D >,<Numero(radio)>]** con los valores que nos indique la Vista Algebraica de los dos puntos y con el valor del radio que deseemos.	Escribimos en la barra de entrada la función *Cono [A, B, 3]*. Se ha creado un cono de 3 unidades de altura. 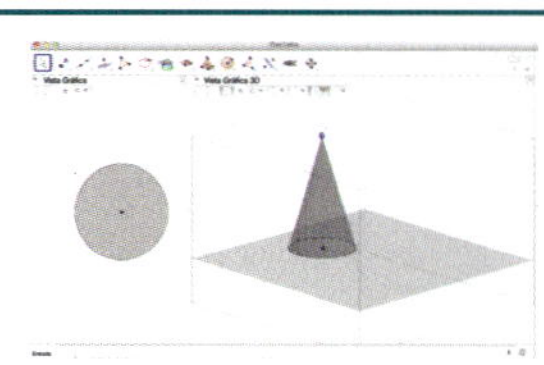

GeoGebra también dispone de estos comandos: **Cono [<Círculo>,<Numero(altura)>]** y **Cilindro [<Punto3D>,<Punto 3D>,<Numero(radio)>].**

- A partir de ellos, construye un cono y un cilindro con las medidas del radio y la altura que desees.

@

Si accedes a la siguiente página web, encontrarás un vídeo sobre cómo construir una esfera de radio variable utilizando la herramienta *Esfera dado su centro y radio* : **http://links.edebe.com/cjtb3**

- ¿Sabrías dibujarla a partir del comando **Esfera [<Punto> ,Numero(radio)>]**?

Actividades

45. Construye un cilindro y un cono con los comandos **Cilindro[<Círculo>,<Numero(altura)>]** y **Cono[<Círculo>,<Numero(altura)>]** en los que tanto el radio de la base del círculo como la altura dependan de dos deslizadores.

46. Los comandos de la barra de herramientas funcionan de manera muy similar a los comandos de la barra de entrada. Construye un prisma, una pirámide, un cilindro y un cono a partir de la barra de herramientas *Prisma*, *Pirámide*, *Cilindro* y *Cono*.

47. A partir de la barra de herramientas de GeoGebra, construye:

a) Una pirámide o un cono con la herramienta Pirámide o Cono desde su base.

b) Un prisma o un cilindro con la herramienta Prisma o Cilindro desde su base.

— Utiliza, si fuera necesario, la ventana de Ayuda de GeoGebra.

ACTIVIDADES RESUELTAS

ESTRATEGIA: Dibujo de una figura

Muchas veces, dibujar una figura y situar en ella los datos y la incógnita, o incógnitas, del problema nos ayuda a ver la relación entre ellos y nos da una pista para su resolución. Esta estrategia es especialmente útil en problemas geométricos.

Calcula la longitud de la diagonal de un ortoedro cuyas aristas miden 3 cm, 4 cm y 12 cm.

Comprender

— ¿Entiendes el enunciado?

— ¿Qué es lo que se busca?

— ¿De qué datos dispones?

Leemos de nuevo el enunciado del problema y anotamos lo que se pide.

— Las aristas de un ortoedro miden 3 cm, 4 cm y 12 cm.

Planificar

— Configura un plan para resolver el problema.

En este caso para relacionar los datos que tenemos con el que nos falta, puede resultar de utilidad dibujar una figura en la que situaremos los datos conocidos y la incógnita.

— La diagonal del ortoedro es la hipotenusa del triángulo rectángulo cuyos catetos son la arista lateral y la diagonal de la base.

— La diagonal de la base es la hipotenusa del triángulo rectángulo cuyos catetos son las aristas de la base.

Todo esto nos permitirá relacionar la diagonal del ortoedro con sus aristas mediante el teorema de Pitágoras.

Ejecutar el plan

— Implementa la estrategia elegida.

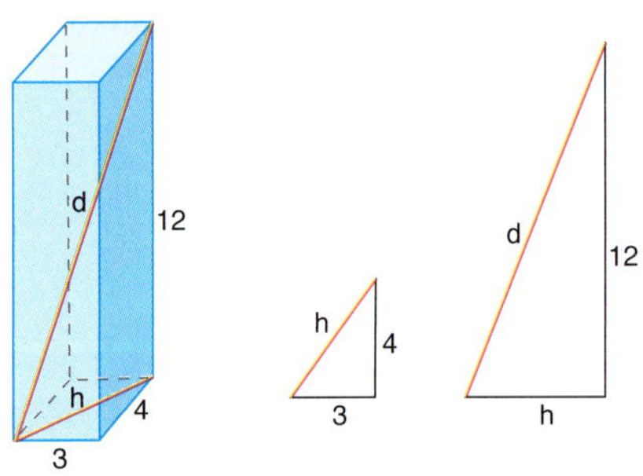

— Calculamos la diagonal de la base a partir de las aristas de la base:

$h^2 = 3^2 + 4^2 = 9 + 16 = 25 \rightarrow h = \sqrt{25} = 5$

— Calculamos la diagonal d del ortoedro:

$d^2 = 5^2 + 12^2 = 25 + 144 = 169 \rightarrow d = \sqrt{169} = 13$

Así, la diagonal del ortoedro mide 13 cm.

Revisar

— ¿Cómo puedes comprobar si tu solución es correcta?

Revisamos el teorema de Pitágoras y comprobamos las operaciones con la calculadora.

Actividades

Utiliza la estrategia anterior para resolver los siguientes problemas:

48. Calcula la altura de una pirámide de 8 cm de arista lateral si la distancia del centro de la base a uno de sus vértices es de 4 cm.

49. Dado un ortoedro de aristas *a*, *b* y *c*, determina la expresión de la longitud de la diagonal del ortoedro en función de estas aristas.

— Haz lo mismo con un cubo de arista *a*.

SÍNTESIS

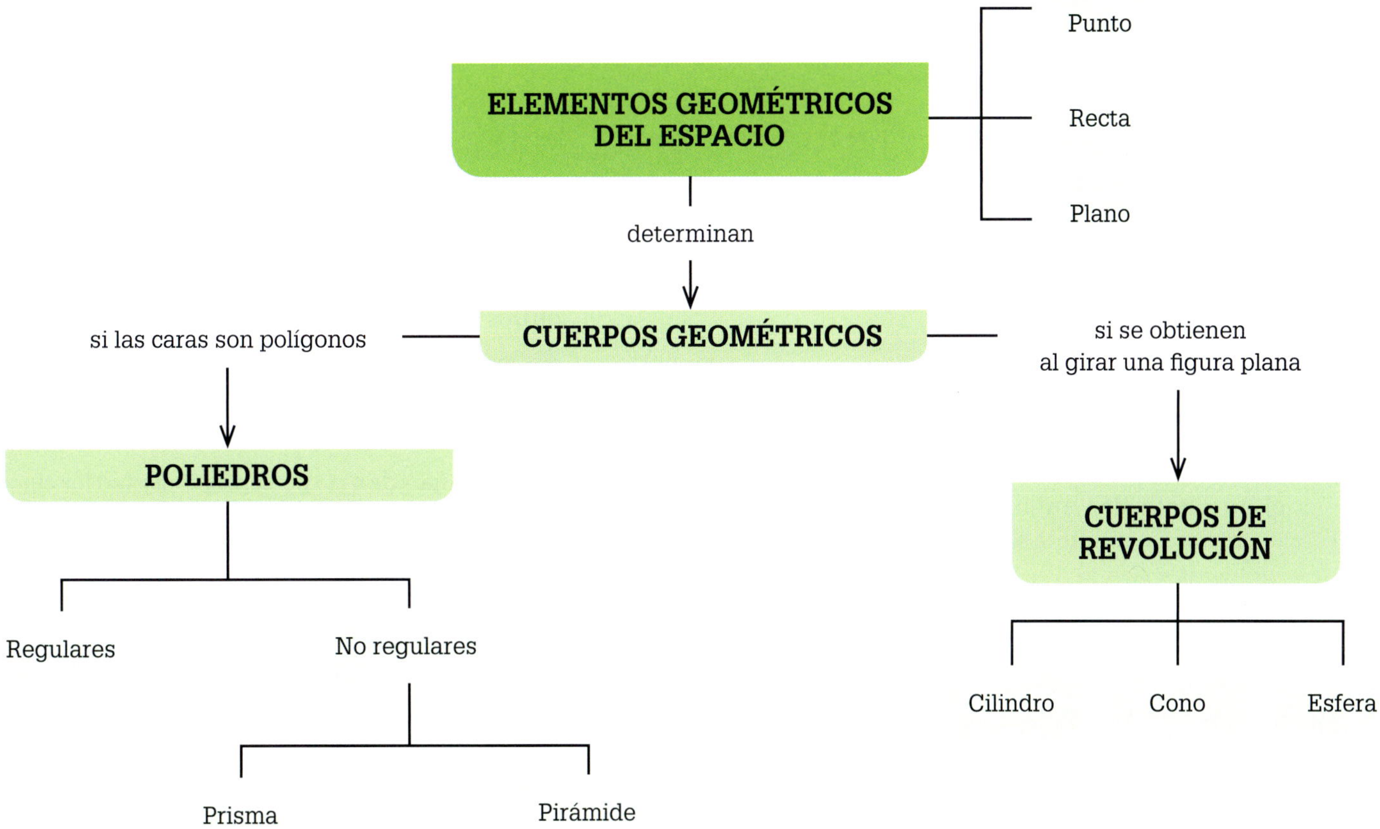

Actividades finales

50. ★☆☆ ¿Cuántos grupos de aristas paralelas hay en una caja de zapatos?

51. ★☆☆ Indica:

— En la figura **a)**, la posición relativa de las rectas *r* y *s*; *r* y *t*; *t* y *u*.

— En la figura **b)**, la posición relativa de cada una de las rectas *r*, *s* y *t* respecto del plano α.

— En la figura **c)**, la posición relativa de los planos α y β, y de los planos β y γ.

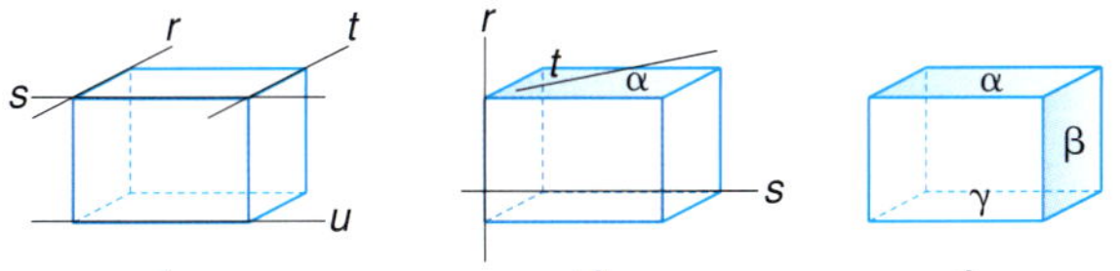

a) **b)** **c)**

52. ★★☆ Construye con cartulina un ángulo triedro cuyas tres caras formen ángulos rectilíneos de 90°, 60° y 45°.

53. ★☆☆ Di, en cada caso, qué posición relativa ocupan una recta y un plano si:

a) Tienen dos puntos en común.

b) No tienen ningún punto en común.

c) Tienen un solo punto en común.

54. ★☆☆ Dos planos secantes forman ángulos diedros de forma que dos de sus ángulos rectilíneos son de 70° y 110°. ¿Cuál es el valor de los otros dos?

Actividades finales

55. ★★☆ Dibuja una escena en la que se cumpla que:

a) Dos planos sean paralelos.

b) Uno de los planos anteriores contenga una recta que sea perpendicular a otro plano.

c) Una recta se corte con la del apartado b) y esté contenida en un plano.

56. ★★★ Completa en tu cuaderno las siguientes frases:

a) La medida del diedro complementario a un diedro de 36° 30′ es ....

b) Al cortarse dos planos se forman cuatro ángulos diedros cuyas medidas son 26° 15′, ... , ... y ....

c) En cualquier ángulo poliedro, un ángulo es .... que la suma de los ángulos restantes.

d) La suma de los ángulos que concurren en el vértice del desarrollo plano de un ángulo poliedro es menor que ....

57. ★★★ Responde razonadamente a las siguientes preguntas:

a) Dadas tres rectas paralelas, ¿cuántos planos existen que contengan, como mínimo, a dos de ellas?

b) Dadas tres rectas que se cortan en un punto, ¿cuántos planos existen que contengan, como mínimo, a dos de ellas?

c) Dados tres planos secantes que se cortan en un punto, ¿cuántas rectas existen que resulten de la intersección de dos planos?

58. ★★★ En la siguiente figura que reposa plana sobre el suelo y cuyas caras laterales son paralelas y corresponden a dos triángulos equiláteros:

a) ¿Cuántos ángulos diedros hay?

b) ¿Cuántos grupos de ángulos diedros valen lo mismo?

c) ¿Cuántos planos paralelos tiene?

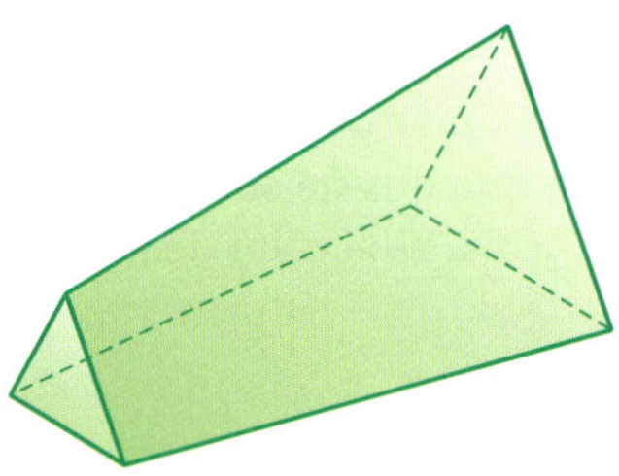

59. ★★★ Nombra las aristas de la siguiente figura y señala:

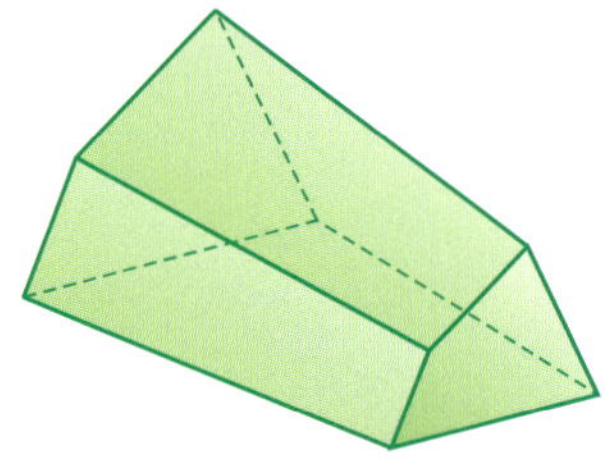

a) Dos pares de rectas secantes.

b) Dos pares de rectas paralelas.

c) Dos pares de rectas que se crucen.

d) Dos pares de rectas perpendiculares.

Poliedros

60. ★☆☆ En grupos de 4 o 5 personas, construid los cinco polígonos regulares a partir de sus desarrollos planos.

61. ★☆☆ Indica si estas afirmaciones son ciertas o falsas:

a) El tetraedro es una pirámide.

b) El dodecaedro y el icosaedro tienen el mismo número de aristas.

c) El menor número de caras de un poliedro es 3.

d) El número de caras, de vértices y de aristas de un poliedro convexo son, respectivamente, 8, 12 y 17.

62. ★☆☆ Visita esta web: **http://links.edebe.com/r3di4.** En ella encontrarás la representación de distintos poliedros y sus desarrollos planos.

a) Elige cinco de ellos y haz una tabla con los apartados siguientes: nombre del poliedro, polígonos que forman sus caras, número de vértices, número de caras y número de aristas.

b) Con una cartulina, construye uno de los cinco poliedros que has elegido, a partir de su desarrollo plano.

63. ★★☆ a) Completa en tu cuaderno esta tabla:

	Caras	Vértices	Aristas
Pirámide triangular			
Pirámide cuadrangular			
Pirámide pentagonal			
Pirámide hexagonal			

b) ¿Cuántas caras, vértices y aristas tiene una pirámide cuya base es un polígono de n lados?

64. ★★☆ Relaciona en tu cuaderno cada una de estas figuras geométricas con el polígono de su base:

1. Prisma de 10 vértices	a) Hexágono
2. Pirámide con 4 caras laterales y 5 vértices	b) Decágono
3. Pirámide formada por 7 polígonos	c) Cuadrado
4. Prisma de 30 aristas	d) Pentágono

65. ★★☆ Dibuja el desarrollo plano de un prisma triangular recto, cuyas bases sean triángulos equiláteros y cuyas caras sean rectángulos de altura el doble que la base.

66. ★★☆ Dibuja una pirámide oblicua de base cuadrangular, indica sus elementos y, a continuación, dibuja su desarrollo plano.

67. ★★★ Determina si se cumple la relación de Euler en estos poliedros:

— Interpreta tus resultados.

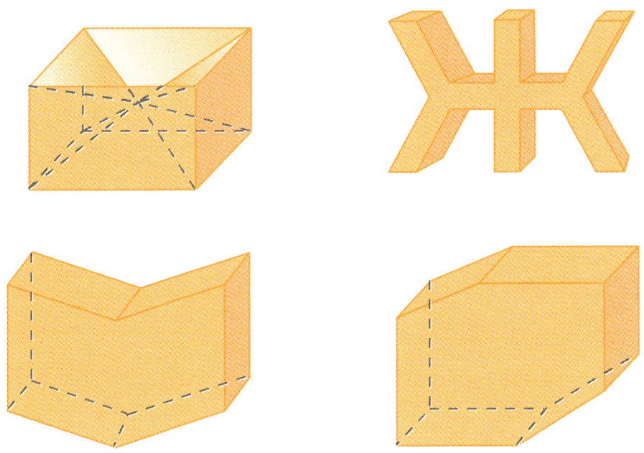

68. ★★★ Indica cuál de los siguientes desarrollos planos es el de la figura:

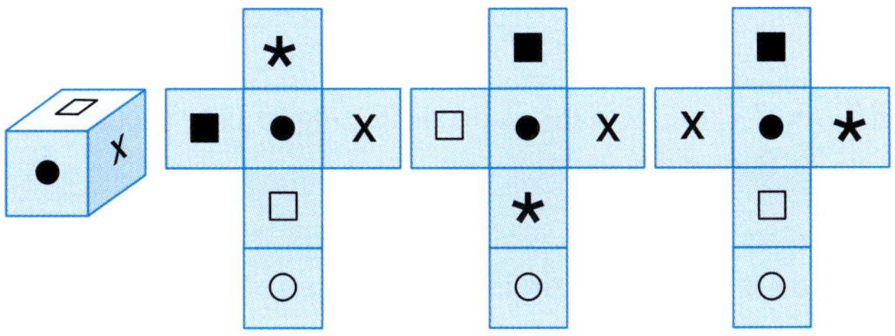

69. ★★★ ¿Cuántos ángulos diedros hay en el interior de una pirámide rectangular? ¿Y en el tronco de esta? ¿Y poliedros en ambos?

Cuerpos de revolución

70. ★☆☆ Construye este cilindro y este cono.

71. ★☆☆ Dibuja el cuerpo geométrico que resulta de girar el siguiente trapecio rectángulo alrededor del eje *e*.

— Calcula, previamente, la altura del cuerpo geométrico para dibujarlo con las medidas reales.

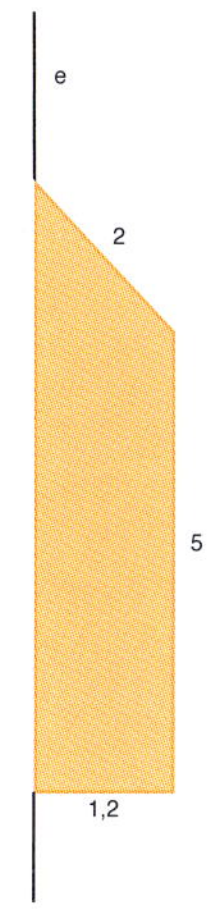

72. ★☆☆ Entra en **http://links.edebe.com/mbmb** y fíjate en los distintos poliedros que pueden construirse. ¿Hay alguno que se parezca a un cuerpo de revolución? ¿Cuál?

73. ★☆☆ Dibuja a escala 1:150 el desarrollo plano de un cilindro de 1,5 m de radio y 6 m de altura.

74. ★☆☆ Dibuja el desarrollo plano de la siguiente figura y halla su altura.

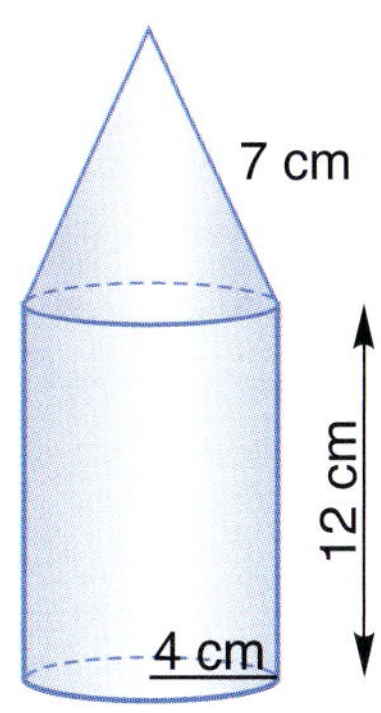

Actividades finales

75. ★★☆ Formad grupos de cuatro miembros y resolved la siguiente actividad aplicando la **técnica cooperativa** *Folio giratorio.*

En un folio en blanco, un miembro de cada grupo obtiene información sobre una de las siguientes características de cada uno de estos cuerpos geométricos:

- Clasificación del cuerpo geométrico.
- Número de caras, vértices y aristas.
- Perímetro de la base.
- Desarrollo plano.

a)

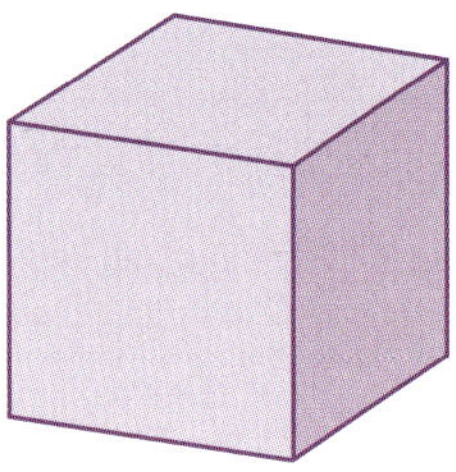

b)

c)

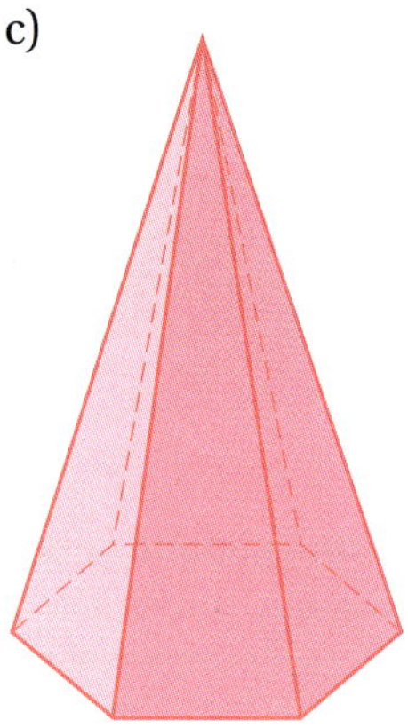

Poned en común vuestros resultados y obtened la solución completa de la actividad.

76. ★★☆ ¿La longitud de la generatriz de un cono puede ser inferior al radio de la base? ¿Y la de un cilindro?

77. ★★☆ ¿Cuánto mide el menor recorrido para ir de *A* a *B* sobre la superficie del cilindro de la siguiente figura?

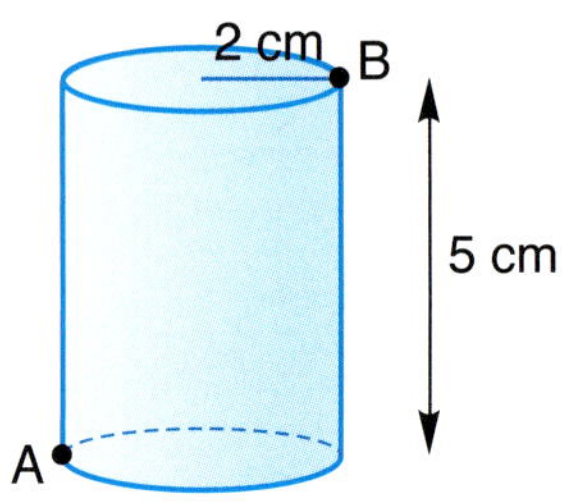

78. ★★☆ Halla el radio del cono cuyo desarrollo plano puede observarse a continuación.

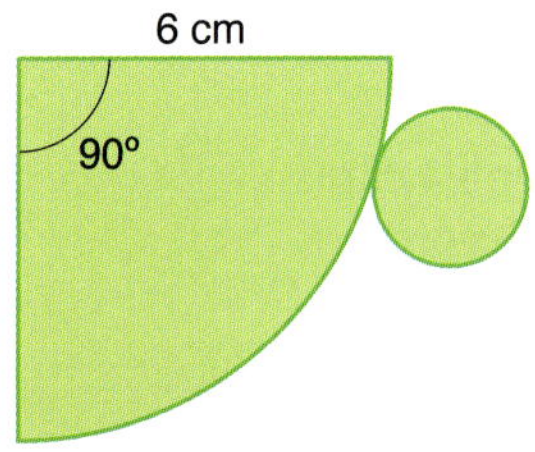

79. ★★★ Explica razonadamente qué cuerpos pueden formarse al intersecarse un plano y una esfera.

80. ★★★ Dibuja los cuerpos de revolución que se formarán a partir de estas figuras planas.

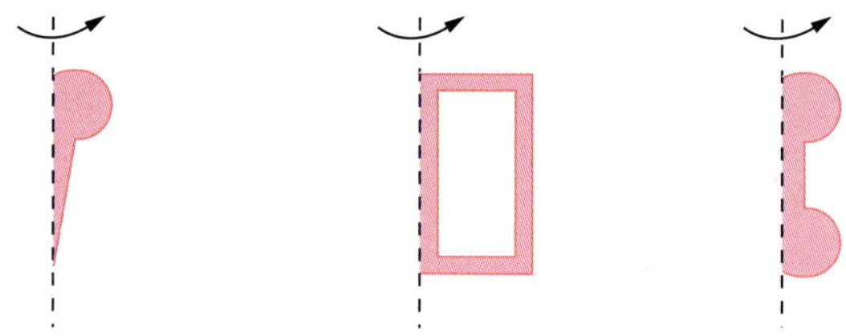

Construcciones geométricas con GeoGebra

81. ★☆☆ Construye, a partir del programa interactivo GeoGebra, un cubo cuya arista mida 3 cm.

82. ★★☆ Dibuja, a partir del programa interactivo que dispongas, un prisma rectangular de 4 × 2 cm de base y 5,2 cm de altura.

83. ★★★ Construye, con la ayuda de GeoGebra, una pirámide pentagonal regular de 6,5 cm de altura y 25 cm de perímetro de la base.

Problemas

84. ★☆☆ Halla el perímetro del rectángulo coloreado en la siguiente figura:

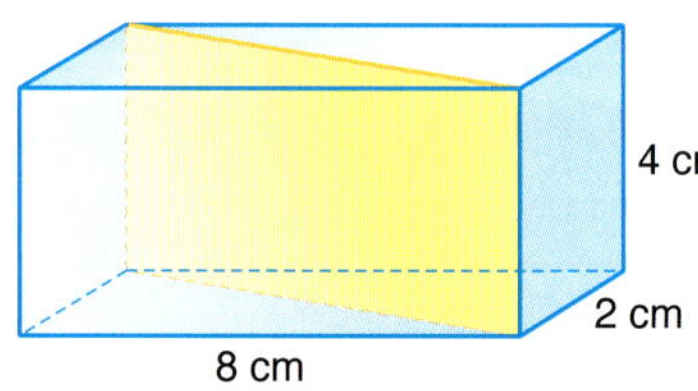

85. ★☆☆ Calcula la longitud de la diagonal de un ortoedro de aristas 6 cm, 8 cm y 4 cm.

86. ★☆☆ ¿Cuál es la razón de la diagonal de un cubo de 3 cm de arista y la de un cubo de 1 cm de arista?

87. ★☆☆ El número de aristas de un poliedro es 18. Halla el número de caras y el número de vértices sabiendo que el número de caras es inferior en 4 unidades al número de vértices.

88. ★★☆ Un cono es generado por la rotación completa alrededor de uno de los catetos de un triángulo rectángulo isósceles de 42 cm de hipotenusa. Calcula la altura del cono.

89. ★★☆ Dibuja el desarrollo de un cono cuya base mide 78,15 cm^2 y su generatriz, 13 cm. Construye el cono.

90. ★★☆ Halla la longitud de una circunferencia máxima y el área de un círculo máximo de una esfera de radio 5 m.

91. ★★☆ Halla el área del círculo coloreado en la siguiente figura:

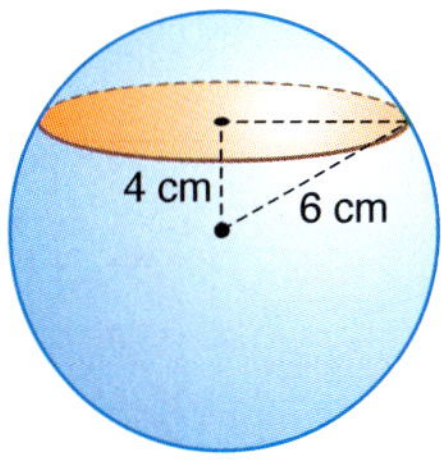

92. ★★☆ Halla las longitudes de las aristas de una pirámide cuadrangular regular sabiendo que se cumplen las siguientes condiciones:

— La razón entre la arista básica y una arista lateral es $\frac{4}{5}$.

— La suma de las longitudes de las aristas es 18 cm.

93. ★★☆ Construye un círculo de 6 cm de diámetro. Recorta un sector circular de 120° para formar la superficie lateral de un cono. ¿Cuánto mide la generatriz? ¿Cuál es la longitud de la base? ¿Cuál sería el radio del círculo de la base?

94. ★★☆ Un cilindro cuya altura es igual al doble de su radio recibe el nombre de equilátero. Si la altura de un cilindro equilátero es de 10 cm, ¿cuánto mide su radio?

— Dibuja el desarrollo plano y constrúyelo.

95. ★★★ Dibuja el desarrollo plano del siguiente tronco de pirámide, hallando previamente la medida x señalada en la figura.

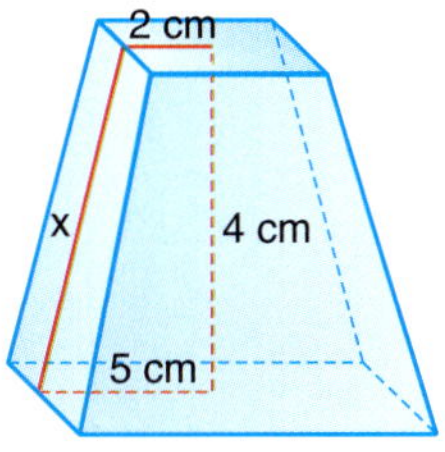

96. ★★★ La base de un cono tiene una superficie de 706,86 cm^2 y una altura de 36 cm. Se corta por un plano que pasa a 12 cm de su base y se forma un tronco de cono. Halla las medidas del tronco de cono.

97. ★★★ Tenemos tres ortoedros de base cuadrada tales que la arista de la base del segundo es el doble que la del primero, y la del tercero, el triple que la del primero.

a) Si sabemos que la suma de las áreas de las bases de los ortoedros es 2800 m^2, ¿cuánto mide la arista del primer ortoedro? ¿Qué área tiene su base?

b) La altura del primer ortoedro y la del segundo, que es la más alta, suman 50 m y al primero le falta un tercio de la altura del segundo para llegar a ser tan alto como este. ¿Qué altura tienen los dos primeros ortoedros?

98. ★★★ Halla el perímetro del triángulo que se encuentra dentro de la pirámide cuadrada de altura 15 cm y los lados de cuya base miden 12 cm.

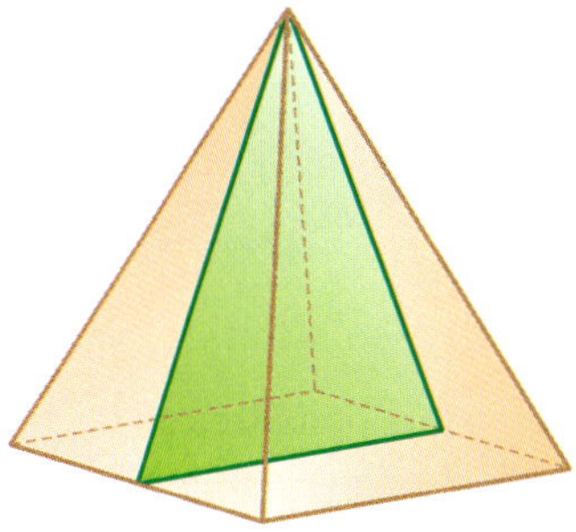

99. ★★★ Halla la distancia desde el centro de la circunferencia menor inscrita dentro de una esfera hasta el centro de esta esfera, sabiendo que el área de la circunferencia menor es 36 m^2 y que la esfera tiene un radio de 20 m.

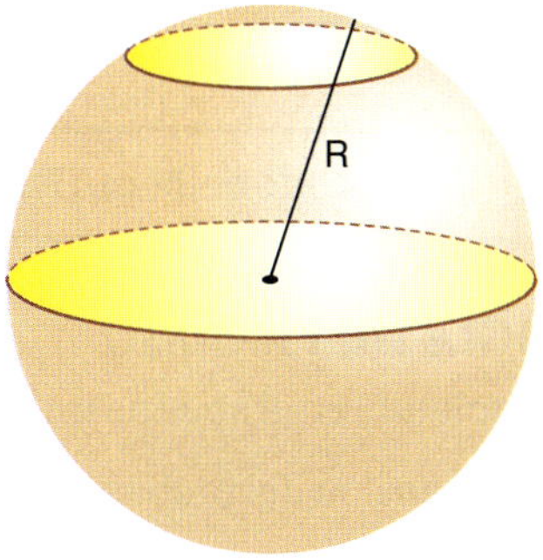

100. ★★★ Este ortoedro mide 3 × 4 × 9 m. ¿Cuál es la superficie del plano coloreado?

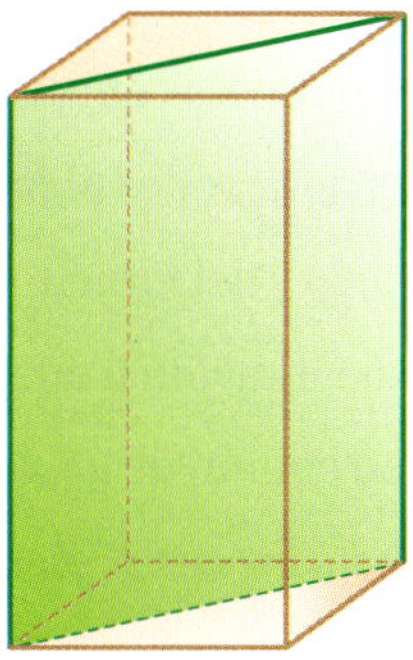

MATEMÁTICAS A TU ALCANCE

PBL: **Diseño de dados de juegos de mesa**

PLANTEAMIENTO DEL PROBLEMA

Una empresa de juegos de azar quiere diseñar dados cuyas caras no sean los convencionales cuadrados y en las que no aparezcan únicamente los números del 1 al 6. Los prototipos de los nuevos dados equivalen a diferentes tipos de poliedros en los que sus caras son números o imágenes relacionados con las casillas de los distintos juegos de mesa.

La empresa os pide vuestra ayuda para diseñar y construir plantillas con los desarrollos planos de los dados de diferentes juegos de mesa junto con las instrucciones de estos.

RECURSOS

— Información sobre poliedros en la geometría y en el arte:

@ **http://links.edebe.com/nnbgh9**

— Desarrollos planos de poliedros y cuerpos geométricos:

@ **http://links.edebe.com/3qbyg**

@ **http://links.edebe.com/fn7a3**

— Dados imaginarios:

@ **http://links.edebe.com/j78p**

@ **http://links.edebe.com/xz5rx**

METODOLOGÍA DE TRABAJO

El trabajo se completará en grupos de tres a cinco alumnos. Debéis seguir este procedimiento:

1.º Análisis y comprensión del problema.

2.º Creación de una tabla en la que señaléis:

— Lo que sabéis. — Lo que necesitáis saber.

3.º Reparto de tareas para cada miembro del grupo:

- Elección de los poliedros que usaréis.
- Creación de los desarrollos planos de cada poliedro.
- Elección del juego y del formato de cada cara del poliedro...

4.º Ejecución del trabajo individual que consistirá en la realización de la tarea asignada.

5.º Reunión y puesta en común de los resultados obtenidos por cada miembro del grupo.

6.º Exposición del trabajo en una presentación en formato digital, vídeo o conferencia.

Cre@ctividad: Desarrollo plano de poliedros con GeoGebra

GeoGebra permite realizar el desarrollo plano de cualquier cuerpo geométrico construido en la Vista Gráfica 3D.

Veamos cómo construir un tetraedro a partir de la herramienta *Tetraedro regular* y crear su desarrollo plano con la herramienta *Desarrollo* .

Si seleccionamos el comando *Tetraedro regular* y marcamos dos puntos en la ventana Vista Gráfica *3D*, automáticamente se construye un tetraedro regular.

A continuación, hacemos clic en la herramienta *Desarrollo* y aparece un deslizador en la Vista Gráfica cuyo intervalo es de 0 a 1 con un incremento de 0,01.

- Para desarrollo = 0, no obtenemos el desarrollo plano del poliedro:

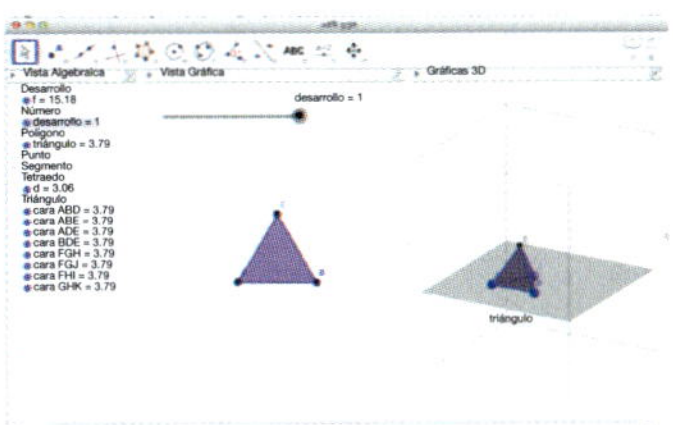

- De 0,01 a 0,99, vemos cómo se van desplegando las caras del poliedro:

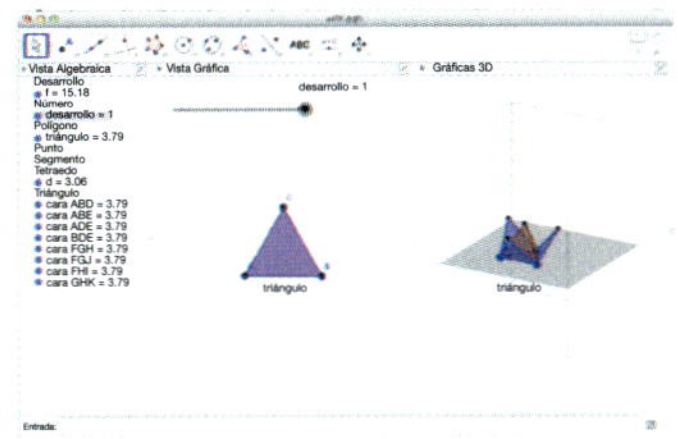

- Para desarrollo = 1, obtenemos el desarrollo plano completo:

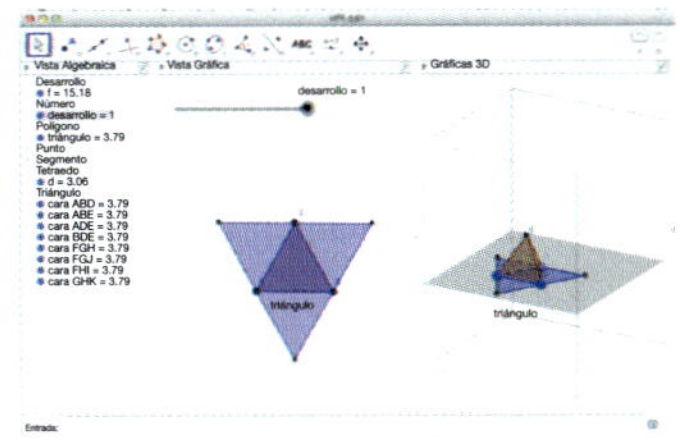

Atrévete

- Construye, con la herramienta *Desarrollo* del programa GeoGebra, los desarrollos planos de los dados que habéis diseñado en el PBL de esta unidad *(Diseño de dados de juegos de mesa).*

Visión 360°

Cuerpos geométricos en arquitectura y escultura

Es habitual, en obras arquitectónicas y escultóricas, el uso de formas y cuerpos geométricos diversos.

Actualmente, algunos museos y edificios emblemáticos tienen formas inspiradas en poliedros, como el Kunstmuseum en Stuttgart, Alemania, que tiene forma de cubo de cristal.

— Cread una presentación en grupo sobre la presencia de los poliedros regulares en la arquitectura y la escultura.

Pon a prueba tus competencias

1. El Atomium fue construido en 1958 en la ciudad de Bruselas (Bélgica). Representa la estructura cristalina del hierro: un cubo con una esfera en cada uno de sus vértices y una esfera central, unidas todas ellas mediante cilindros. Está aumentada ciento sesenta y cinco mil millones de veces respecto a la estructura cristalina del hierro. El monumento tiene 102 m de altura y el diámetro de las esferas es de 18 m.

a) Determina, a partir del razonamiento geométrico, el número de cilindros y esferas del Atomium.

b) El tubo vertical central es un ascensor que sube a sus visitantes a 5 m/s hasta la esfera más alta. En ella se ubican un mirador y un restaurante. ¿En cuánto tiempo el ascensor lleva a cabo este recorrido?

c) Calcula el diámetro, en nanómetros, de un átomo de hierro si sabemos que 1 nm = 10^{-9} m.

d) Minimundus es un parque de miniaturas situado en Klagenfurt (Austria). En él se encuentra una réplica del Atomium a escala 1:25. ¿Cuál es la altura, en metros, de la réplica?

2. Un ingeniero debe diseñar una instalación con paneles solares. Dichos paneles van colocados en la cara diagonal de un soporte poliédrico como el de la figura, que tiene una base de 3 × 10 m y una altura de 4 m.

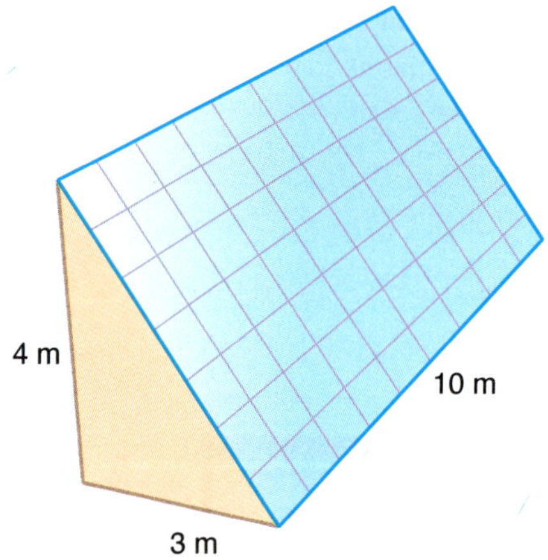

a) Si cada panel solar mide 0,2 × 0,5 m, ¿cuántos paneles podrá situar en cada soporte?

— Calcula la arista de la cara diagonal.

— Determina el área de la cara diagonal y el área de cada panel solar.

— Ahora, ya puedes calcular el número de paneles solares que pueden situarse en el soporte.

b) Se necesitan en total 1200 unidades de energía y cada panel absorbe 3 unidades. ¿Proporcionarán los paneles solares toda la energía requerida?

3. Uno de los museos más grandes de Europa y más visitados del mundo es el Louvre. Se localiza en París (Francia). Tiene una superficie de 210 000 m^2 y una afluencia de, aproximadamente, 9 334 000 visitantes al año.

a) ¿Qué polígono forma la planta del museo? ¿Cómo se llama este cuerpo geométrico?

b) Clasifica los polígonos de las caras de la pirámide.

c) Calcula la altura del museo sabiendo que la arista básica mide 10 m y la apotema de la cara lateral tiene una longitud de 13 m.

d) Halla las longitudes de las aristas que no pertenecen a la base. Presenta el resultado con un decimal.

4. Una peonza tiene la siguiente forma:

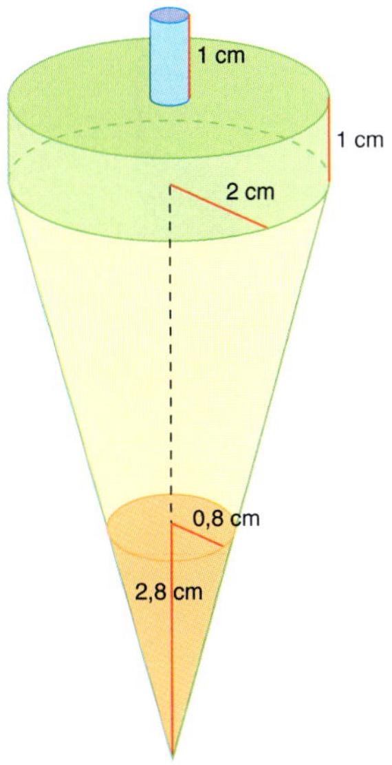

a) ¿Cuáles son los cuerpos geométricos presentes en la peonza? Clasifícalos.

b) Calcula la distancia vertical que separa los dos radios de la figura.

c) Halla la altura de la peonza.

d) Determina el perímetro del cilindro mayor. Presenta el resultado con un decimal.

e) Halla la longitud de la generatriz del cono. Presenta el resultado con un decimal.

5. Se están construyendo cuatro gradas de un estadio. Cada grada puede aproximarse al poliedro de la figura, cuyas medidas están expresadas en metros. Además, debe pintarse la zona coloreada de verde, y cada metro cuadrado de pintura cuesta 3 €. ¿Cuánto se va a gastar en total en pintura?

— Calcula el área de la cara vertical de la zona coloreada.

— Halla el área de la cara inclinada de la zona coloreada.

— El área total de cada grada será la suma de las dos áreas anteriores.

— Ahora, ya puedes determinar el área total de las cuatro gradas y el coste de la pintura.

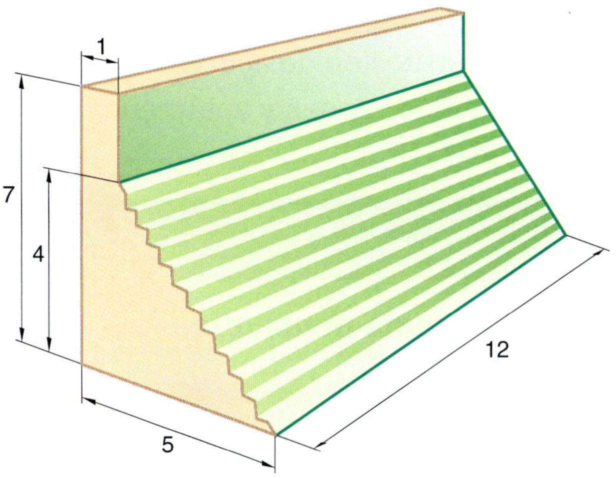

Reflexiona

Diario de aprendizaje

— ¿Consideras que el texto de inicio de la unidad tiene relación con los conceptos tratados en ella? ¿Con cuáles?

— Los contenidos estudiados en la unidad, ¿te han servido para ampliar tus conocimientos sobre cuerpos geométricos?

— ¿Crees que algunos conceptos aprendidos en esta unidad pueden ser aplicables en tu vida cotidiana? ¿Cuáles? ¿Cómo?

10 GEOMETRÍA
Áreas y volúmenes

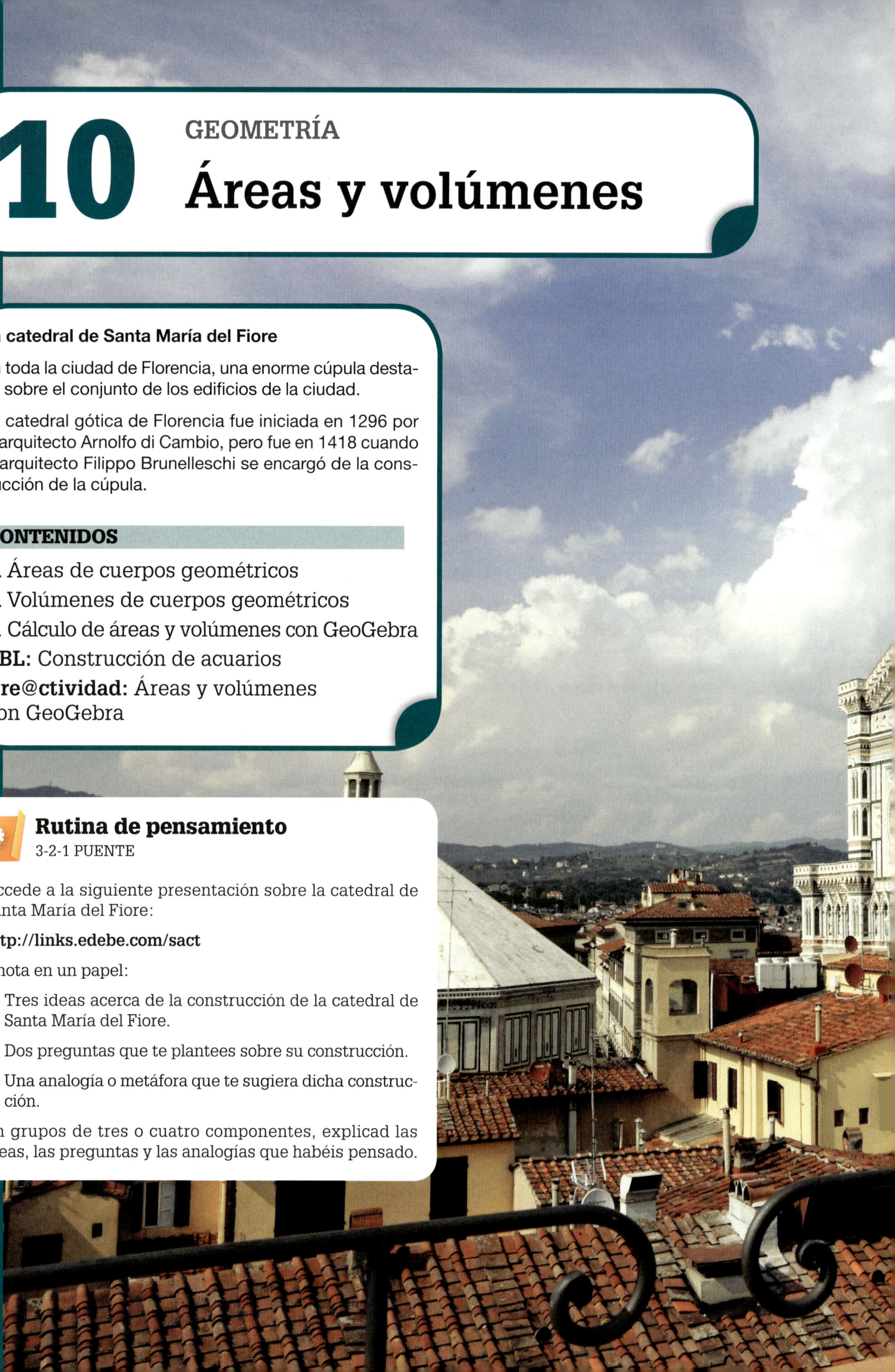

La catedral de Santa María del Fiore

En toda la ciudad de Florencia, una enorme cúpula destaca sobre el conjunto de los edificios de la ciudad.

La catedral gótica de Florencia fue iniciada en 1296 por el arquitecto Arnolfo di Cambio, pero fue en 1418 cuando el arquitecto Filippo Brunelleschi se encargó de la construcción de la cúpula.

CONTENIDOS

1. Áreas de cuerpos geométricos
2. Volúmenes de cuerpos geométricos
3. Cálculo de áreas y volúmenes con GeoGebra

PBL: Construcción de acuarios

Cre@ctividad: Áreas y volúmenes con GeoGebra

Rutina de pensamiento

3-2-1 PUENTE

Accede a la siguiente presentación sobre la catedral de Santa María del Fiore:

http://links.edebe.com/sact

Anota en un papel:

— Tres ideas acerca de la construcción de la catedral de Santa María del Fiore.

— Dos preguntas que te plantees sobre su construcción.

— Una analogía o metáfora que te sugiera dicha construcción.

En grupos de tres o cuatro componentes, explicad las ideas, las preguntas y las analogías que habéis pensado.

Si accedes a la siguiente página web, podrás observar algunos edificios singulares con diferentes formas geométricas:

http://links.edebe.com/kbsa

En el siguiente applet, encontrarás una aplicación interactiva para construir cuerpos geométricos según diferentes condiciones de superficie:

http://links.edebe.com/pbs7

- Para resolverlos, ¿has necesitado utilizar fórmulas?
- Explica con tus palabras las estrategias de resolución elegidas.

1. Áreas de cuerpos geométricos

Observa los siguientes edificios:

Las casas cubo de Rotterdam (Países Bajos).

El edificio Kuggen de Gotemburgo (Suecia).

El baptisterio de San Giovanni in Corte en Pistoia (Italia).

Como puedes ver, son cuerpos geométricos. Si quisiéramos construir una maqueta con cartulina, necesitaríamos calcular cuánta nos haría falta. Es decir, necesitaríamos calcular las áreas de los cuerpos geométricos.

1.1. Áreas de poliedros

Observa el cubo de la figura y su correspondiente desarrollo plano.

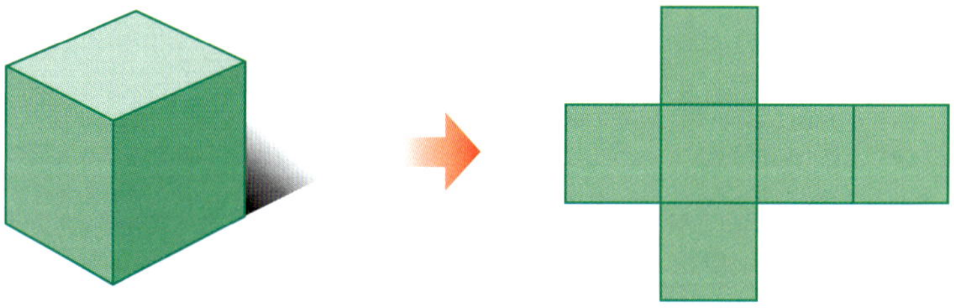

La superficie del desarrollo plano del cubo coincide con la superficie de sus caras. Decimos que la medida de esta superficie es el área del cubo.

> El **área** de un **poliedro** es la medida de la superficie de las caras que lo forman.

Algunos poliedros, como los prismas y las pirámides, tienen caras laterales. El área de sus caras laterales se llama **área lateral** del poliedro.

Actividades

1. Busca en Internet imágenes de otros edificios que sean cuerpos geométricos. Indica sus características y la ciudad donde se encuentran.

Poliedros regulares

Recuerda que solo hay cinco poliedros regulares: el tetraedro, el hexaedro o cubo, el octaedro, el dodecaedro y el icosaedro.

Las caras del hexaedro son cuadrados, las caras del dodecaedro son pentágonos regulares, y las caras del tetraedro, el octaedro y el icosaedro son triángulos equiláteros. Veamos cuál es el área de cada uno de ellos a partir de su desarrollo plano.

@

En la siguiente página, podrás repasar cómo se calculan las áreas de un triángulo equilátero y de un pentágono regular:

http://links.edebe.com/5bg7

	Tetraedro	Hexaedro o cubo	Octaedro	Dodecaedro	Icosaedro
Poliedro regular	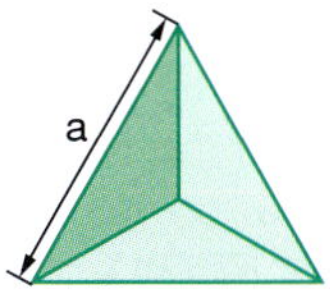	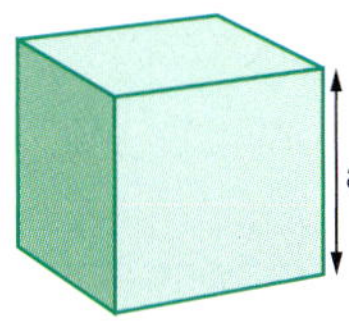	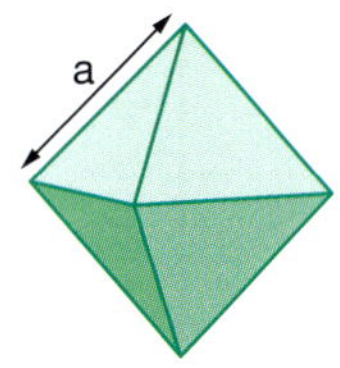	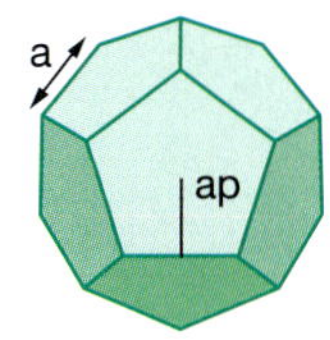	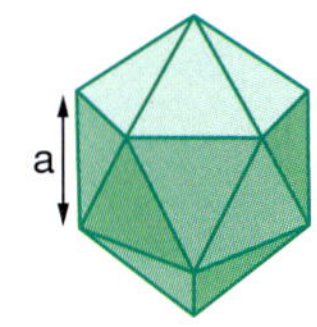
Desarrollo plano	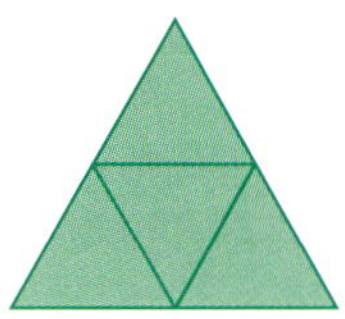	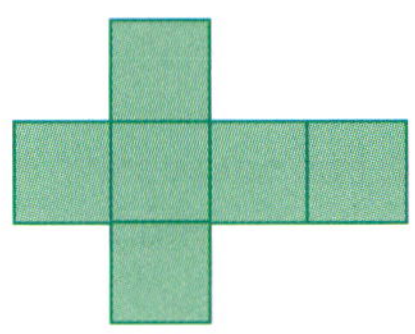		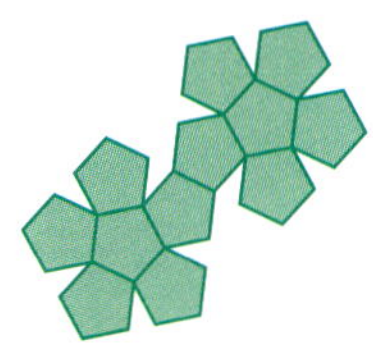	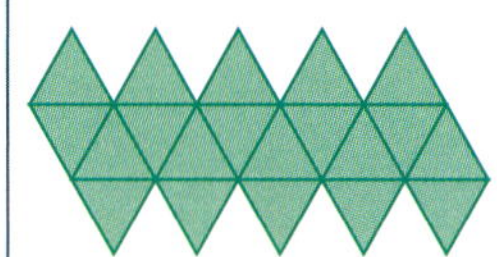
Polígonos de las caras	Triángulo equilátero	Cuadrado	Triángulo equilátero	Pentágono regular	Triángulo equilátero
Número de caras	4	6	8	12	20
Área	$A = 4 \cdot A_{triángulo}$ $\Downarrow$ $A = \sqrt{3}\ a^2$	$A = 6 \cdot A_{cuadrado}$ $\Downarrow$ $A = 6\ a^2$	$A = 8 \cdot A_{triángulo}$ $\Downarrow$ $A = 2\sqrt{3}\ a^2$	$A = 12 \cdot A_{pentágono}$ $\Downarrow$ $A = 30\ a \cdot ap$	$A = 20 \cdot A_{triángulo}$ $\Downarrow$ $A = 5\sqrt{3}\ a^2$

Actividades

2. Comprueba, utilizando el teorema de Pitágoras, que el área de un triángulo equilátero es:

$$A = \frac{\sqrt{3}}{4} a^2$$

— A partir de este resultado, demuestra las fórmulas para hallar las áreas del tetraedro, del octaedro y del icosaedro.

3. El área de un cubo mide 864 cm^2. ¿Cuánto medirá su arista? ¿Y si en lugar de un cubo es un tetraedro?

4. ¿Cuál es la razón entre las áreas de un tetraedro y un icosaedro de aristas iguales? ¿Y entre las de un octaedro y un icosaedro?

5. Calcula las áreas de estos poliedros regulares.

a

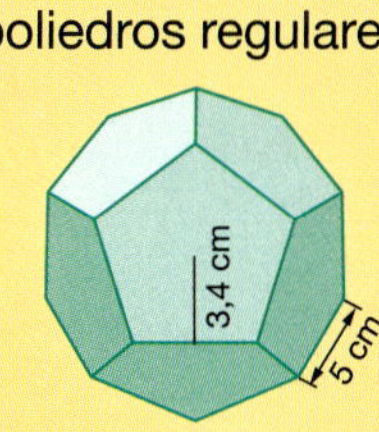

b

Prisma regular y pirámide regular

Observa cómo se calculan el área lateral y el área total de un prisma regular y de una pirámide regular a partir de sus desarrollos planos.

Figura	Desarrollo plano	Área lateral y área total
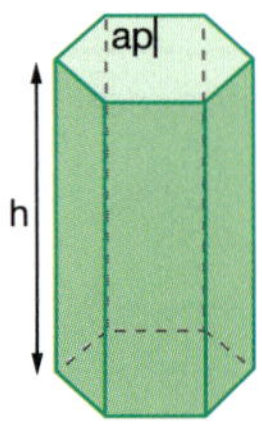 Prisma	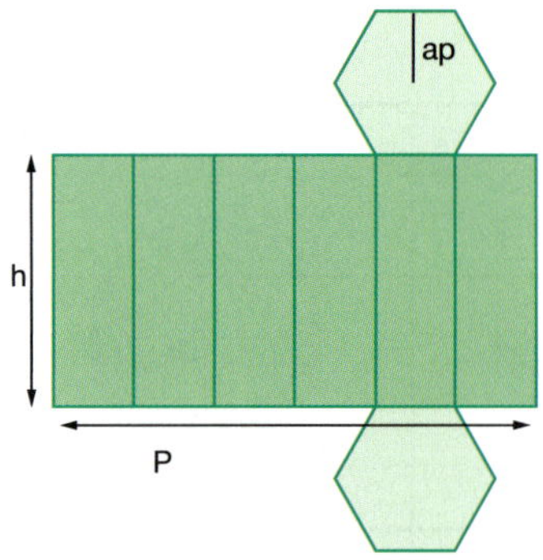	• **Área lateral.** La superficie lateral forma un rectángulo de base el perímetro P del polígono de la base y de altura h. $A_{lateral} = P \cdot h$ • **Área de la base.** Es el área del polígono regular que forma la base del prisma. $A_{base} = \frac{P \cdot ap}{2}$ • **Área total.** Se obtiene sumando el área lateral y el área de las dos bases. $\boldsymbol{A_{total} = A_{lateral} + 2\,A_{base}}$
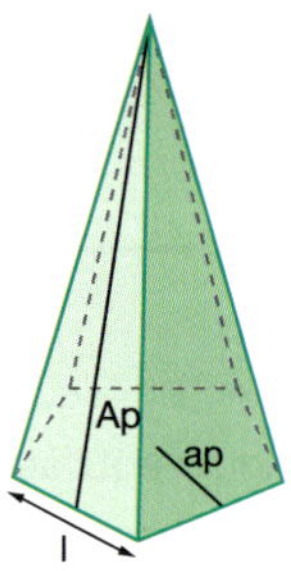 Pirámide	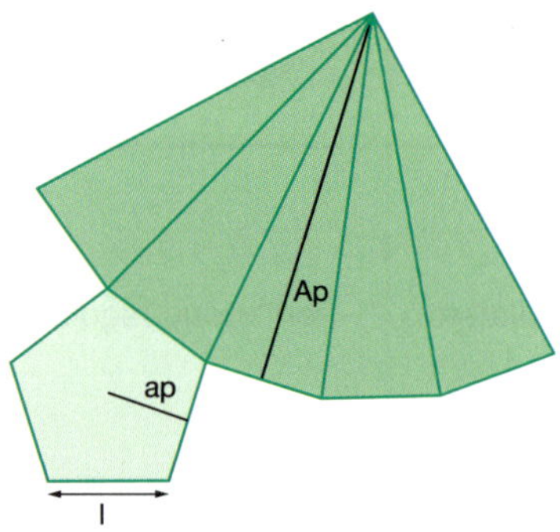	• **Área lateral.** Las caras son n triángulos (n = lados del polígono de la base) de base l y de altura Ap . Entonces el área lateral es: $A_{lateral} = n \cdot \frac{l \cdot Ap}{2} = \frac{P \cdot Ap}{2}$ • **Área de la base.** Es el área del polígono regular que forma la base de la pirámide. $A_{base} = \frac{P \cdot ap}{2}$ • **Área total.** Se obtiene sumando el área lateral y el área de la base. $\boldsymbol{A_{total} = A_{lateral} + A_{base}}$

Ejemplo 1

Calcula las áreas totales de este prisma y de esta pirámide.

COMPRENSIÓN: El polígono regular que forman las bases es en ambos casos un cuadrado.

RESOLUCIÓN

$A_{prisma} = A_{lateral} + 2 \cdot A_{base} = P \cdot h + 2 \cdot a^2 = (4 \cdot 13) \cdot 22 + 2 \cdot (13 \cdot 13) = 1482$

$A_{prisma} = A_{lateral} + A_{base} = \frac{P \cdot Ap}{2} + a^2 = \frac{8 \cdot 3}{2} + 2 \cdot 2 = 12 + 4 = 16$

El área total del prisma es de 1482 cm^2 y el de la pirámide es de 16 dm^2.

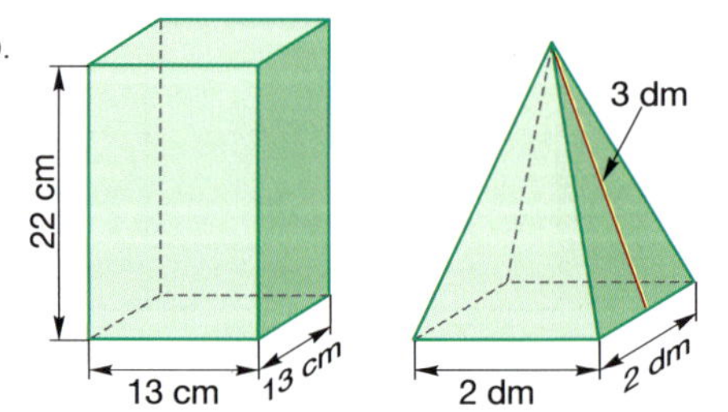

Actividades

6. Calcula las áreas lateral y total de estas figuras.

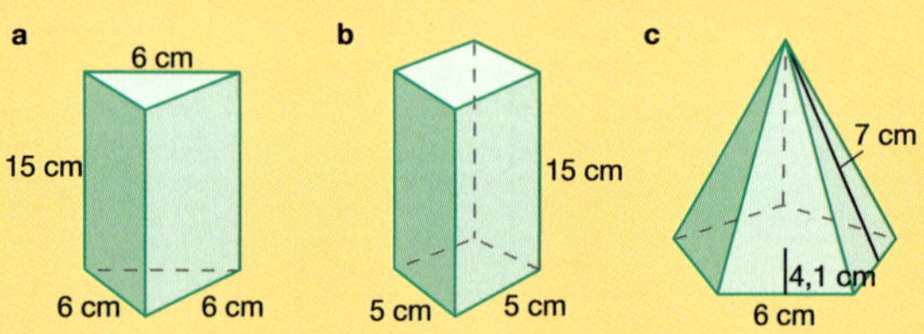

7. Calcula el área del octaedro y el área lateral de la pirámide de la figura, y comprueba que la primera es el doble de la segunda.

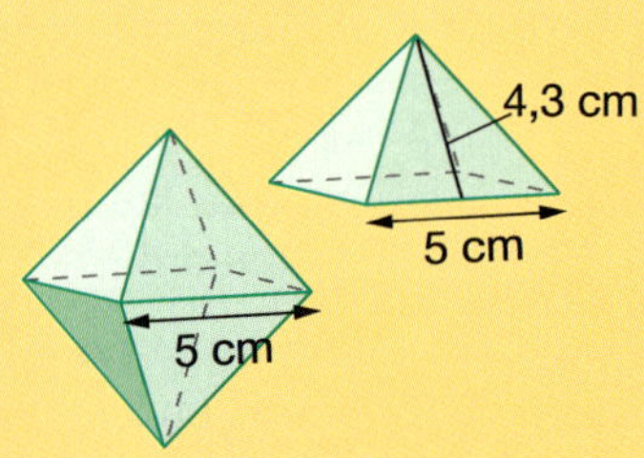

1.2. Áreas de cuerpos de revolución

También podemos obtener la medida de la superficie que delimita los cuerpos de revolución. Dicha medida es su área.

@

Si accedes a las siguientes páginas, podrás observar la variación del área de un cilindro y de un cono según diferentes valores de los deslizadores altura y radio:

http://links.edebe.com/4zfff

http://links.edebe.com/xq2sn

Cilindro y cono

Veamos cómo podemos calcular el área lateral y el área total de un cilindro y de un cono, de generatriz g y radio de los círculos de las respectivas bases r, a partir de sus desarrollos planos.

Figura	Desarrollo plano	Área lateral y área total
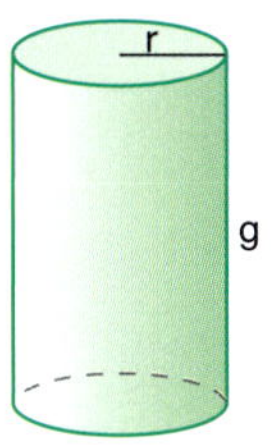 Cilindro	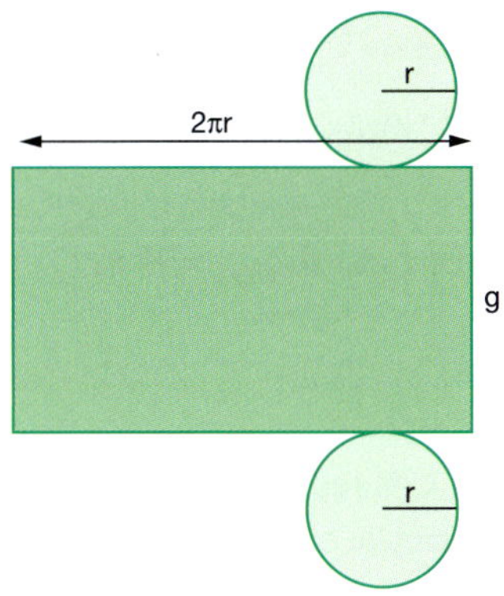	• **Área lateral.** La superficie lateral forma un rectángulo. La longitud de la base de este rectángulo es la longitud de la circunferencia de radio r y su altura es g. $A_{lateral} = 2\,\pi r \cdot g$ • **Área de la base.** Las bases del cilindro son círculos de radio r. El área de cada una es: $A_{base} = \pi r^2$ • **Área total.** Se obtiene sumando el área lateral y el área de las dos bases. $\mathbf{A_{total} = A_{lateral} + 2 \cdot A_{base} = 2\,\pi r \cdot g + 2\,\pi r^2 = 2\,\pi r \cdot (g + r)}$
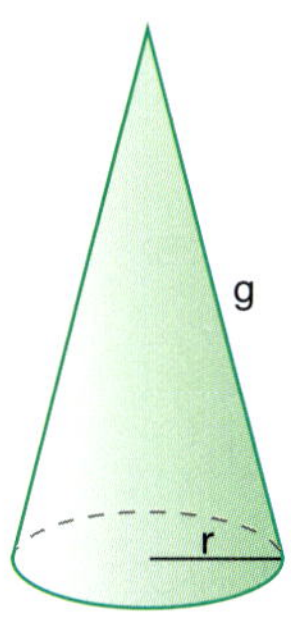 Cono	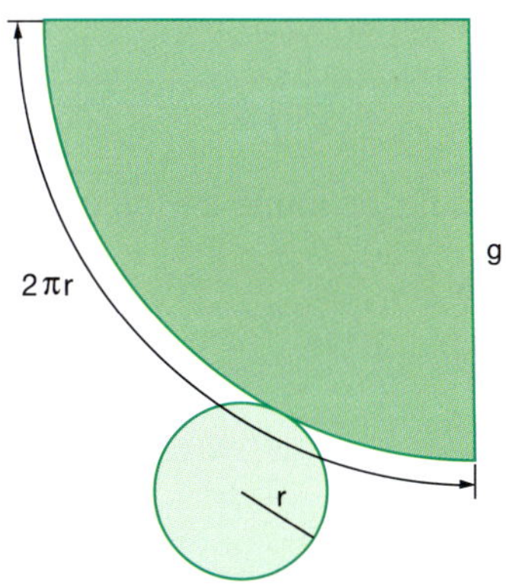	• **Área lateral.** La superficie lateral es un sector circular de longitud de arco $2\pi r$ y de radio g. Así: $A_{lateral} = 2\,\pi r \cdot \frac{g}{2} = \pi r \cdot g$ • **Área de la base.** La base del cono es un círculo de radio r. Así, su área es: $A_{base} = \pi r^2$ • **Área total.** Se obtiene sumando el área lateral y el área de la base. $\mathbf{A_{total} = A_{lateral} + A_{base} = \pi r \cdot g + \pi r^2 = 2\,\pi r \cdot (g + r)}$

Ejemplo 2

Calcula el área total del tambor y del cucurucho.

COMPRENSIÓN: Ambos elementos tienen forma de cuerpos de revolución: el tambor, de cilindro y el cucurucho del helado, de cono.

RESOLUCIÓN

$A_{tambor} = 2\pi r \cdot (g + r) = 2\pi \cdot 15 \cdot (20 + 15) = 3\,297$

$A_{cucurucho} = \pi\, r \cdot (g + r) = \pi \cdot 2{,}5 \cdot (13 + 2{,}5) = 121{,}68$

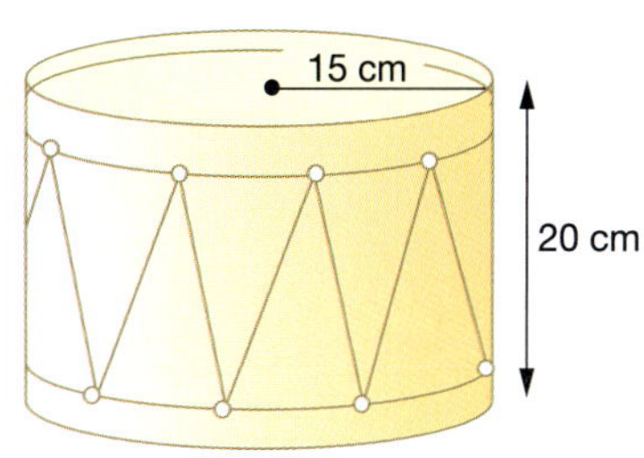

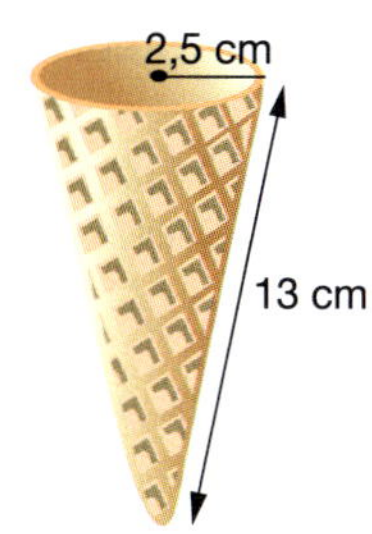

El área total del tambor es de 3 297 cm^2 y el área del cono es de 121,68 cm^2.

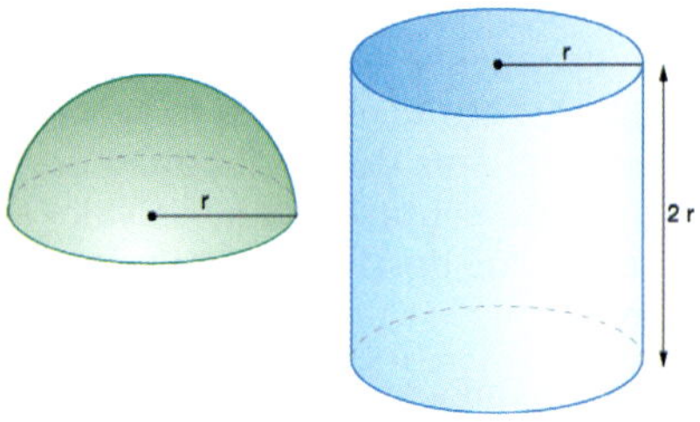

@

En el siguiente vídeo, podrás visionar la relación entre el área lateral de un cilindro de radio *r* y altura 2*r* con el de una semiesfera de radio *r:*

http://links.edebe.com/7c5r

@

Este vídeo te permite comprobar el área de una naranja a partir de la suma de áreas de círculos formados por la piel de esta:

http://links.edebe.com/p9jsf9

- ¿Sabrías responder a la pregunta que se plantea al final del vídeo?

Esfera

Hasta el momento hemos calculado las áreas de los distintos cuerpos, basándonos en sus desarrollos planos. Ahora bien, ya que la esfera no tiene desarrollo plano, tendremos que buscar otro método para poder calcular su área.

En la antigua Grecia, era ya conocido este hecho y, por ello, se preocuparon de idear métodos para calcular el área de una esfera. Arquímedes, en el siglo III a. C., obtuvo que el área de una semiesfera de radio *r* y el área lateral de un cilindro de altura *2r* y de radio *r* satisfacen la relación siguiente:

$$A_{semiesfera} = \frac{1}{2} A_{lateral\ cilindro}$$

El área lateral de este cilindro es: $A_{lateral\ cilindro} = 2\,\pi r \cdot 2\,r = 4\,\pi r^2$

El área de la semiesfera es: $A_{semiesfera} = \frac{1}{2}\,4\,\pi r^2 = 2\,\pi r^2$

El área de la esfera es: $A_{esfera} = 2 \cdot A_{semiesfera} = 2 \cdot 2\,\pi r^2 = 4\,\pi r^2$

El **área** de una esfera de radio *r* es: $\boldsymbol{A_{esfera} = 4\,\pi r^2}$

Ejemplo 3

Calcula el área de esta esfera.

COMPRENSIÓN: Como conocemos el radio de la esfera, podemos utilizar su fórmula para calcular el área.

RESOLUCIÓN

$A_{esfera} = 4\,\pi\,r^2 = 4\pi \cdot 4^2 = 64\pi = 200{,}96$

El área de una esfera de 4 cm de radio es 200,96 cm^2.

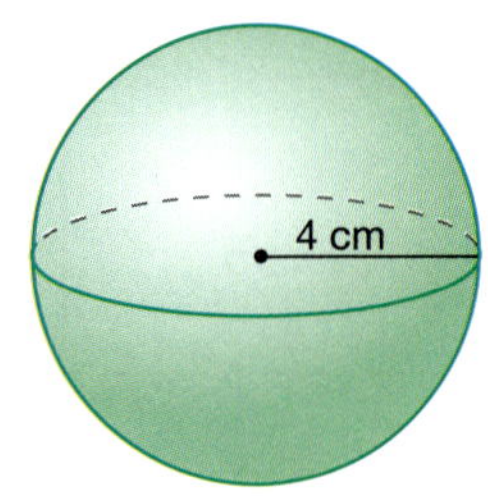

Actividades

8. Calcula las áreas lateral y total de estos cilindros:

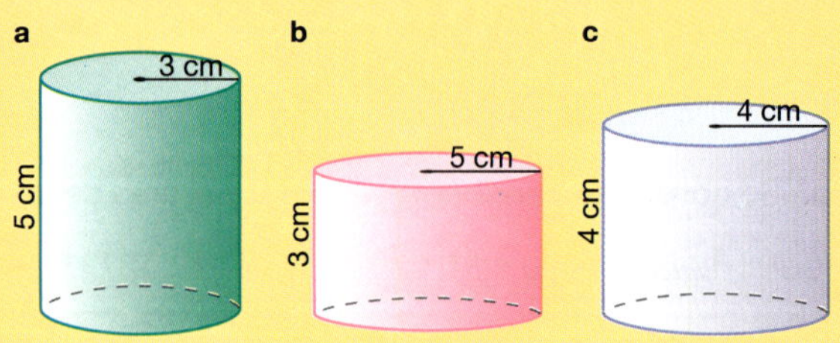

9. Obtén las dimensiones del cono generado al hacer girar un triángulo rectángulo isósceles sobre uno de sus catetos, si estos miden 7 cm. A continuación, calcula las áreas lateral y total del cono.

10. Un cilindro y un cono tienen la misma base y la misma generatriz. Obtén la relación que satisfacen sus áreas y, a continuación, responde:

a) Si el área del cono es de 48 cm^2, ¿cuál sería el área del cilindro?

b) Si el área del cilindro es de 48 cm^2, ¿cuál sería el área del cono?

11. Calcula las áreas de los cuerpos siguientes:

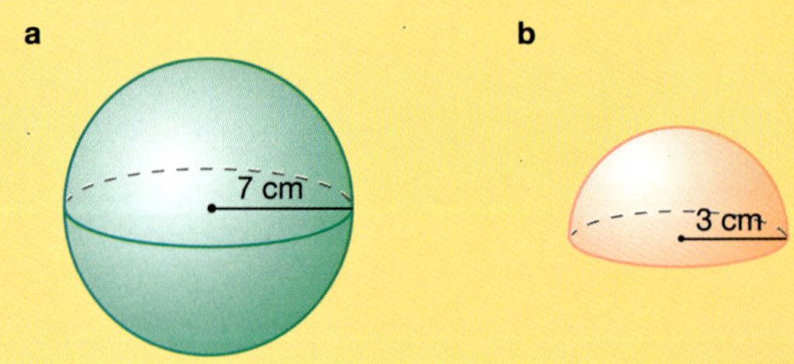

12. Calcula la cantidad de tela necesaria para construir un paracaídas como el de la derecha.

13. El área de una esfera mide 314 dm^2. ¿Cuál es el valor de su radio?

— Calcula el área de una esfera menor y semejante a esta con razón de semejanza $k = \frac{2}{5}$

1.3. Áreas de cuerpos compuestos

Como en las figuras planas, para calcular el área de un cuerpo geométrico podemos descomponerlo en cuerpos geométricos cuyas áreas sepamos calcular y, a partir de estas, obtener la del cuerpo geométrico inicial.

Ejemplo 4

Calcula la cantidad de cartulina que se ha de utilizar para construir la maqueta de un campanario como este (sin tener en cuenta las pestañas) si consideramos la razón de semejanza

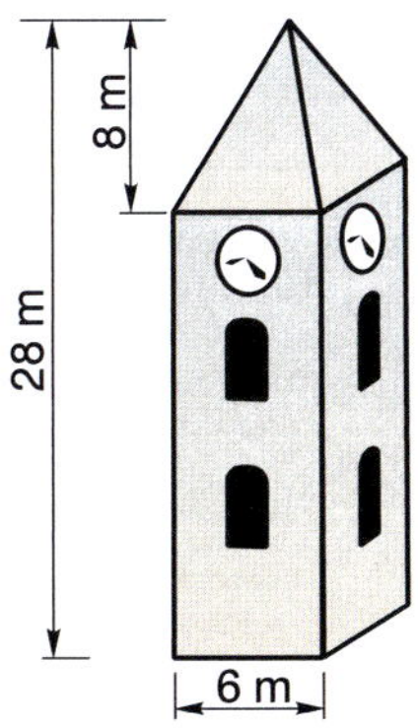

COMPRENSIÓN: Hemos de calcular el área del campanario. Para ello, lo descomponemos en dos poliedros: un prisma y una pirámide de base cuadrada.

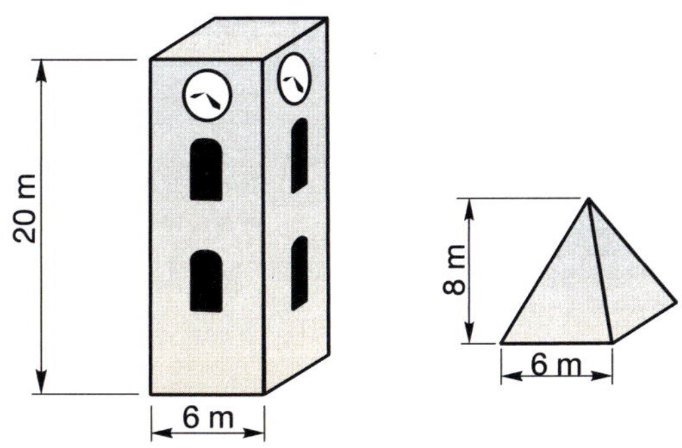

— Calculamos las áreas de estas superficies:

- Área lateral del prisma. La altura es de 20 m y su base es un cuadrado cuyo perímetro mide 24 m. Así, su área lateral es:

$$A_1 = P \cdot h = 24 \cdot 20 = 480 \text{ m}^2$$

- Área lateral de la pirámide. Para calcularla necesitamos conocer la apotema. Así, hemos de aplicar el teorema de Pitágoras al triángulo de la figura.

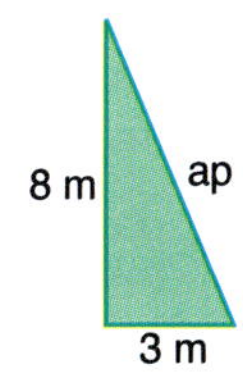

$$ap^2 = h^2 + l^2$$

$$ap^2 = 8^2 + 3^2 = 73 \Rightarrow ap = 8{,}5$$

Entonces, el área lateral de la pirámide es:

$$A_2 = \frac{P \cdot ap}{2} = \frac{24 \cdot 8{,}5}{2} = 102 \ m^2$$

— Después, obtenemos el área del campanario.

$$A_{campanario} = A_1 + A_2 = 480 + 102 = 582 \text{ m}^2$$

— Finalmente, obtenemos el área de la maqueta. Debemos utilizar la siguiente relación:

$$\frac{A_{maqueta}}{A_{campanario}} = k^2$$

Así:

$$A_{maqueta} = k^2 \cdot A_{campanario} = \left(\frac{1}{20}\right)^2 \cdot 582 = 1{,}46 \text{ m}^2$$

Por lo tanto, necesitaremos 1,46 m^2 de cartulina para construir la maqueta.

Actividades

14. Calcula las áreas de estos cuerpos geométricos:

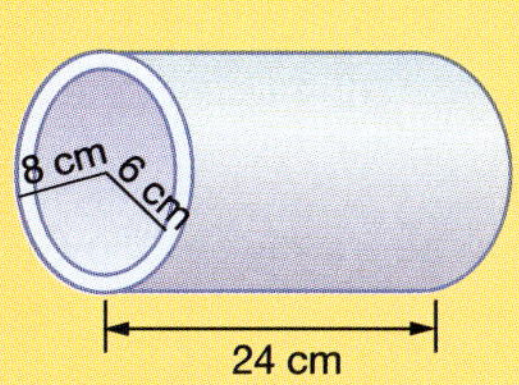

a

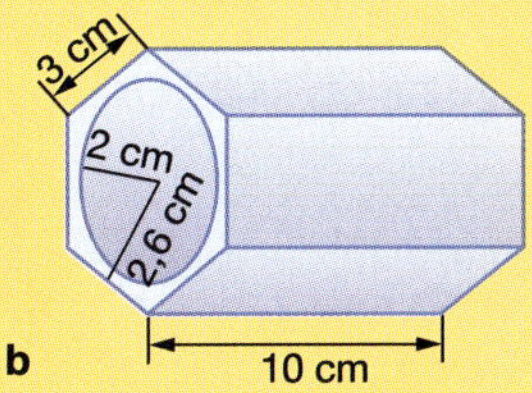

b

15. Observa algún objeto de tu alrededor y descomponlo en cuerpos geométricos que conozcas. Explica cómo calcularías su área.

16. Calcula el área de este observatorio:

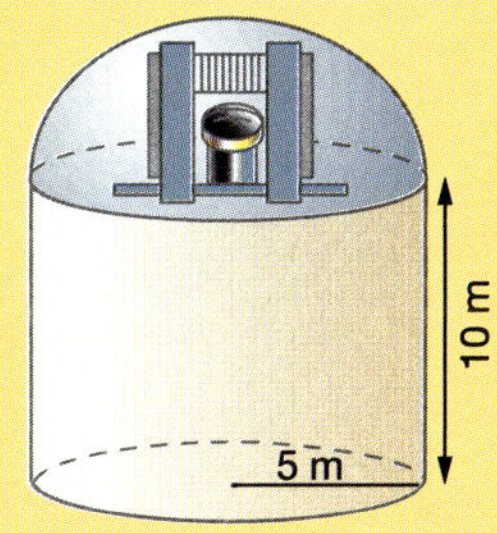

— Si construimos una maqueta de este observatorio a escala 1:30, ¿cuál será su superficie?

2. Volúmenes de cuerpos geométricos

Todo cuerpo ocupa una determinada región del espacio.

Fíjate en estas dos pilas de cajas.

Todas las cajas son iguales y hay el mismo número de cajas. Por lo tanto, aunque la forma de ambas pilas sea diferente, el espacio que ocupan es el mismo. Decimos que las dos pilas de cajas ocupan el mismo volumen.

> El **volumen** de un cuerpo es la medida del espacio que ocupa.

Volumen de un cubo

Un decámetro cúbico es el volumen de un cubo de 1 dam de arista; un decímetro cúbico es el volumen de un cubo de arista 1 dm...

En 1 dam^3 caben 1 000 cubos de 1 m^3 y en 1 m^3 caben 1 000 cubos de 1 dm^3.

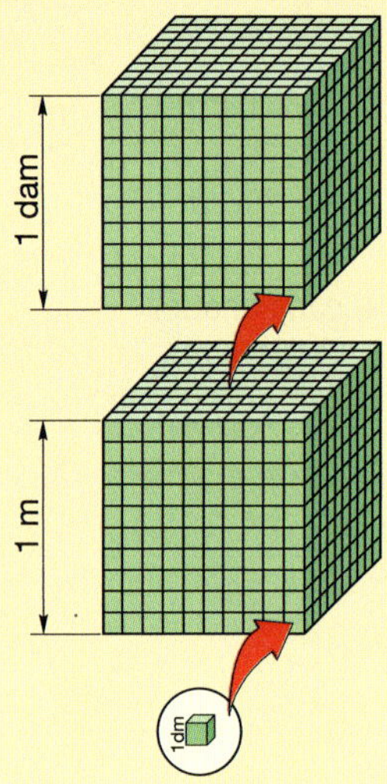

1 dam^3 = 1 000 m^3 = 1 000 000 dm^3

Unidades de volumen

La unidad de volumen en el Sistema Internacional de Unidades es la unidad derivada del metro, el **metro cúbico (m^3),** que es la medida del espacio que ocupa un cubo de un metro de arista.

Esta unidad puede resultar demasiado grande o demasiado pequeña para medir determinados volúmenes. Por ello, se utilizan los múltiplos y los submúltiplos del metro cúbico.

kilómetro cúbico (km^3)		decímetro cúbico (dm^3)
hectómetro cúbico (hm^3)	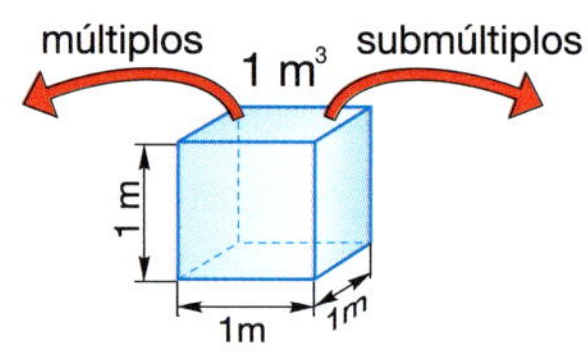	centímetro cúbico (cm^3)
decámetro cúbico (dam^3)		milímetro cúbico (mm^3)

Cada unidad de volumen es mil veces mayor que la inmediatamente inferior y mil veces menor que la inmediatamente superior.

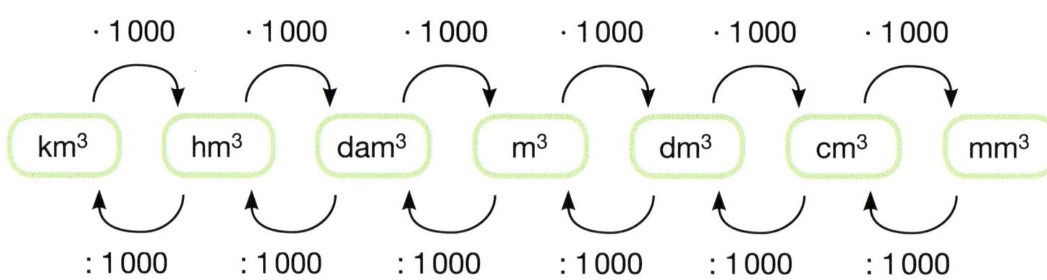

Estas relaciones nos permiten transformar unas unidades de volumen en otras.

Ejemplo 5

Expresa 27 cm^3 en metros cúbicos.

COMPRENSIÓN: Para pasar de centímetros cúbicos a metros cúbicos hemos de dividir dos veces entre 1 000; es decir, 1 m^3 es 1 000 000 de veces mayor que 1 cm^3.

RESOLUCIÓN

Escribimos esta equivalencia, 1 m^3 = 1 000 000 cm^3, como factor de conversión y obtenemos los metros cúbicos.

$$27 \text{ cm}^3 = 27 \cancel{\text{cm}^3} \cdot \frac{1 \text{ m}^3}{1\,000\,000 \cancel{\text{cm}^3}} = \frac{27}{1\,000\,000} \text{ m}^3 = 0{,}000\,027 \text{ m}^3$$

Así pues, 27 cm^3 equivalen a 0,000 027 m^3.

2.1. Volúmenes de poliedros

Veamos cómo se calculan los volúmenes del prisma y la pirámide.

Prisma

Consideramos un prisma de altura h como el de la figura.

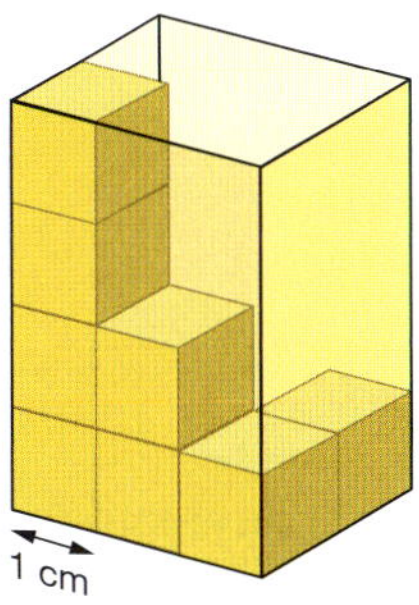

— En el prisma caben 24 cubos de 1 cm de arista.

— Cada cubo tiene un volumen de 1 cm^3.

Por lo tanto, el volumen del prisma es de 24 cm^3.

Fíjate en que el volumen del prisma coincide con el producto del área de la base por su altura.

$$A_{base} \cdot h = 6 \cdot 4 = 24 \Rightarrow V_{prisma} = 24 \text{ cm}^3$$

El **volumen** de un **prisma** de altura h es el producto del área de su base por su altura.

$$\boldsymbol{V_{prisma} = A_{base} \cdot h}$$

Si el prisma es un cubo de arista a, como el área de la base es a^2, tenemos:

$$\boldsymbol{V_{cubo} = A_{base} \cdot a = a^2 \cdot a = a^3}$$

A partir de dos rectángulos iguales, de 12 x 16 cm construye las superficies laterales de dos prismas cuadrangulares distintos.

- ¿Cuál de los dos prismas podrá contener mayor cantidad de palomitas?
- Comprueba tu respuesta a partir de la fórmula del volumen del prisma.

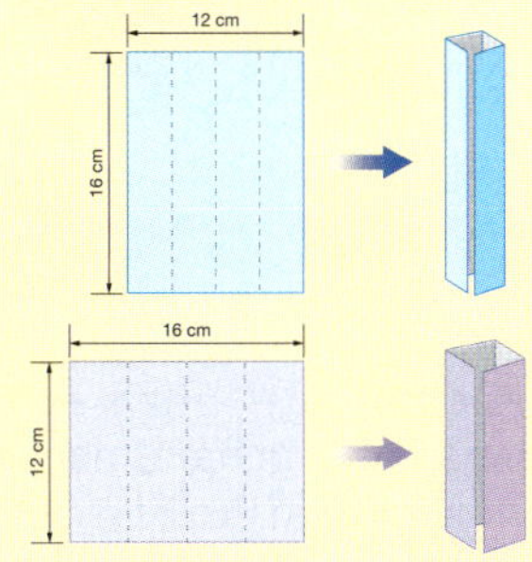

@

Construye cuatro ortoedros diferentes y calcula sus áreas y volúmenes con la siguiente aplicación interactiva:

http://links.edebe.com/yn4usd

Ejemplo 6

Calcula el volumen de este contenedor.

COMPRENSIÓN: Este contenedor tiene forma de prisma rectangular. Para calcular su volumen hemos de multiplicar el área del rectángulo que forma la base por la altura.

RESOLUCIÓN

— Calculamos el área de la base.

$$A_{base} = 4 \cdot 2 = 8$$

— Aplicamos la fórmula anterior para obtener el volumen del prisma.

$$V_{prisma} = A_{base} \cdot h = 8 \cdot 2{,}5 = 20$$

Por lo tanto, el volumen del contenedor es 20 m^3.

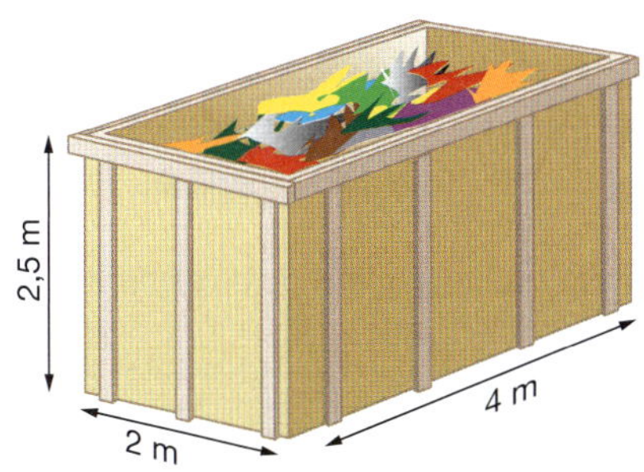

Actividades

17. Calcula los volúmenes de estos dos prismas:

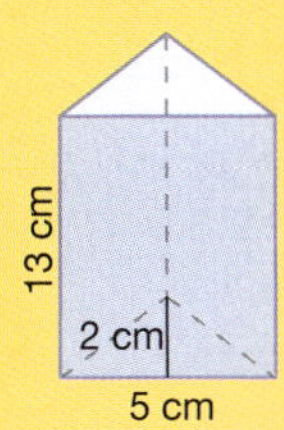

a

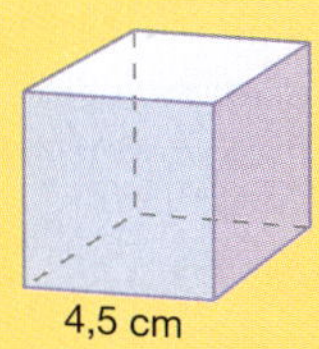

b

18. Calcula el volumen de un prisma hexagonal regular de altura 7 dm y de apotema y lados de la base 10,39 dm y 12 dm, respectivamente. Expresa el resultado en cm^3.

19. El volumen de un prisma cuadrangular regular es de 150 cm^3 y su altura de 6 cm, ¿cuánto mide su arista básica?

20. Calcula el volumen de un ortoedro de dimensiones 3 cm x 4 cm x 7 cm. A continuación, calcula el volumen de un ortoedro mayor y semejante al anterior con razón de semejanza $k = 4$.

— ¿Cuál es la razón entre los volúmenes? ¿Qué relación existe entre el valor obtenido y la razón de semejanza k?

Pirámide

Consideramos una pirámide de altura *h* dentro de un cubo de arista *a*, siendo *a* el doble de *h*, como muestra la figura. Puedes comprobar que, en este caso, dentro del cubo puedes colocar seis pirámides iguales de altura *h*.

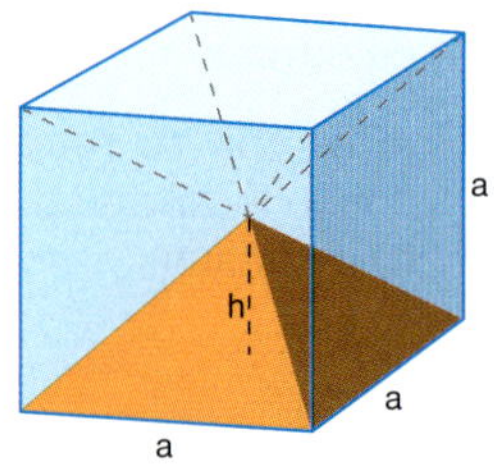

— El volumen de la pirámide es la sexta parte del volumen del cubo.

— El área de la base de la pirámide, A_{base}, es el área de la base del cubo, a^2.

Por lo tanto, tenemos:

$$V_{pirámide} = \frac{1}{6} V_{cubo} = \frac{a^3}{6} = \frac{a^2 \cdot a}{6} = \frac{a^2 \cdot 2h}{6} = \frac{a^2 \cdot h}{3} = \frac{A_{base} \cdot h}{3}$$

@

En el siguiente vídeo se demuestra experimentalmente la relación entre los volúmenes de un cubo y una pirámide de igual base y altura.

http://links.edebe.com/h5bk

- ¿Sabrías deducir la fórmula del volumen de una pirámide?

El **volumen** de una **pirámide** de altura *h* es igual a un tercio del producto del área de su base por su altura.

$$V_{pirámide} = \frac{A_{base} \cdot h}{3}$$

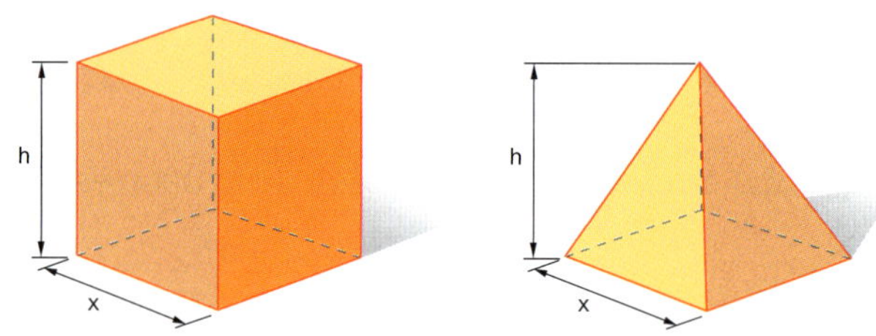

Ejemplo 7

Calcula el volumen de esta pirámide.

— Calculamos el área de la base: $A_{base} = \frac{6 \cdot 3}{2} = 9$

— Aplicamos la fórmula anterior para obtener el volumen de la pirámide.

$$V_{pirámide} = \frac{A_{base} \cdot h}{3} = \frac{9 \cdot 12}{3} = 36$$

Por lo tanto, el volumen de la pirámide es de 36 cm^3.

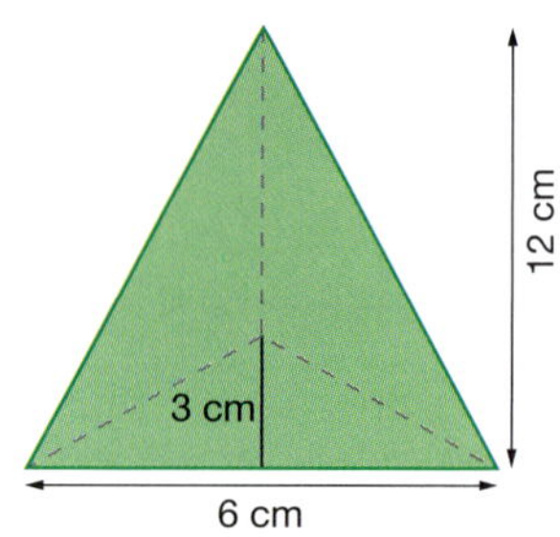

Actividades

21. Calcula los volúmenes de estas pirámides:

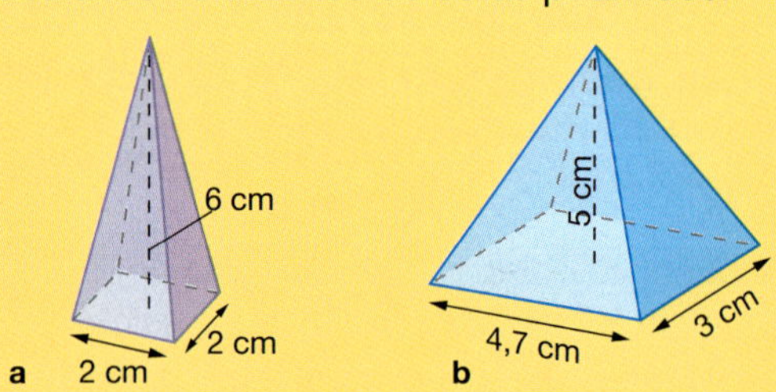

22. Calcula el volumen de una pirámide cuadrangular cuya base tiene un perímetro de 36 cm y la apotema de las caras laterales mide 15 cm. Expresa el resultado en dm^3.

23. El volumen de una pirámide hexagonal regular es de 193 500 cm^3. Halla su altura si la arista básica mide 50 cm.

24. Observa esta pirámide y calcula su área y su volumen.

A continuación, halla el área y el volumen de una pirámide menor y semejante a esta con razón de semejanza $k = \frac{1}{5}$.

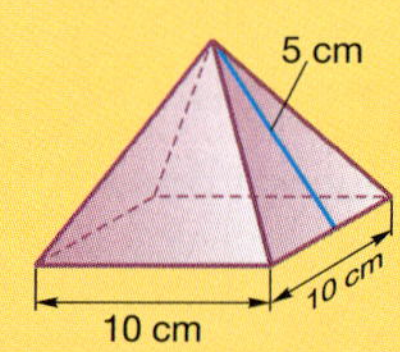

2.2. Volúmenes de cuerpos de revolución

Hemos obtenido el volumen de los prismas y el de las pirámides a partir del volumen del cubo. A continuación, calcularemos los volúmenes de los cuerpos de revolución, comparándolos con los de prismas y pirámides.

Cilindro

Consideremos un cilindro de altura h y de radio r.

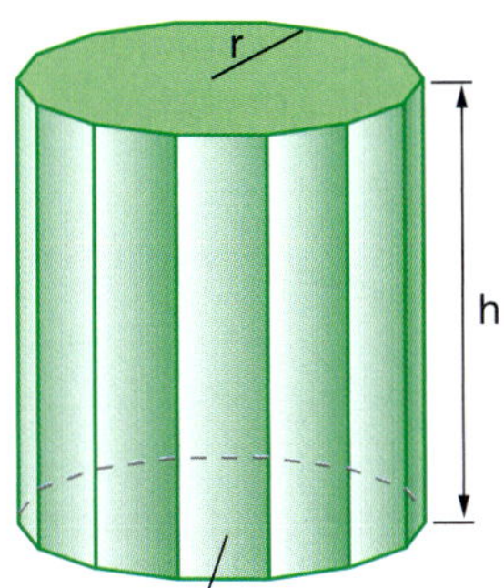

$A_{base} = \pi r^2$

Podemos imaginar el cilindro como un prisma regular de un número elevado de caras, como muestra la figura. Entonces se cumple:

— La altura del prisma h coincide con la altura del cilindro.

— El área de la base del prisma coincide con el área de la base del cilindro.

Por lo tanto, tenemos:

$$V_{cilindro} = V_{prisma} = A_{base} \cdot h$$

El **volumen** de un **cilindro** de altura h y de radio r es igual al producto del área de su base por su altura.

$$\mathbf{V_{cilindro} = A_{base} \cdot h = \pi r^2 \cdot h}$$

A partir de dos rectángulos iguales, de 12 x 16 cm construye las superficies laterales de dos cilindros distintos.

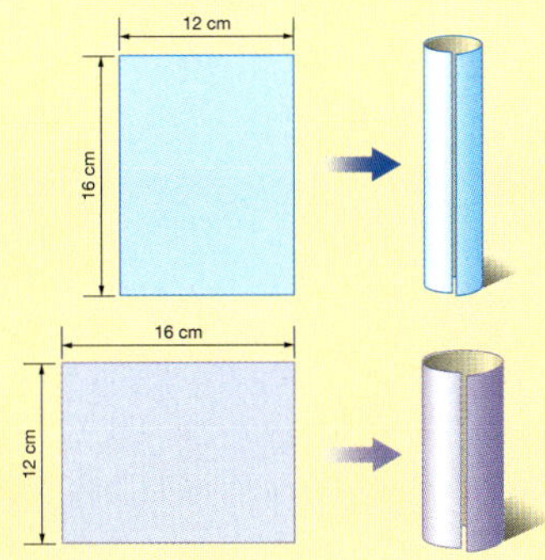

- ¿Cuál de los dos cilindros podría contener mayor cantidad de palomitas?
- Comprueba tu respuesta a partir de la fórmula del volumen del cilindro.

Ejemplo 8

Calcula el volumen de este bidón. ¿Con cuántos litros de agua podemos llenarlo?

COMPRENSIÓN: Este bidón tiene forma de cilindro. Para calcular su volumen, multiplicaremos el área de la base por la altura y para obtener los litros de agua que puede contener, transformaremos las unidades de volumen (m^3) en unidades de capacidad (L).

RESOLUCIÓN

— Calculamos el volumen del bidón.

- Hallamos el área de la base: $A_{base} = \pi \cdot 0{,}52 = 0{,}79$
- Multiplicamos el área de la base por la altura:

$$V_{cilindro} = A_{base} \cdot h = 0{,}79 \cdot 1{,}6 = 1{,}26$$

El volumen del bidón es de 1,26 m^3.

— Calculamos ahora la capacidad del bidón en litros. Para pasar de metros cúbicos a litros, debemos multiplicar por 1 000; es decir, 1 m^3 = 1 kL = 1 000 L:

$$1{,}26 \text{ m}^3 = 1{,}26 \text{ kL} = 1\,260 \text{ L}$$

Podemos llenar el bidón con 1 260 L de agua.

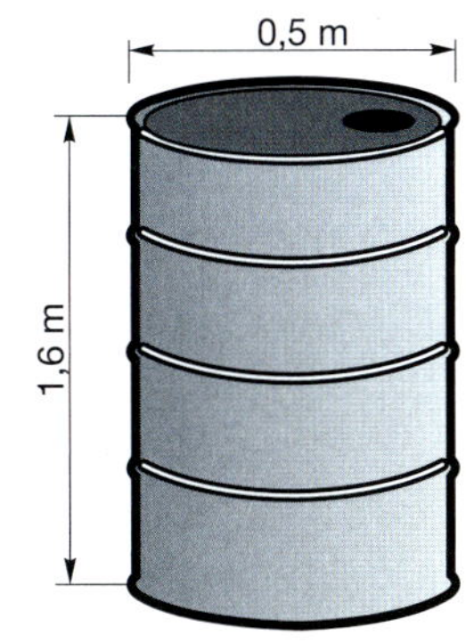

Actividades

25. Calcula el volumen de esta taza de café con leche. ¿Cuántos mililitros de café con leche se necesitan para llenar la taza totalmente y sin derramarlos?

26. ¿Cuál es el volumen de un cilindro, formado a partir de la rotación de un rectángulo de área 32 cm2 y con uno de los lados de 4 cm?

27. Calcula el volumen de un cilindro de 8 cm de altura cuya área lateral es igual al área de su base.

En el siguiente vídeo se demuestra experimentalmente la relación entre los volúmenes de un cilindro y un cono de igual base y altura.

http://links.edebe.com/rqm7j

- ¿Sabrías deducir la fórmula del volumen de un cono?

Cono

Consideremos ahora un cono de altura h y de radio r.

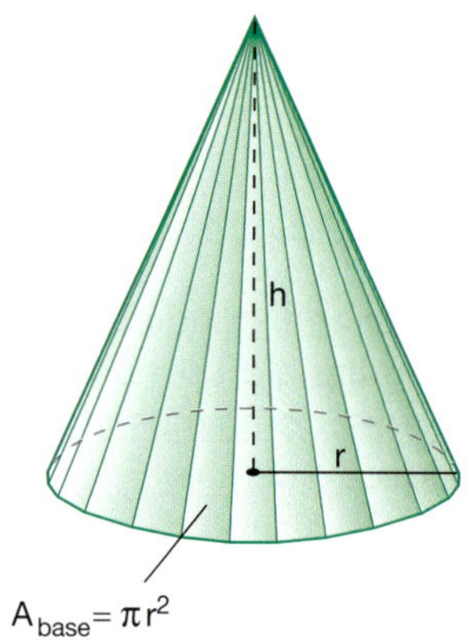

Podemos imaginar el cono como una pirámide regular de un número elevado de caras, como muestra la figura. Entonces se cumple:

— La altura de la pirámide h coincide con la altura del cono.

— El área de la base de la pirámide coincide con el área de la base del cono.

Por lo tanto, tenemos:

$$V_{cono} = V_{pirámide} = \frac{A_{base} \cdot h}{3}$$

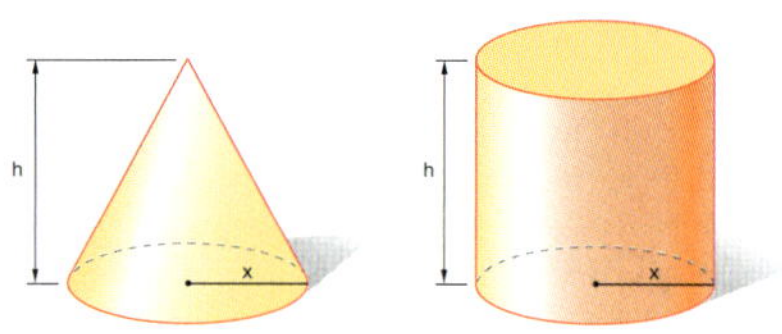

El **volumen** de un **cono** de altura h y de radio r es igual a un tercio del producto del área de su base por su altura.

$$V_{cono} = \frac{A_{base} \cdot h}{3} = \frac{\pi r^2 \cdot h}{3}$$

Ejemplo 9

Calcula el volumen del cono de la derecha.

COMPRENSIÓN: Para obtener el volumen del cono, hemos de calcular el área del círculo que forma la base y multiplicarla por un tercio de la altura.

— Hallamos el área de la base: $A_{base} = \pi \cdot 5^2 = 78,5$

— Aplicamos la fórmula anterior para obtener el volumen del cono.

$$V_{cono} = \frac{A_{base} \cdot h}{3} = \frac{78,5 \cdot 7,2}{3} = 188,4$$

Por lo tanto, el volumen del cono es de 188,4 cm^3.

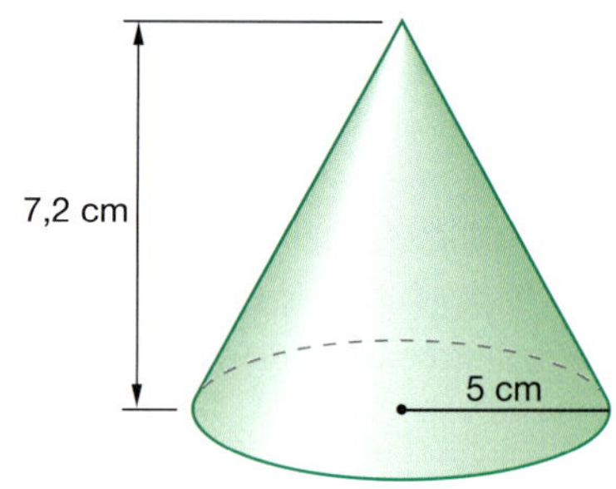

Actividades

28. Calcula el volumen de cada uno de estos conos:

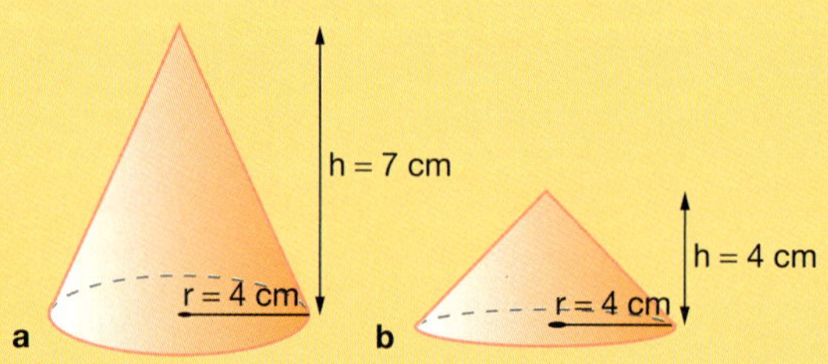

29. Al girar dos triángulos rectángulos alrededor del cateto menor, se obtienen dos conos. Calcula los volúmenes de ambos si la razón de semejanza de los dos triángulos es $\frac{3}{4}$ y uno de los catetos y la hipotenusa del triángulo pequeño miden 6 cm y 10 cm, respectivamente.

30. Un cilindro y un cono tienen la misma base y la misma altura. Obtén la relación que satisfacen sus volúmenes y, a continuación, responde:

a) Si el volumen del cono es de 90 cm^3, ¿cuál será el volumen del cilindro con la misma base y altura que las del cono?

b) Si el volumen del cilindro es de 45 cm^3, ¿cuál será el volumen del cono con la misma base y altura que las del cilindro?

31. ¿Cuál es el volumen de un cono de 8 cm de altura cuya base es una circunferencia de perímetro 24 cm?

— ¿Cuántos litros de agua cabrían en una copa que tuviera la forma de ese cono?

Esfera

A continuación, consideraremos una esfera de radio *r*.

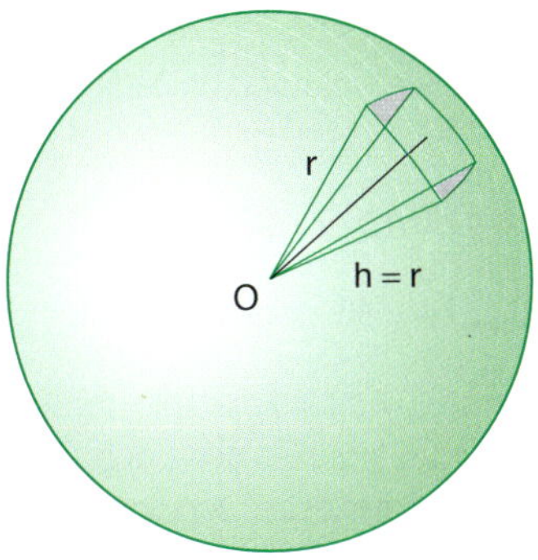

Para determinar el volumen, consideraremos la esfera formada por un gran número de pirámides, con vértice en el centro de la esfera y altura igual al radio de esta. Entonces, se cumple:

— El volumen de cada una de las pirámides es:

$$V_{pirámide} = \frac{A_{base} \cdot r}{3}$$

— El volumen de la esfera es la suma de los volúmenes de las pirámides que la forman.

$$V_{esfera} = V_1 + V_2 + ... \frac{A_{b1} \cdot r}{3} + \frac{A_{b2} \cdot r}{3} + ... = \frac{(A_{b1} + A_{b2} + ...) \cdot r}{3}$$

— El área de la esfera es igual a la suma de las bases de todas las pirámides que la forman.

$$V_{esfera} = \frac{1}{3} \cdot r \cdot (A_{b1} + A_{b2} + ...) = \frac{1}{3} \cdot r \cdot 4\pi r^2 = \frac{4}{3} \pi r^3$$

El **volumen** de una **esfera** de radio r es igual a cuatro tercios del producto del número π por el radio al cubo.

$$V_{esfera} = \frac{4}{3}\pi r^3$$

@

En los siguientes vídeos se demuestra experimentalmente la relación entre los volúmenes de un cilindro y un cono con una esfera de iguales diámetros y alturas

http://links.edebe.com/miwtd7

http://links.edebe.com/7cy8ak

- ¿Sabrías deducir, en cada caso, la fórmula del volumen de una esfera?

Ejemplo 10

Calcula el volumen de este depósito.

COMPRENSIÓN: Como el depósito de la figura tiene forma de esfera, aplicamos la fórmula de la esfera para obtener su volumen.

RESOLUCIÓN

— Aplicamos la fórmula del volumen de la esfera.

$$V_{esfera} = \frac{4}{3}\pi r^3 = \frac{4}{3}\pi 5^3 = 523,33$$

Por lo tanto, el volumen del depósito es de 523,33 m^3.

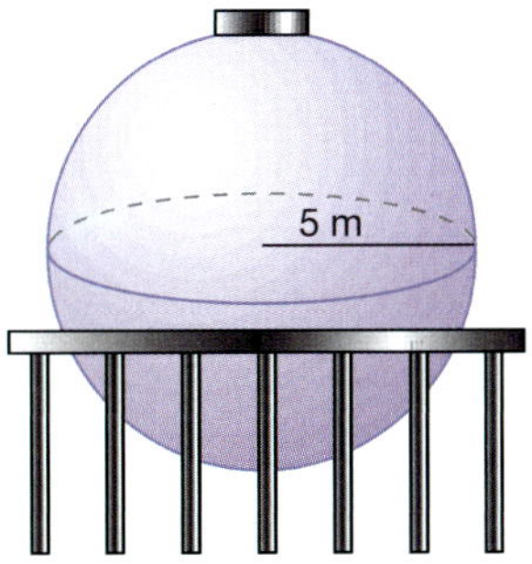

Actividades

32. Calcula los volúmenes de estas figuras:

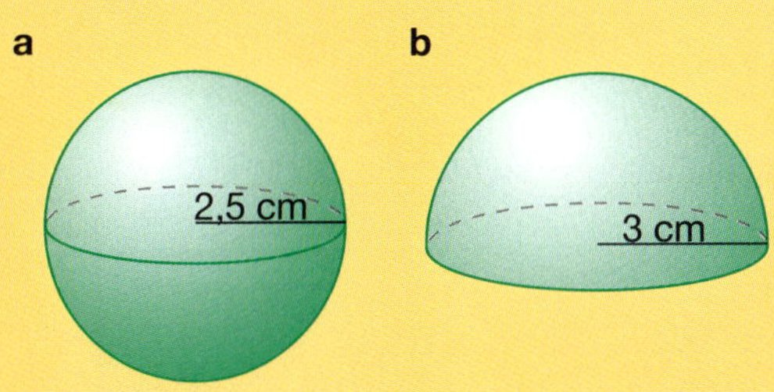

33. Calcula el volumen que se obtiene al hacer girar una circunferencia de 8 cm de diámetro alrededor de uno de sus diámetros.

34. Calcula el volumen de la figura siguiente:

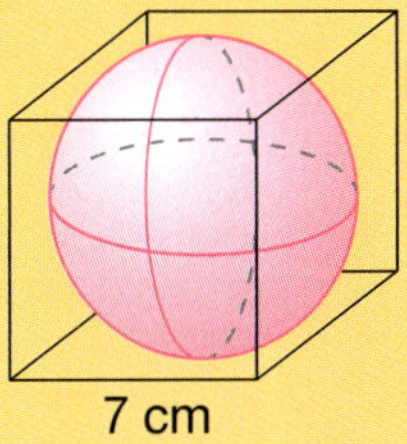

35. ¿Cuál es la razón entre los volúmenes de un cilindro de altura y radio r, y una esfera de radio r inscrita en él?

2.3. Volúmenes de cuerpos compuestos

Podemos calcular el volumen de un cuerpo geométrico compuesto dividiéndolo en cuerpos geométricos de los que sepamos calcular sus volúmenes.

Ejemplo 11

Calcula el volumen de este cuerpo geométrico.

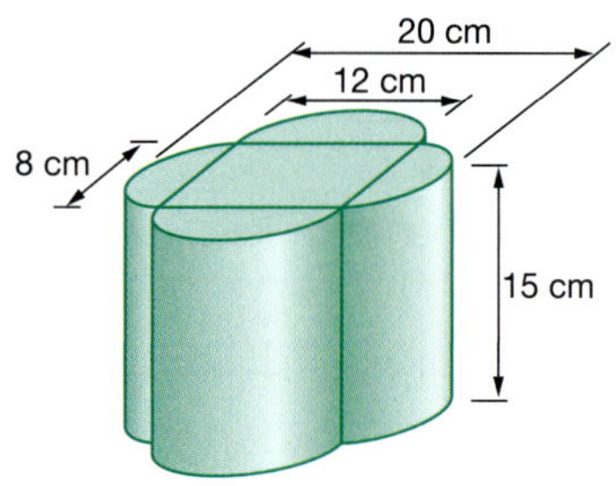

COMPRENSIÓN: Esta figura puede descomponerse en un prisma y cuatro semicilindros iguales dos a dos. Calculamos, por separado, el volumen de cada uno de los cuerpos geométricos y los sumamos.

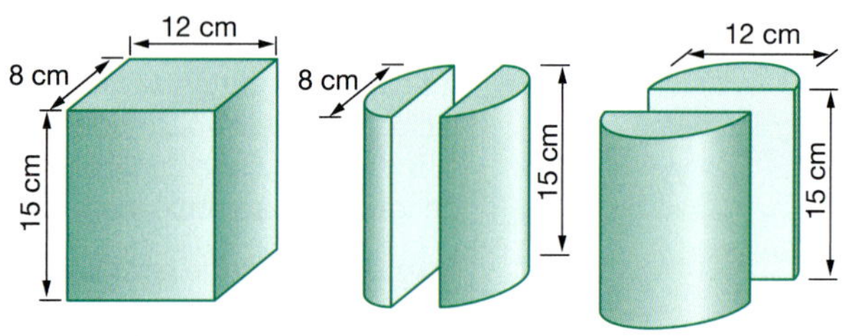

RESOLUCIÓN:

— Calculamos las áreas de las bases y el volumen de cada una de las figuras:

- Área de la base del prisma: $A_{base} = 12 \cdot 8 = 96$
- Volumen del prisma: $V_p = A_{base} \cdot h = 96 \cdot 15 = 1\,440$
- Áreas de las bases de los cilindros. En este ejemplo, tenemos cuatro cilindros partidos por la mitad iguales dos a dos, que es lo mismo que tener dos cilindros cuyas bases son dos círculos de radios 4 cm y 6 cm.

$$A_{base1} = \pi \cdot r_1{}^2 = \pi \cdot 4^2 = 50,3$$

$$A_{base2} = \pi \cdot r_2{}^2 = \pi \cdot 6^2 = 113,1$$

- Volúmenes de los cilindros.

$$V_{c2} = A_{base\,1} \cdot h = 50,3 \cdot 15 = 754,5$$

$$V_{c1} = A_{base\,2} \cdot h = 113,1 \cdot 15 = 1\,696,5$$

— Finalmente, obtenemos el volumen de la figura.

$$V = V_p + V_{c1} + V_{c2} = 1\,440 + 754,5 + 1\,696,5 = 6\,891$$

El volumen de la figura es de 6 891 cm^3.

Actividades

36. Calcula los volúmenes de los siguientes cuerpos geométricos:

a

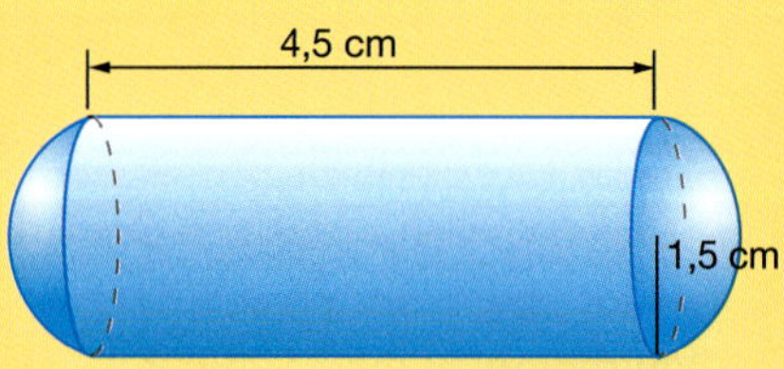

b

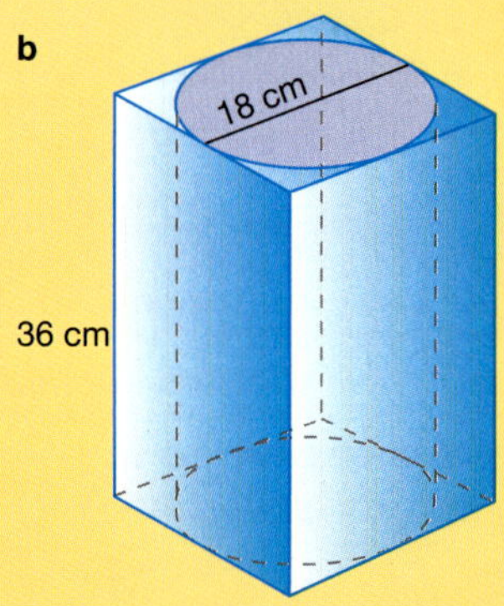

c

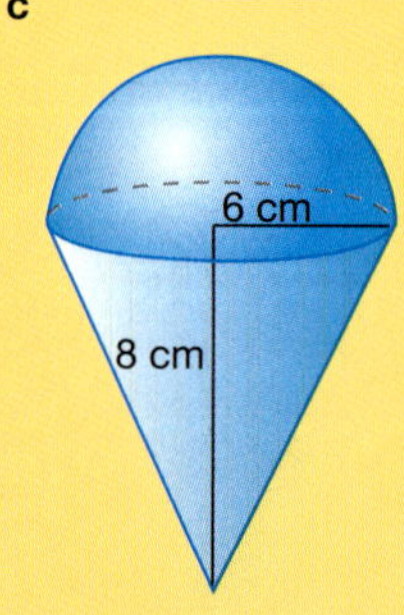

d

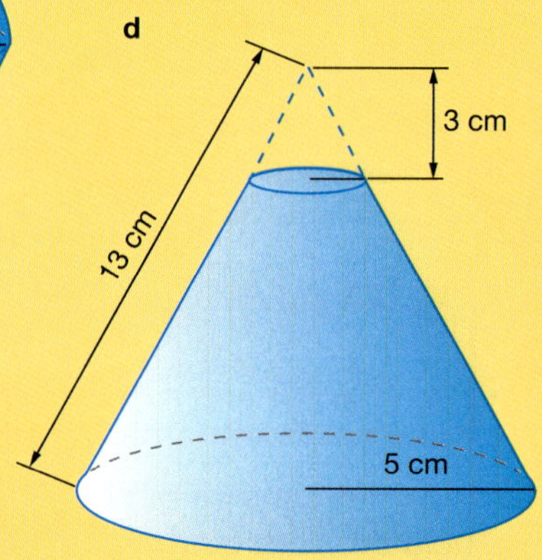

2.4. Estimación de volúmenes

Para hallar los volúmenes de los cuerpos geométricos, se realizan mediciones de las dimensiones del objeto y los valores obtenidos se sustituyen en la fórmula con la que podemos calcular el volumen del cuerpo correspondiente.

Es posible que queramos conocer el volumen de un objeto y no dispongamos de instrumentos para tomar sus medidas y poder calcularlo.

En estos casos llevaremos a cabo una **estimación del volumen,** que consiste en hallar un valor aproximado del volumen que queremos calcular.

A continuación, te presentamos una serie de estrategias, que pueden resultarte útiles a la hora de efectuar una estimación.

Estrategia	Descripción	Ejemplo
Estimación de longitudes y aplicación de fórmulas	Usamos estrategias de longitud para estimar las dimensiones del cuerpo geométrico y aplicamos fórmulas para obtener el volumen.	Para obtener el volumen de una caja, estimamos sus dimensiones y aplicamos la fórmula del volumen de un prisma. 
Adición repetida	Rellenamos mentalmente el volumen que vamos a medir con la unidad de medida elegida y contamos el número de veces que está contenida.	Para medir el volumen de un muro, estimamos el volumen de un ladrillo y contamos el número de ladrillos que lo forman. 
Reestructuración	Separamos una parte del objeto y la unimos en otro lugar para obtener un volumen más fácil de calcular.	Transformamos estas dos semiesferas en una única esfera. 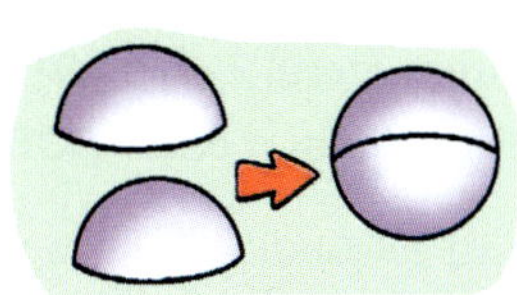

Actividades

37. Cita tres objetos que midan aproximadamente 1 dm^3.

38. Explica cómo darías una estimación del volumen de varias cajas de diferentes tamaños apiladas y del volumen de un depósito cilíndrico.

39. Estima la medida del volumen del libro de matemáticas y del área de la pizarra de tu clase realizando únicamente estimaciones de longitud.

40. Estima el volumen de una estantería basándote en el volumen de los libros que contenga.

3. Cálculo de áreas y volúmenes con GeoGebra

Para calcular el área o el volumen de un cuerpo geométrico, hemos de activar la Vista 3D. Podemos seleccionar *Gráficos 3D* desde la Vista Algebraica o haciendo clic en la ventana *Vista à Vista Gráfica 3D.*

3.1. Cálculo de áreas y volúmenes de poliedros

Nos ayudaremos de la Vista Cálculo Simbólico (CAS) y Vista Algebraica para calcular el área y/o el volumen de un poliedro construido en la Vista 3D.

Procedimiento	Construcción de un cubo
Dibujamos en la Vista Gráfica un polígono regular con la herramienta *Polígono regular* 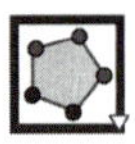.	En nuestro caso, dibujamos en la Vista Gráfica un cuadrado. Vemos que el cuadrado también aparece en la Vista Gráfica 3D. 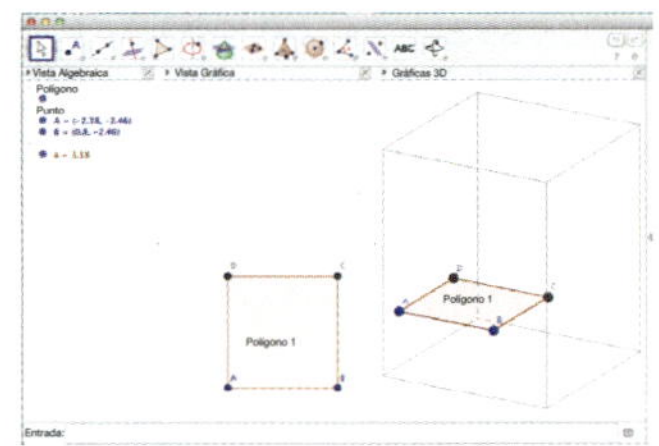
Dibujamos en la Vista 3D un poliedro con la herramienta correspondiente. 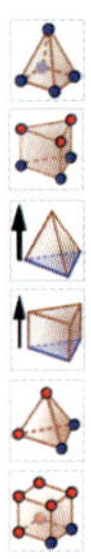 Pirámide Prisma Pirámide o Cono desde su base Prisma o Cilindro desde su base Tetraedro regular Cubo	Construimos un cubo haciendo clic en la herramienta *Cubo* 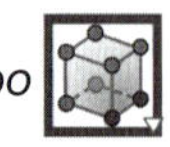 y en dos de los vértices del cuadrado. Observamos como en la Vista Algebraica, en la opción *Cuadrilátero,* aparecen todas las caras del cubo junto con su área y, en la opción *Cubo,* aparece el nombre de la variable junto con el valor de su volumen. 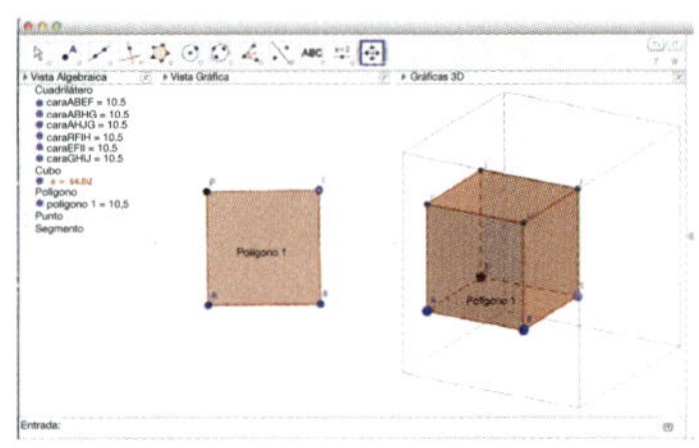
Escribimos en la Vista Cálculo Simbólico (CAS) las fórmulas correspondientes al área lateral, al área total y al volumen del poliedro y las arrastramos a la Vista Algebraica.	Para calcular el área lateral de un cubo, multiplicaremos el área de una de sus caras por 4. En el caso del área total, multiplicaremos el área de una de sus caras por 6. **ÁreaLateral = caraABCD*4** **ÁreaTotal = caraABCD*6** El volumen ya está indicado en la variable *Cubo.* Únicamente tenemos que asignar a la variable Volumen el valor de *b.* **Volumen = b** 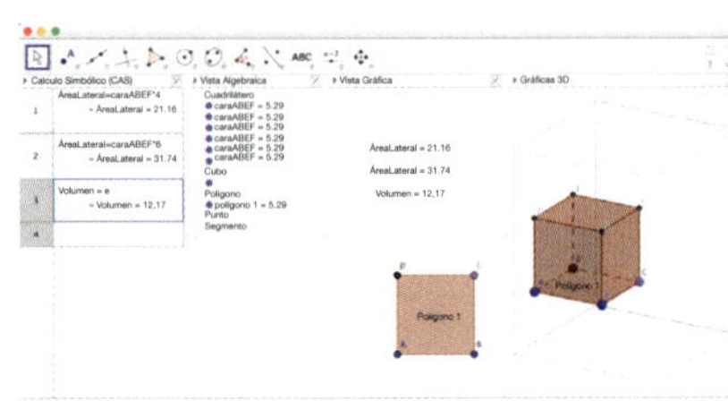

Actividades

41. Construye, con el programa informático de que dispongas, una pirámide regular hexagonal y calcula el área lateral, el área de las bases, el área total y su volumen.

— Comprueba, aplicando manualmente las fórmulas, que el resultado indicado en la Vista Cálculo Simbólico es el correcto.

3.2. Cálculo de áreas y volúmenes de cuerpos de revolución

Al igual que para el cálculo de áreas y volúmenes de poliedros, nos ayudaremos de la Vista Cálculo Simbólico (CAS) y Vista Algebraica para calcular el área y/o el volumen de un cuerpo geométrico construido en la Vista 3D.

<table>
<tr><th>Procedimiento</th><th>Construcción de un cubo</th></tr>
<tr><td>Dibujamos en la Vista Gráfica un círculo con la herramienta Circunferencia (centro, radio) o con la herramienta Circunferencia (centro, punto).</td><td rowspan="2">Dibujamos en la Vista Gráfica un círculo con la herramienta Circunferencia (centro, radio). Vemos que el círculo también aparece en la Vista Gráfica 3D.
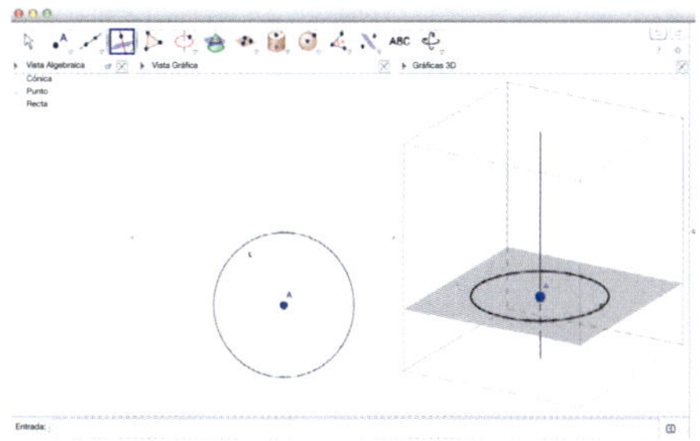</td></tr>
<tr><td>Para construir un cilindro o un cono, hacemos clic en la herramienta Perpendicular, en el centro del círculo y en el plano indicado en la Vista Gráfica 3D.</td></tr>
<tr><td>Dibujamos en la Vista 3D un cuerpo de revolución (cilindro, cono o esfera) con la herramienta correspondiente.
 Cono
 Cilindro
 Esfera dado su centro y un punto
 Esfera dado su centro y su radio</td><td>Construimos un cilindro haciendo clic en la herramienta Cilindro, en el centro del círculo y en otro punto de la recta perperdicular. Nos aparecerá una ventana donde indicaremos el mismo radio del círculo que habíamos indicado en la Vista Gráfica.
Observamos cómo en la Vista Algebraica, en la opción Superficie, aparece indicada el área lateral del cilindro y, en la opción Cilindro, aparece el volumen de este.
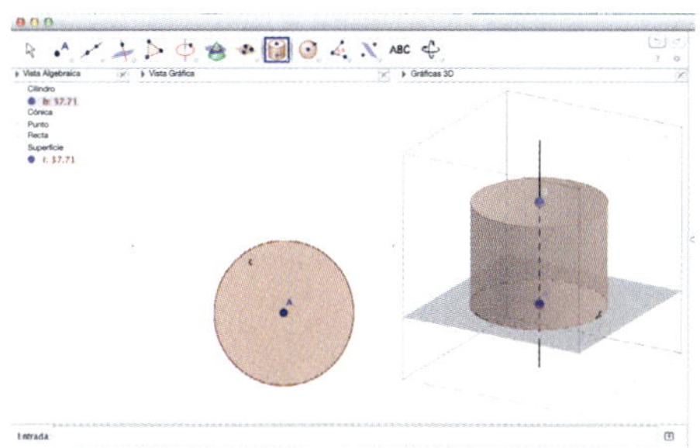</td></tr>
<tr><td>Escribimos en la Vista Cálculo Simbólico (CAS) las fórmulas correspondientes al área lateral, al área total y al volumen del cuerpo de revolución y las arrastramos a la Vista Algebraica.</td><td>Para calcular el área total de un cilindro, sumaremos al área lateral las dos áreas de las bases.
ÁreaLateral = f
ÁreaTotal = f + 2* π *r*r
El volumen ya está indicado en la variable Cilindro.
Únicamente tenemos que asignar a la variable Volumen el valor de b.
Volumen = b
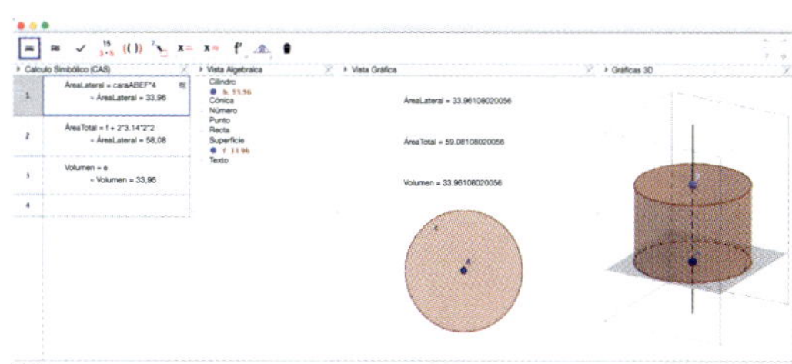</td></tr>
</table>

Actividades

42. Construye, con el programa informático de que dispongas, un cono y calcula el área lateral, el área de la base, el área total y su volumen.

— Comprueba, aplicando manualmente las fórmulas, que el resultado indicado en la Vista Cálculo Simbólico es el correcto.

ACTIVIDADES RESUELTAS

ESTRATEGIA: Particularización

En ocasiones, puede ser útil resolver un caso particular más sencillo, que nos proporcione una idea de cómo abordar la resolución del problema general.

Halla la relación que existe entre el volumen de una esfera y el de la esfera que resulta de duplicar el radio de la primera.

Comprender

— ¿Entiendes el enunciado?

— ¿Qué elementos se necesitan parar resolverlo?

— Lee de nuevo el enunciado y plantéate las siguientes cuestiones:

- ¿Qué elementos caracterizan a la esfera?
- ¿Cuál de ellos es relevante para resolver el problema?

Planificar

— Configura un plan para resolver el problema.

Aplicaremos la estrategia de particularización y seguiremos estos pasos:

— Consideraremos una esfera de un radio determinado y la que resulta de duplicar este radio, y calcularemos sus respectivos volúmenes.

— Hallaremos la razón entre sus volúmenes.

— Repetiremos el proceso partiendo de una esfera de radio diferente y, a partir del resultado obtenido, intentaremos extraer alguna pista sobre la naturaleza del problema inicial.

Ejecutar el plan

— Implementa la estrategia elegida.

— Consideramos dos esferas, una de radio 3 cm y otra de radio 6 cm, y calculamos sus volúmenes.

$V_1 = \frac{4}{3}\pi \cdot 3^3 = 36\pi \qquad V_2 = \frac{4}{3}\pi \cdot 6^3 = 288\pi$

— Calculamos la razón entre los volúmenes. $\frac{V_2}{V_1} = \frac{288\pi}{36\pi} = 8$

— Vemos que la razón entre los volúmenes es 8 y comprobamos que también se cumple para esferas de radios 5 cm y 10 cm. A partir de estos casos, intuimos que este resultado puede generalizarse.

— Calculamos la relación anterior para esferas de radios r y $2r$.

$$\frac{V_2}{V_1} = \frac{\frac{4}{3}\pi \cdot (2r)^3}{\frac{4}{3}\pi \cdot r^3} = \frac{\cancel{\frac{4}{3}}\cancel{\pi} \cdot 8\cancel{r^3}}{\cancel{\frac{4}{3}}\cancel{\pi} \cdot \cancel{r^3}} = 8$$

— Por lo tanto, la relación que existe entre los volúmenes de una esfera y la esfera que resulta de duplicar el radio es 2^3.

Revisar

— ¿Cómo puedes comprobar la solución?

Comprueba que el resultado al que hemos llegado se mantiene para unos cuantos casos particulares.

Actividades

43. ¿Qué relación satisfacen el volumen de un cilindro y el volumen del cilindro que resulta al triplicar la altura y el radio del cilindro inicial?

44. ¿Qué relación satisfacen el volumen de un cuerpo y el volumen del cuerpo geométrico que resulta al multiplicar las dimensiones del primero por una constante k?

— Relaciónalo con la razón de semejanza.

ÁREA DE CUERPOS GEOMÉTRICOS

Es la medida de la superficie que los delimita.

calculamos

Áreas de poliedros

Poliedros regulares

- Tetraedro — $A = \sqrt{3}\ a^2$
- Hexaedro o cubo — $A = 6a^2$
- Octaedro — $A = 2\sqrt{3}\ a^2$
- Dodecaedro — $A = 30 \cdot a \cdot ap$
- Icosaedro — $A = 5\sqrt{3}\ a^2$

Poliedros no regulares

- Prisma — $A_{total} = A_{lateral} + 2 \cdot A_{base}$
- Pirámide — $A_{total} = A_{lateral} + A_{base}$

Áreas de cuerpos de revolución

- Cilindro — $A_{total} = 2\,\pi\, r \cdot (g + r)$
- Cono — $A_{total} = \pi\, r \cdot (g + r)$
- Esfera — $A_{esfera} = 4\,\pi\, r^2$

Áreas de cuerpos compuestos

Descomposición del cuerpo en otros más sencillos de los que sepamos calcular el área.

VOLUMEN DE CUERPOS GEOMÉTRICOS

Es la medida del espacio que ocupan

Volúmenes de poliedros

- Prisma — $V_{prisma} = A_{base} \cdot h$
- Pirámide — $V_{pirámide} = \dfrac{A_{base} \cdot h}{3}$

Volúmenes de cuerpos de revolución

- Cilindro — $V_{cilindro} = \pi\, r^2\, h$
- Cono — $V_{cono} = \dfrac{\pi \cdot r^2 \cdot h}{3}$
- Esfera — $V_{esfera} = \dfrac{4}{3}\pi\, r^3$

Volúmenes de cuerpos geométricos

Descomposición del cuerpo en otros más sencillos de los que sepamos calcular el volumen.

Actividades finales

45. ★☆☆ Halla el área de la superficie coloreada de la siguiente figura:

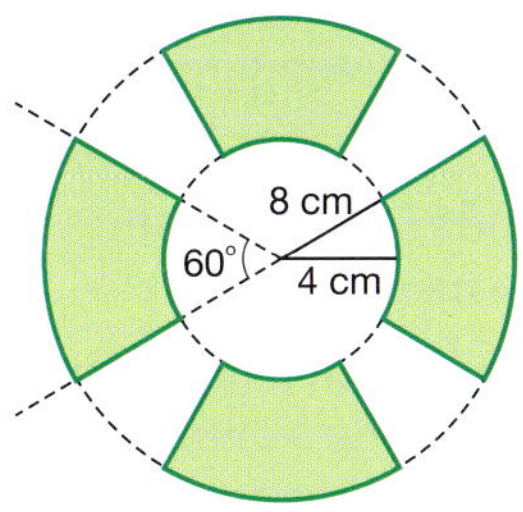

46. ★☆☆ Se corta la parte superior de un tronco de madera de 40 cm de largo para convertirlo en un pequeño banco. ¿Qué superficie plana tendrá el asiento?

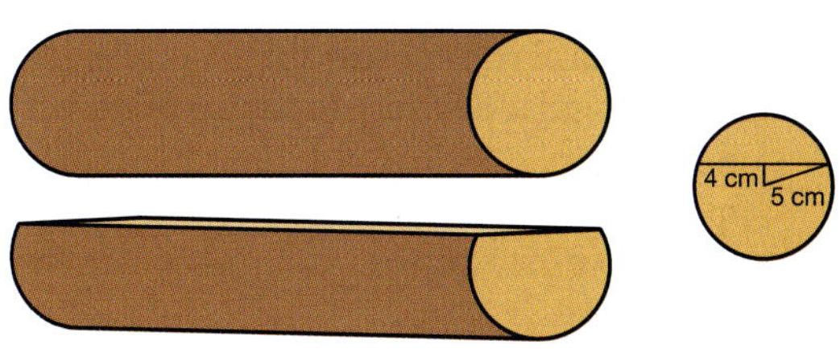

Actividades finales

47. ★☆☆ Halla el área de un tetraedro de 10 cm de arista.

48. ★☆☆ Calcula mentalmente el área de un cubo de 5 cm de arista y las áreas del tetraedro, del octaedro y del icosaedro formados por triángulos de 12 cm^2 de superficie.

49. ★★☆ La suma de todas las aristas de un icosaedro es 75 cm. Halla el área de este icosaedro.

50. ★★☆ Halla la altura del prisma regular recto que cumple las siguientes condiciones:

— La base es un cuadrado de 5 cm de lado.

— $\dfrac{A_{lateral}}{A_{base}} = \dfrac{16}{21}$

51. ★★★ ¿Cuál es la altura de un cilindro cuya área lateral es de 80 cm^2 y el radio de la base mide 4 cm?

52. ★★★ Calcula las áreas de estos cuerpos geométricos:

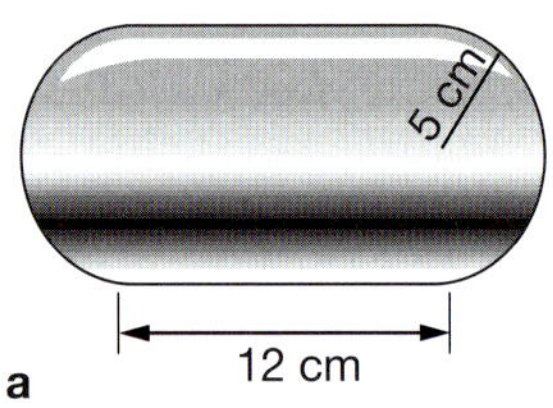

a

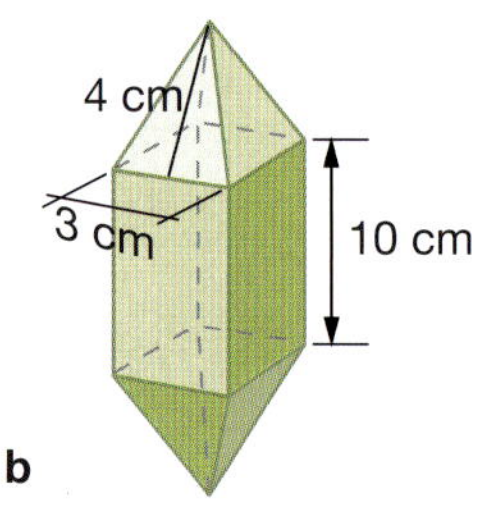

b

53. ★★★ Calcula el área total de este mueble:

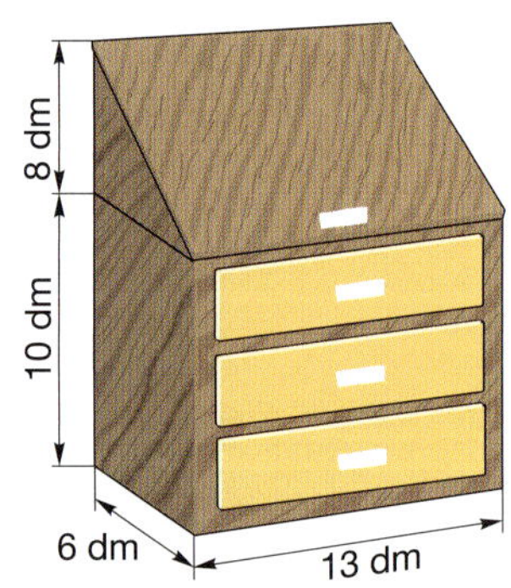

Volúmenes de cuerpos geométricos

54. ★☆☆ Un paralelepípedo de 5 m de altura tiene las bases en forma de rombo cuyas diagonales miden 3 cm y 8 cm. Calcula su volumen.

55. ★☆☆ Halla el volumen de un prisma regular recto de base cuadrangular cuya arista básica mide 4 cm y cuya altura mide 6 cm, y el de una pirámide regular cuadrangular que tiene la misma arista básica y la misma altura. ¿Qué relación existe entre el volumen del prisma y el de la pirámide?

56. ★★☆ Contesta a las siguientes preguntas:

a) ¿Cuál es el volumen de un ortoedro de dimensiones 2 cm × 3 cm × 5 cm? ¿Y el de un ortoedro de dimensiones 12 cm × 18 cm × 30 cm?

b) ¿Cuántos ortoedros de dimensiones 2 cm × 3 cm × 5 cm caben en un ortoedro de dimensiones 12 cm × 18 cm × × 30 cm?

c) ¿Qué relación hay entre el volumen de ambos ortoedros?

57. ★★★ Halla el volumen de este cuerpo geométrico:

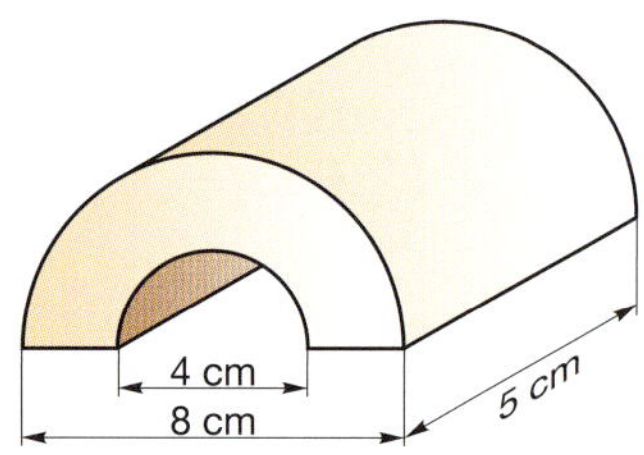

58. ★★★ Se une, a cada una de las caras de un cubo de 5 cm de arista, una pirámide regular de 6 cm de altura. Halla el volumen del cuerpo geométrico que se ha formado.

Áreas y volúmenes con ordenador

59. ★☆☆ Construye y calcula, con el programa informático de que dispongas, el área de un cubo de 4 cm de arista.

60. ★★☆ Construye, con el programa GeoGebra, un tetraedro regular si sabemos que el perímetro de sus caras es 15 cm.

61. ★★☆ Determina, con el programa GeoGebra, el volumen de un prisma pentagonal recto de 4,6 cm de altura y 4 cm de arista básica.

62. ★★★ Con la ayuda del programa informático de que dispongas, calcula el área de una pirámide hexagonal regular recta de 5,5 cm de altura y 3 cm de arista básica.

Problemas

63. ★☆☆ Formad grupos de tres componentes y aplicad la técnica cooperativa El número a la siguiente actividad:

— Elegid un objeto cuya forma se haya estudiado a lo largo de la unidad.

— Medid las dimensiones del objeto necesarias para, posteriormente, calcular su área y su volumen.

— Preparad una presentación que incluya una fotografía del objeto, sus dimensiones y los cálculos de cómo obtener su área y su volumen.

— Cada uno de los alumnos y alumnas de la clase recibe un número.

— El profesor o profesora extraerá un número al azar, y el alumno o alumna que lo tenga explicará la demostración al resto de la clase.

64. ★☆☆ Disponemos de 8 dm^2 de papel para forrar una caja cuya forma es la de un ortoedro de 15 cm × 10 cm de base y 8 cm de altura. ¿Qué cantidad de papel sobrará?

65. ★☆☆ Las dimensiones de un ortoedro son tres números enteros consecutivos que suman 27. Halla el área total y el volumen del ortoedro.

66. ★☆☆ En grupos, aplicad la **destreza de pensamiento** *Compara y contrasta* a estos dos cuerpos geométricos, con ayuda del siguiente organizador gráfico:

CILINDRO **CONO**

¿En qué se parecen?

....

....

¿En qué se diferencian con respecta a...?

.... ← **• Caras** → ....

.... **• Área** ....

.... **• Volumen** ....

Semejanza y diferencias más importantes

....

Conclusión

....

67. ★★☆ Las dimensiones de un ortoedro son proporcionales a 2, 4 y 5, y su suma es 16,5. Halla el área total y el volumen del ortoedro.

68. ★★☆ Un cilindro que tiene una altura igual al doble de su radio recibe el nombre de equilátero. Si la altura de un cilindro equilátero es de 10 cm, ¿cuánto mide su radio?

— Calcula el área total de este cilindro.

— Calcula su volumen.

69. ★★☆ Halla el volumen de este recipiente. ¿Cuántos litros caben?

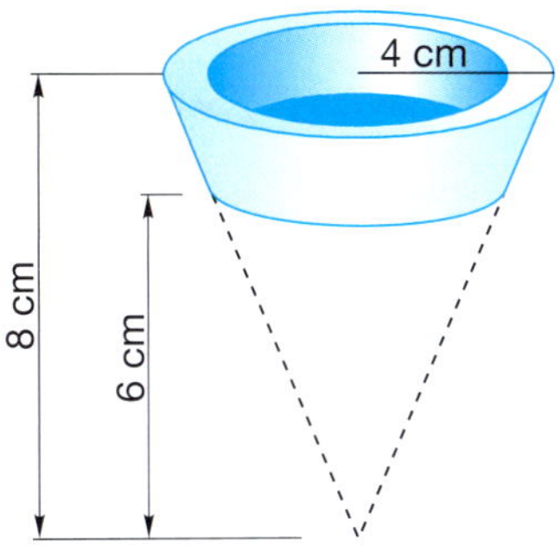

70. ★★☆ Halla la capacidad de la piscina representada en esta ilustración.

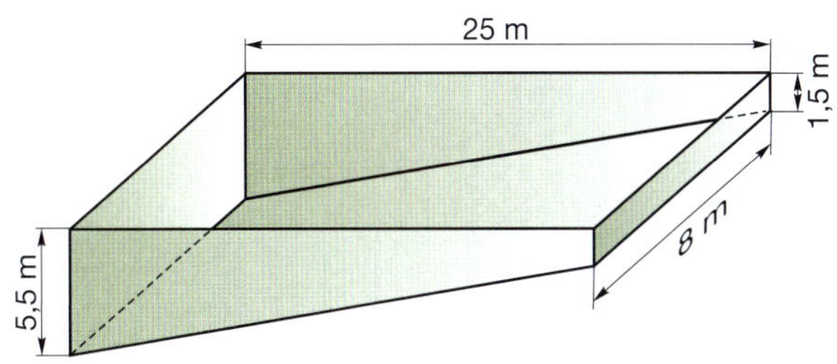

71. ★★☆ Se colocan 12 pelotas de 2,1 cm de radio en una caja cuya forma es la de un ortoedro y cuyas dimensiones son 25,2 cm, 8,4 cm de base y 4,2 cm de altura. Halla el volumen de la parte de la caja que queda libre.

72. ★★☆ Sin hacer ningún cálculo, intenta adivinar cuál de las siguientes figuras tiene más área lateral, más área total y más volumen.

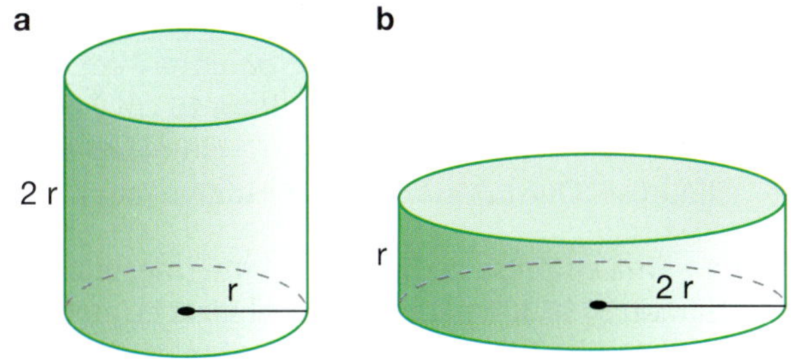

— Realiza los cálculos oportunos y comprueba si has acertado.

Actividades finales

73. ★★☆ Ana y Luis quieren construir una caseta para su perro como la de la ilustración. ¿Cuánta madera necesitan?

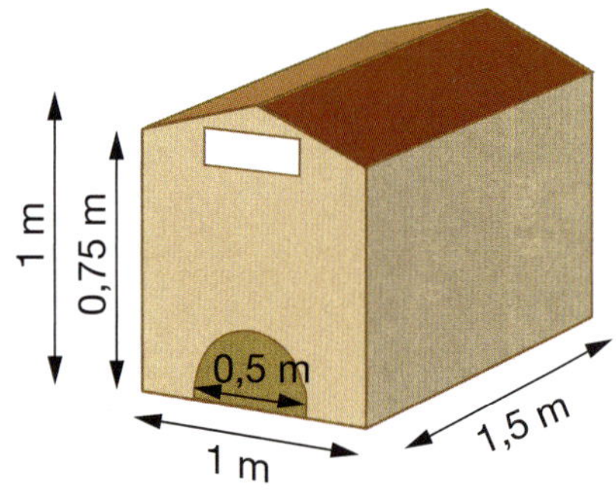

74. ★★☆ Si un bombón tiene un volumen de 15 cm^3, ¿cuál es la máxima cantidad de bombones que caben en esta caja?

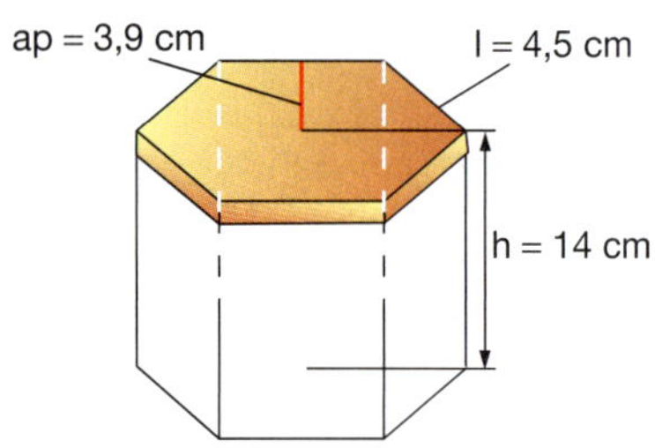

75. ★★☆ Queremos almacenar 6 000 L de gas en un depósito.

a) ¿Cuál será su altura si el depósito es cilíndrico y su diámetro mide 5 m?

b) Si el depósito tiene forma esférica, ¿cuál será su radio?

76. ★★☆ En grupos de tres buscad la medida del radio de los distintos planetas del sistema solar. A partir de aquí, elaborad una tabla que contenga el valor de la superficie y el del volumen de cada uno de ellos, y comparad estos valores con la superficie y el volumen de la Tierra.

77. ★★☆ En grupo buscad información sobre las losetas espaciales y realizad una presentación explicando qué son y como se forman.

78. ★★☆ Con una hoja rectangular de lados 6 cm y 10 cm, podemos formar dos cilindros, uno de altura 6 cm y perímetro de la base 10 cm, y otro de altura 10 cm y perímetro de la base 6 cm. ¿Serán iguales los volúmenes de ambos cilindros? ¿Qué razón habrá entre ambos volúmenes?

79. ★★☆ Una empresa dedicada a la impermeabilización ha cobrado 1 758,30 € para impermeabilizar el interior de un depósito cilíndrico de 4 m de radio y 5 m de altura. ¿Cuánto cobrará por la impermeabilización del interior de un depósito cuya forma es un ortoedro de 3 m × 4 m de base y 5 m de altura?

80. ★★☆ Al cortar una pirámide por un plano paralelo a la base, obtenemos un poliedro que se llama tronco de pirámide. Calcula el área lateral, el área total y el volumen del tronco de pirámide de la figura.

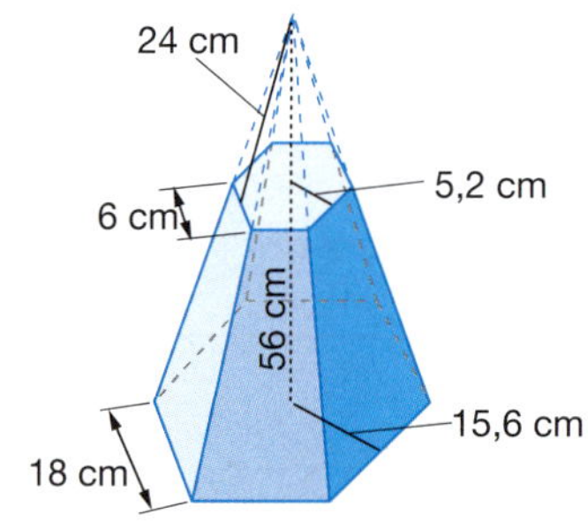

81. ★★☆ Una pelota rueda por el suelo, y cada vez que da una vuelta completa recorre 18,84 cm. Halla el área y el volumen de la pelota.

82. ★★☆ Calcula la altura de este obelisco sabiendo que su área es 288 m^2.

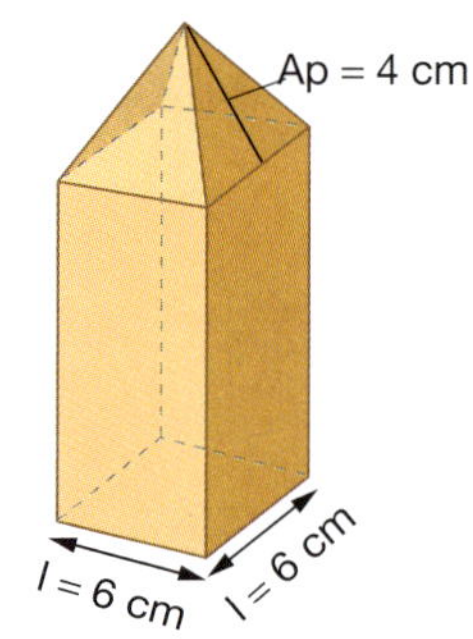

83. ★★☆ Un depósito de forma cilíndrica de 3 dm de radio y 1 m de altura está lleno de agua y se vacía su contenido a otro depósito cilíndrico de mayor altura y de 4 dm de radio. ¿Qué altura alcanzará el agua en este segundo depósito?

84. ★★☆ Tenemos una bañera ortoédrica de 120 cm de largo, 70 cm de ancho y 50 cm de alto. Hemos llenado la bañera hasta una altura de 40 cm. Si sumergimos un cuerpo cuyo volumen es 50 dm^3, ¿rebosará el agua?

— ¿Qué volumen deberá tener el cuerpo para que el agua llegue al límite de la bañera?

85. ★★☆ Calcula el volumen de un prisma hexagonal regular inscrito en un cilindro de 12 cm de diámetro y 15 cm de generatriz.

86. ★★☆ ¿Cuál debe ser el radio de una esfera para que su volumen expresado en centímetros cúbicos sea igual al área de su superficie esférica expresada en decímetros cuadrados?

87. ★★☆ Halla el volumen de un cilindro de 8 cm de radio sabiendo que la razón entre el área lateral y el área de la base es 3.

88. ★★★ ¿Qué superficie de cartulina hay que utilizar para construir una maqueta a escala 1:150 de un edificio como el de la derecha? Utiliza la calculadora para obtener un resultado aproximado.

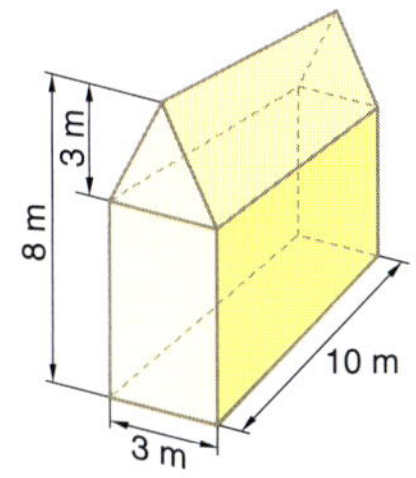

89. ★★★ Un fabricante de adornos navideños quiere diseñar una estrella para el árbol de Navidad. Dicha estrella será un cubo de 3 cm de lado como núcleo de la pieza y, adosada a cada cara, una pirámide de base cuadrada de 4 cm de altura y cuya base encaja con la del cubo. ¿Cuántos gramos pesará la estrella si la densidad del material es de 1,2 g /cm^3?

90. ★★★ Para una fiesta se dispone de tres botellas de litro y medio de refresco de cola. ¿Cuántos vasos como el de la derecha se podrán llenar de refresco?

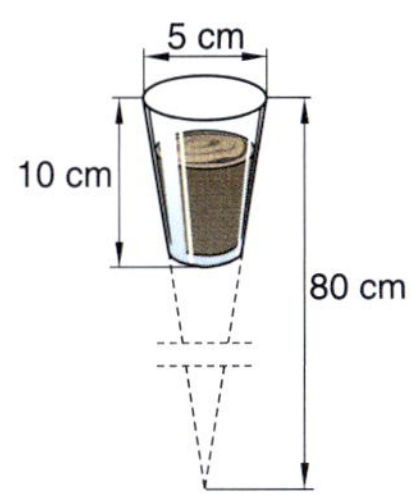

91. ★★★ Unos esquimales van a construir un iglú como este, cuyas paredes tienen un grosor de 25 cm. ¿Cuánto hielo necesitarán?

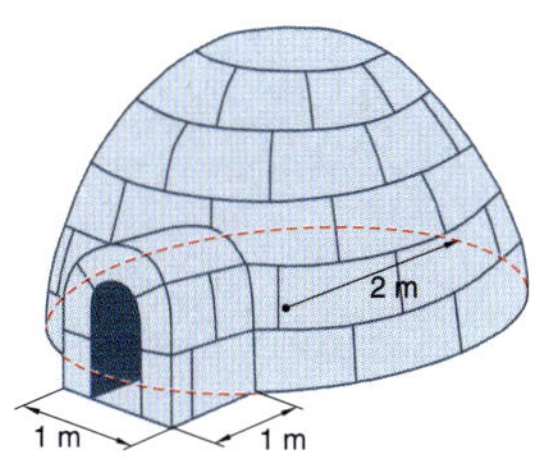

92. ★★★ Considera la siguiente figura, cuyas medidas se expresan en metros, formada por un cilindro y una semiesfera.

a) Calcula su superficie.

b) Halla su volumen.

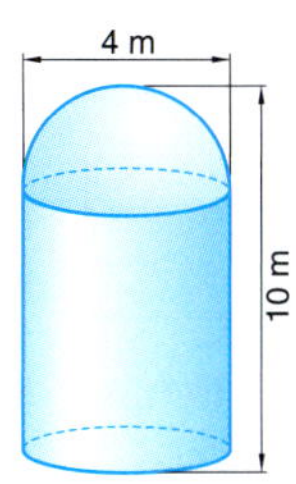

93. ★★★ Calcula la razón entre las superficies de un octaedro de arista a y la máxima esfera inscrita en él.

94. ★★★ La razón entre el diámetro y la altura de un bote de pintura es de dos a tres. Calcula sus dimensiones en centímetros si su volumen total es de 15 dm^3.

95. ★★★ Una bañera ortoédrica de 60 cm de alto, 80 cm de largo y 60 cm de ancho está llena hasta la mitad de su altura. Si se sumergen dentro de la bañera cinco esferas de 10 cm de radio, ¿a qué altura llegará el agua?

96. ★★★ La superficies de un cubo y de un octaedro suman 100. ¿Cuánto miden sus respectivas aristas si la mayor corresponde a la del cubo y la razón entre ellas es 3?

97. ★★★ Dado un cono de 3 m de radio y 5 m de altura, ¿qué área debe tener un cilindro para que tenga la misma altura y el mismo volumen que dicho cono?

98. ★★★ ¿Cuál es la razón de proporcionalidad entre el volumen de un prisma de base cuadrada y el volumen del cilindro inscrito en su interior?

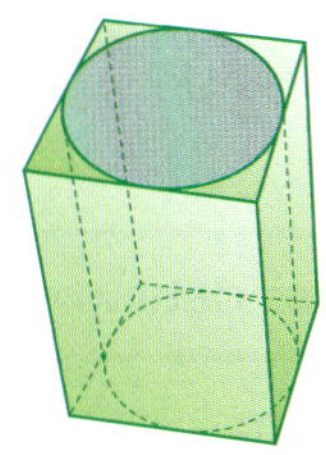

99. ★★★ ¿Qué razón existe entre las apotemas y la arista de un poliedro regular de 12 caras si su superficie es de 240 m2 y su arista mide 4 m?

100. ★★★ Un queso como el de la ilustración se corta en porciones iguales para cinco personas. Si cuatro de ellas ya han comido, ¿qué volumen de queso queda?

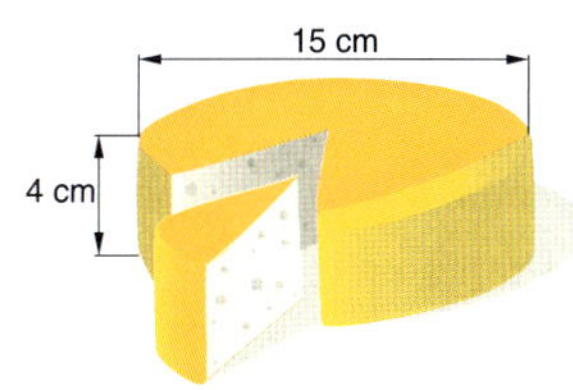

101. ★★★ ¿Qué cantidad de oro se necesita para elaborar este anillo, que dispone de un hueco cilíndrico en la parte superior para engarzar un diamante?

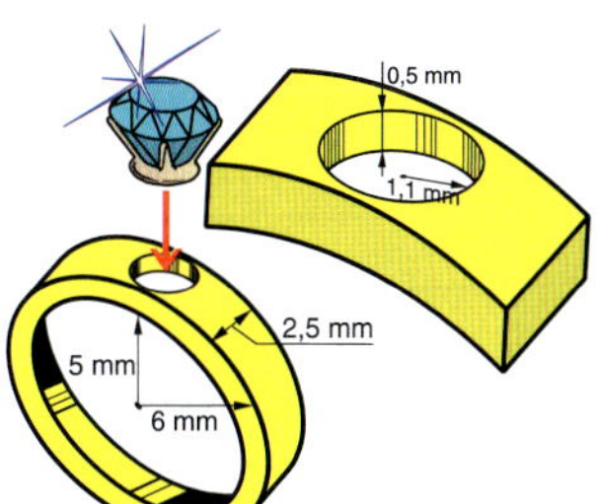

PBL: Construcción de acuarios

PLANTEAMIENTO DEL PROBLEMA

Una empresa que fabrica acuarios de agua dulce y agua salada quiere crear nuevos modelos de tamaños y formas diferentes.

Se os pide vuestra ayuda para llevar a cabo un estudio de los modelos de acuario y materiales disponibles en el mercado y, posteriormente, obtener la capacidad de cada uno de ellos.

RECURSOS

Busca información sobre acuarios y materiales para construirlos. Las siguientes páginas pueden servirte de ayuda.

— Acuarios:

@ **http://links.edebe.com/fenzkm**

— Materiales para construir un acuario:

@ **http://links.edebe.com/she**

— Fórmulas del volumen de los cuerpos geométricos:

@ **http://links.edebe.com/e8ux9e**

@ **http://links.edebe.com/37hj95**

METODOLOGÍA DE TRABAJO

El trabajo se llevará a cabo en grupos de 3 a 5 alumnos. Debéis seguir el siguiente procedimiento:

1.º Análisis y comprensión del problema.

2.º Creación de una tabla en la que señaléis:

— Lo que sabéis. — Lo que necesitáis saber.

3.º Confección de una tabla en la que aparezca el reparto de tareas para cada miembro del grupo y el avance diario de cada una de ellas.

Día	Tarea asignada	Persona asignada
Día 1		
Día 2		
Día 3		

4.º Ejecución del trabajo individual que consistirá en el desarrollo de la tarea asignada.

5.º Reunión y puesta en común de los resultados obtenidos por cada miembro del grupo.

6.º Exposición del trabajo en una presentación en formato digital, vídeo o conferencia.

Cre@ctividad: Áreas y volúmenes con GeoGebra

GeoGebra permite calcular el volumen y el área de cuerpos geométricos a partir de los comandos *Área* y *Volumen* .

Veamos, por ejemplo los pasos para construir un prisma pentagonal regular y calcular su área y su volumen:

1. Activamos las vistas *Vista Gráfica* y *Gráficas 3D*.
2. Dibujamos en la *Vista Gráfica* un pentágono regular mediante el comando *Polígono regular* .
3. A partir del pentágono, dibujamos el prisma mediante la herramienta *Prisma* .

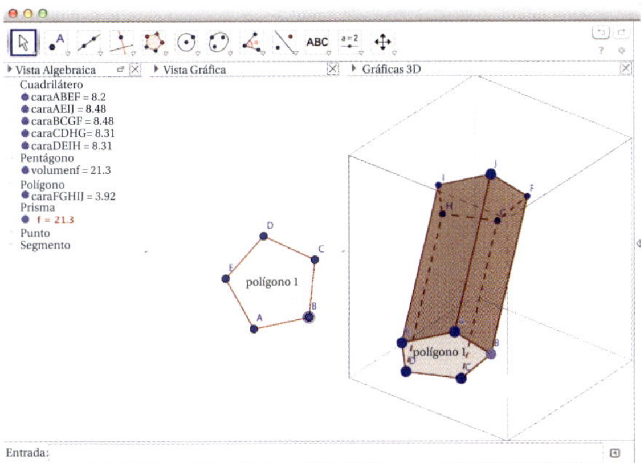

4. Con la herramienta *Área* , podemos seleccionar cualquiera de las caras del prisma y obtener su área.

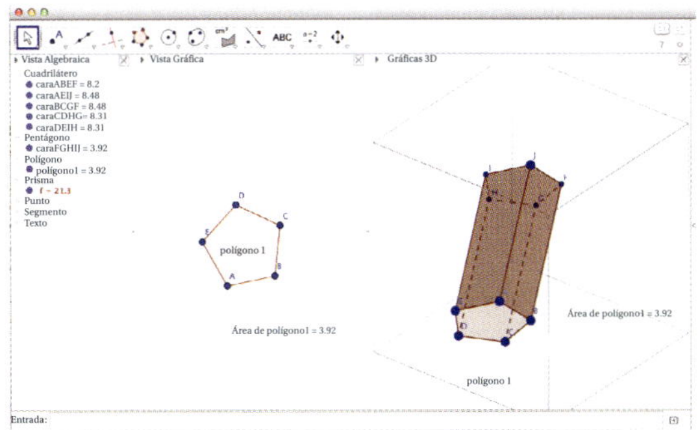

5. Con la herramienta *Volumen* , podemos seleccionar el prisma y obtener su volumen.

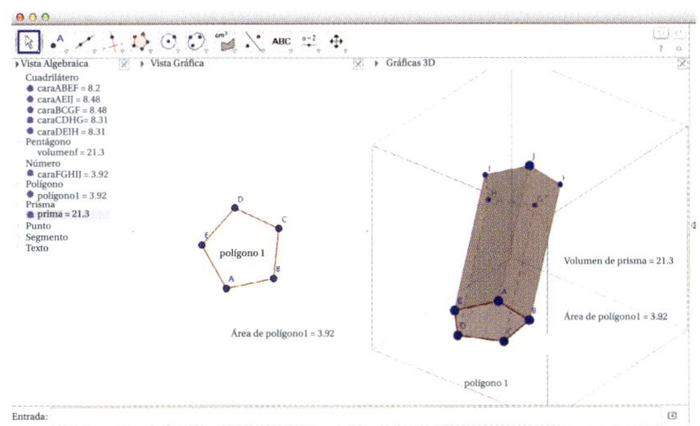

Visión 360°

Para que un animal marino pueda vivir en un acuario, este tiene que cumplir unas mínimas dimensiones.

En grupo buscad información sobre acuarios y animales marinos y responded a las siguientes cuestiones

¿Cuáles deben ser las dimensiones mínimas de un acuario?

¿De qué factores dependerán esas dimensiones?

Proponed un debate en clase sobre las condiciones mínimas que deberían cumplir los acuarios y redactad las conclusiones de dicho debate.

Pon a prueba tus competencias

1. Un bizcocho de cumpleaños tiene la forma que se aprecia en la ilustración.

a) Calcula su volumen.

Uno de los invitados cortó una porción de pastel de 144 cm^3 con forma de prisma y cuya base era un triángulo isósceles.

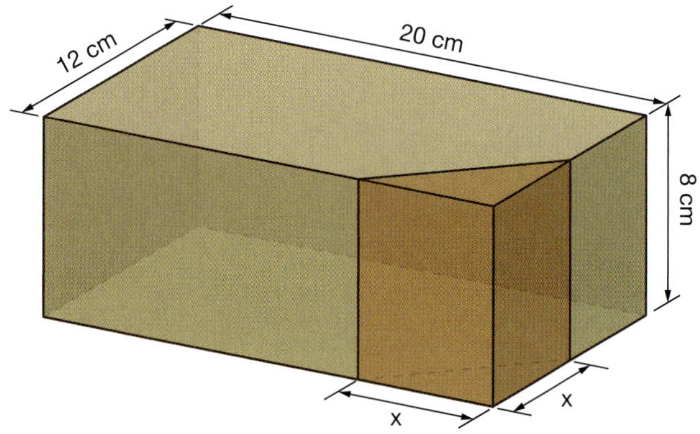

b) Halla las dimensiones de los catetos del triángulo rectángulo que forma la base.

c) Determina la longitud de la medida del corte.

d) ¿Qué porcentaje de bizcocho representa la porción de pastel cortada?

e) ¿Es posible cortar todo el bizcocho en porciones iguales a la anterior?

2. En una ciudad se quiere construir un acuario cilíndrico de 20 m de radio y 10 m de altura, atravesado por un túnel ortoédrico de $1{,}5 \times 2{,}5$ m^2 de sección.

En el acuario vivirán:

- Tres tiburones, que ocupan un volumen de 2,5 m^3 cada uno.
- Ocho tortugas, cada una de las cuales requiere 1 m^3 de volumen.
- Cien cangrejos, ocupando un volumen de 2 dm^3 cada uno.

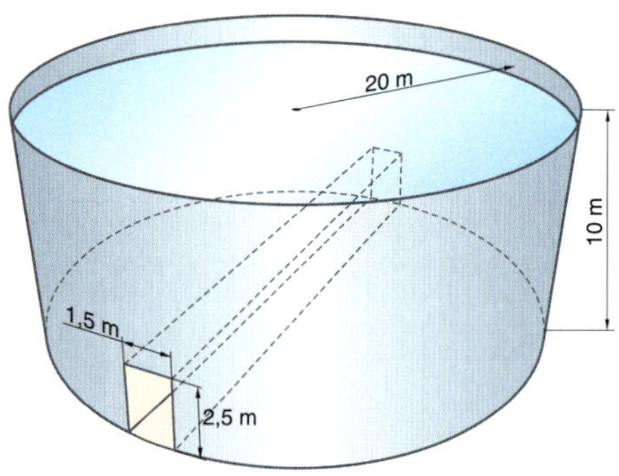

a) Calcula el volumen del túnel.

b) Calcula el volumen de agua que cabe en el acuario.

c) Calcula el volumen total ocupado por los animales.

d) Determina cuántos metros cúbicos de agua caben en el acuario como máximo para no sobrepasar el 85 % de su capacidad.

3. Observa la siguiente taza con forma de semiesfera:

a) Determina el área exterior de la taza.

b) Halla el área interior de la taza.

c) ¿Cuál es el volumen de la taza? Presenta el resultado sin decimales.

d) Calcula su capacidad en litros. Presenta el resultado con un decimal.

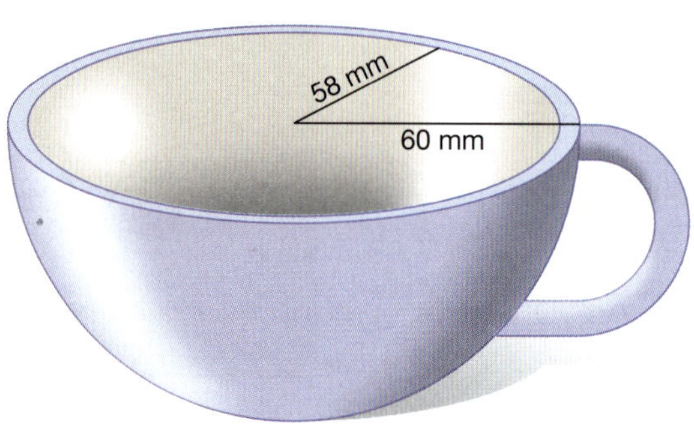

4. Un invernadero de vidrio con una puerta metálica está formado por un prisma y una pirámide, ambos pentagonales, regulares y rectos.

a) Determina el área de la puerta metálica.

b) Calcula los metros cuadrados de cristal necesarios para construir:

— El prisma pentagonal

— La pirámide pentagonal

c) ¿Cuántos metros cuadrados de cristal se precisan para construir el invernadero?

d) Halla el volumen del invernadero si sabemos que la pirámide pentagonal tiene una altura de 1,5 m.

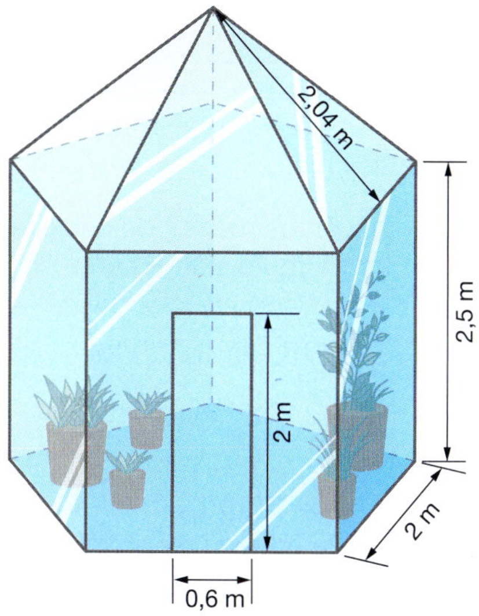

5. Un ingeniero debe construir una máquina que inyecta helado de nata para rellenar cucuruchos. Dicha máquina debe rellenar cucuruchos como los de la figura dejando el espacio necesario para añadir una bola de helado de otros sabores de 5 cm de diámetro, cuya mitad va inscrita en el cucurucho.

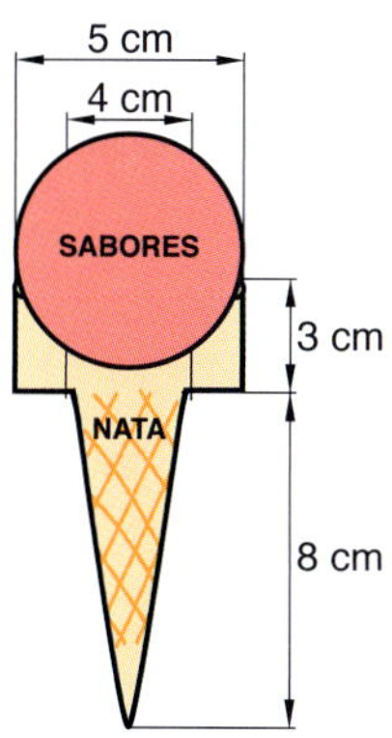

a) Identifica los cuerpos geométricos que forman el cucurucho.

b) ¿Qué partes del cucurucho ocupa el helado de nata?

c) ¿Qué volumen del cucurucho ocupa la bola de sabores?

d) ¿Qué volumen de helado de nata debe inyectar la máquina para rellenar un cucurucho?

e) Comprueba los resultados obtenidos.

Reflexiona

Diario de aprendizaje

— ¿Consideras que el texto que inicia la unidad tiene relación con los conceptos que se tratan en ella? ¿Con cuáles?

— Los contenidos estudiados en la unidad, ¿te han servido para ampliar tus conocimientos sobre áreas y volúmenes de cuerpos geométricos?

— ¿Crees que algunos conceptos aprendidos en esta unidad pueden ser aplicables en tu vida cotidiana? ¿Cuáles? ¿Cómo?

Evaluación de competencias

1. Martín ha diseñado un puente de 24 m de largo como el que se muestra a la derecha. En el diseño inicial solo existía el cable más exterior, cuya longitud total es de 36 m. Le han pedido que refuerze la estructura añadiendo dos cables más.

— ¿Cuántos metros de cable se necesitarán si los cables están equidistantemente distribuidos en el puente?

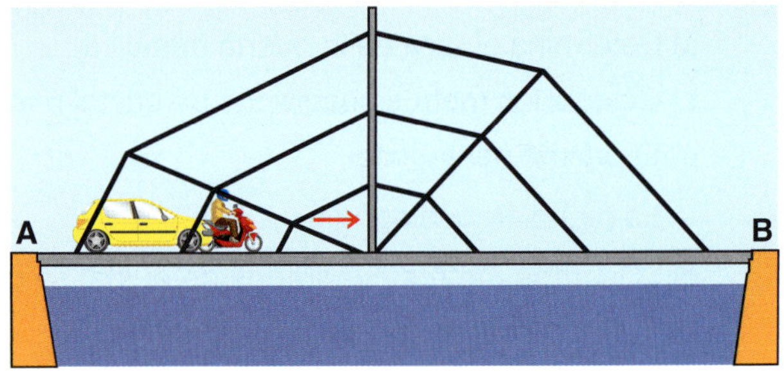

2. Para la entrega de premios de las olimpiadas del colegio, queremos construir un podio como el siguiente:

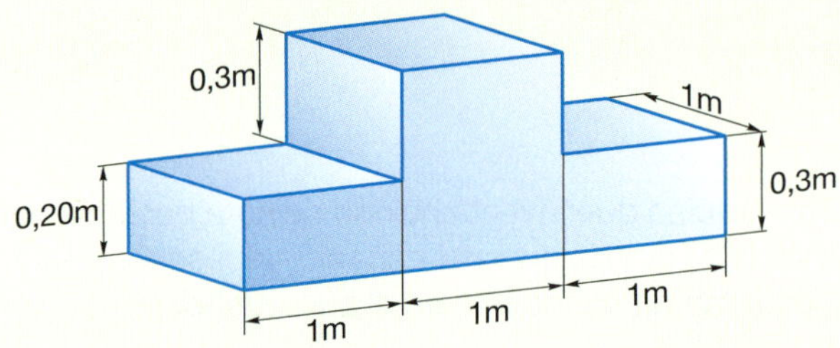

a) ¿Qué superficie de tabla de madera deberemos comprar? Ten en cuenta que construiremos el podio sin base.

b) Si el precio del metro cuadrado de tabla es de 4,25 €, ¿cuánto nos costará la construcción del podio?

c) ¿Cuál es el volumen del podio?

3. En un catálogo de reproducciones de coches antiguos a escala 1:18, leemos que la maqueta tiene una longitud de 10 pulgadas.

¿Cuánto mide de largo el coche?

1 pulgada = 2,54 cm

4. Una vela de adorno tiene la forma de una pirámide recta de base cuadrada. La arista de la base mide 5 cm y la altura de cada una de las caras laterales es de 11 cm.

a) ¿Cuál es el volumen de cera necesario para fabricar 150 velas?

b) Calcula la superficie lateral de una vela.

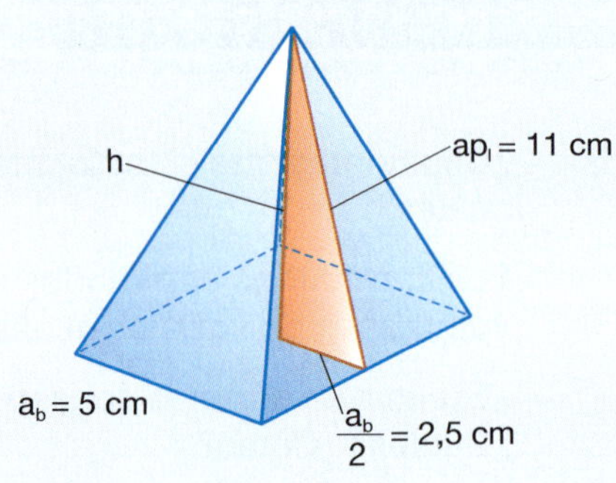

5. Se desea construir una portería de fútbol cuyas medidas son las de la figura.

— ¿Qué superficie de terreno ocupará?

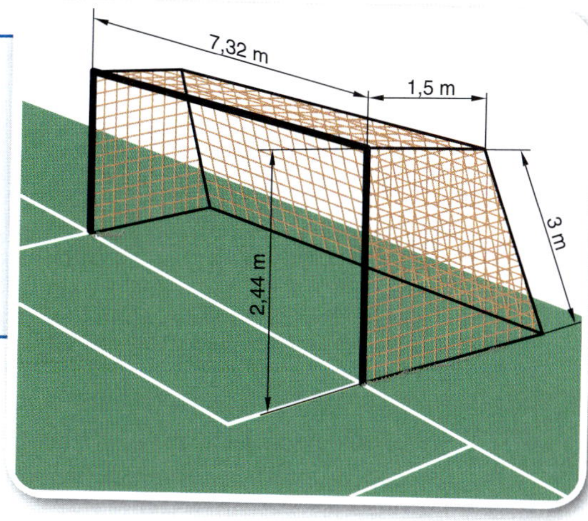

6. Indica, en función de *x*, cuál es el área de la parte amarilla de la figura.

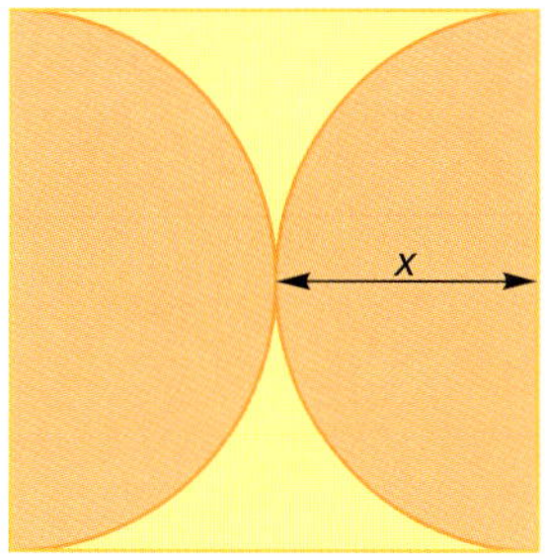

7. Observa el siguiente plano.

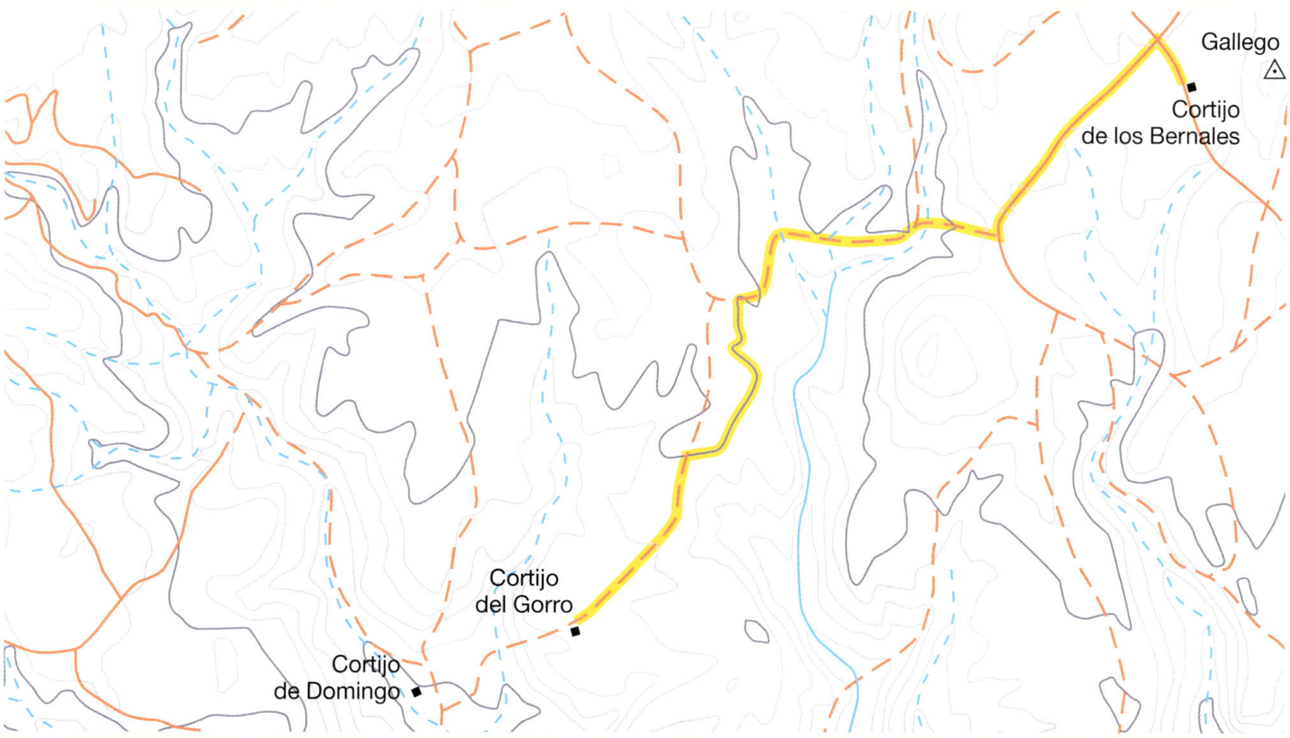

a) ¿Cuál es la escala del plano?

b) ¿Cuál es la distancia entre el cortijo de los Bernales y el cortijo del Gorro?

c) ¿Cuánto tiempo tardaremos en recorrer esta distancia por el camino indicado en el mapa si calculamos que avanzaremos a 4 km/h?

Actividades de síntesis

1. En una mesa rectangular caben 6 personas.

— ¿Cuántas personas cabrán si hacemos una fila de 10 mesas uniéndolas por el lado más pequeño? ¿Y si las unimos por el lado más grande?

2. Describe el método de Tales o de radiación para construir polígonos semejantes.

3. Los lados de un triángulo miden 3 cm, 4 cm y 5 cm.

a) ¿Se trata de un triángulo rectángulo?

b) Calcula el perímetro de un triángulo que es mayor que este, semejante a él con razón de semejanza 3.

4. En un mapa a escala 1:125 se observa un ángulo de 2º de amplitud. ¿Cuánto mide en la realidad?

5. Cortamos un rectángulo de 60 cm $\times$ 80 cm por una de sus diagonales.

a) ¿Cuál es el perímetro de cada uno de los triángulos que hemos obtenido?

b) ¿Y el área?

6. Halla las medidas de la siguiente figura correspondientes a x y $x + 6$:

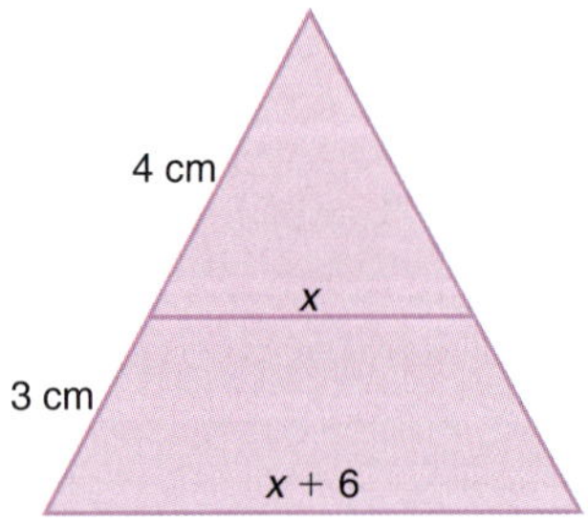

7. ¿Cómo pueden obtenerse, aplicando el teorema de Tales, los dos tercios centrales de un segmento de 5 cm?

8. El área de un cuadrado es 25 cm^2. El perímetro de otro cuadrado es 100 cm. ¿Cuál es la razón de semejanza entre ambos cuadrados?

9. Dos rectas se cruzan en un punto. ¿Cuántos planos que solo contienen a una de las dos rectas son perpendiculares al plano que las contiene a las dos?

10. Determina cuáles de estas afirmaciones son ciertas:

a) Un triángulo rectángulo tiene catetos de 12,53 m y 89,13 m, y una hipotenusa de 95,08 m.

b) El teorema de Tales se utiliza para determinar la proporcionalidad entre segmentos de dos rectas cualesquiera cortadas por rectas paralelas.

c) En un grupo de dos triángulos en posición de Tales la razón de proporcionalidad de los lados coincidentes es siempre la misma.

d) El teorema de Tales puede utilizarse para dividir un segmento en partes iguales y para obtener una fracción mayor que uno del mismo segmento.

11. Dibuja, usando el método de Tales, dos figuras semejantes a la siguiente, con una razón de semejanza de dos tercios y cinco tercios, utilizando un punto O interior a la figura.

— ¿Qué tamaño tienen ambas figuras respecto a la original?

12. De un triángulo A se sabe que es rectángulo, que su cateto mayor mide 5 cm, que el ángulo opuesto a este cateto vale 30º y que tiene un área de 6,125 cm^2. Señala las respuestas correctas.

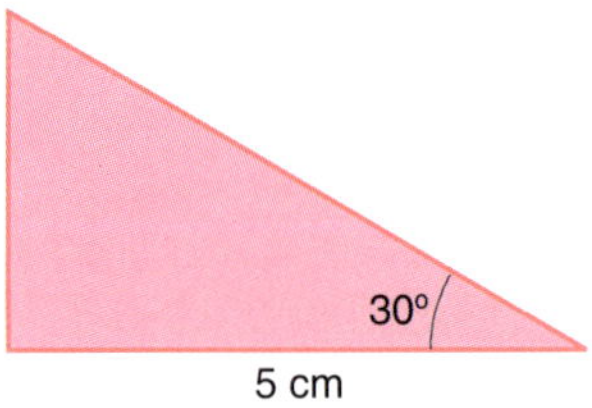

a) Un triángulo rectángulo cuyo cateto mayor mide 10 cm y el ángulo contiguo a este mide 60º es semejante al triángulo A.

b) Un triangulo isósceles, de razón de semejanza un tercio respecto a otro triángulo de área igual a 45 cm^2, tiene la misma área que el triángulo A.

c) La hipotenusa del triángulo A mide 8,35 cm.

d) Un triángulo con razón de semejanza dos quintos respecto al triángulo A tiene un área de 0,98 cm^2 y un perímetro de 5,236 cm.

13. ¿Qué altura debe tener una pirámide regular cuadrada si el área de su base es de 1 600 m^2 y su arista lateral mide 50 m?

14. La siguiente figura plana generará un cuerpo de revolución al girar sobre el eje rojo.

a) Dibuja la figura que se obtiene. ¿Qué cuerpos geométicos la forman?

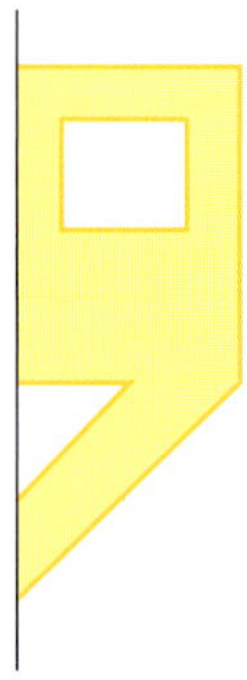

15. ¿A qué altura hay que cortar un cono de base 10 m de radio y 60 m de altura para obtener un nuevo cono de 6 m de radio?

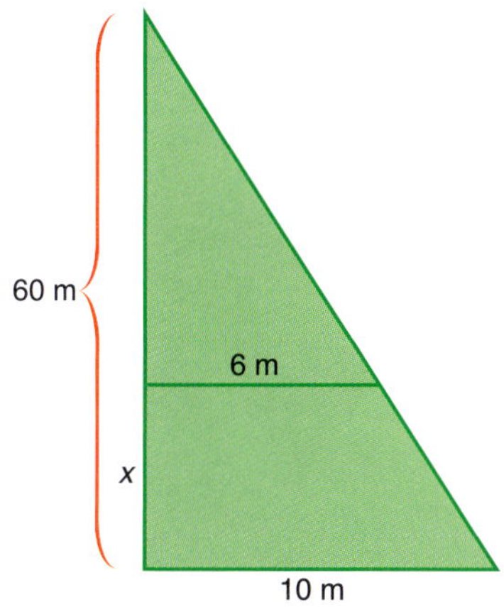

16. Al unir los puntos medios de los lados de un triángulo equilátero *MNO*, de lado 10 cm, se obtiene el triángulo *PQR* y al unir los puntos medios de los lados del triángulo *PQR* se obtiene el triángulo *STU*.

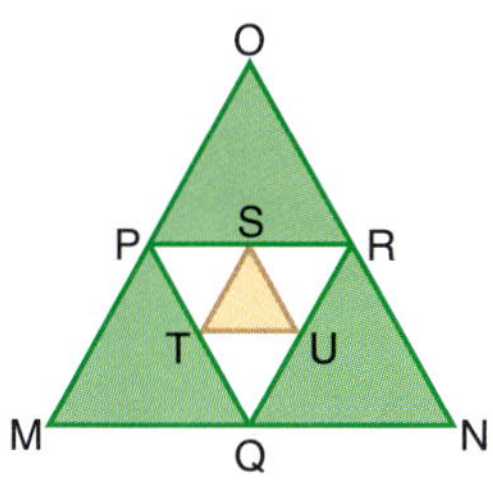

a) ¿Son semejantes los triángulos *MNO* y *STU*?

b) ¿Cuál es la razón de semejanza entre los triángulos *MNO* y *STU*?

c) ¿Cuál es la razón entre las áreas de los triángulos *MNO* y *STU*?

17. ¿Cuál es el poliedro regular con el menor número de ángulos poliedros? Comprueba que cumple la relación de Euler.

18. Mediante un triángulo rectángulo se genera por revolución un cono cuya base tiene un perímetro de 25,12 m.

— ¿Cuál es el área del triángulo si la altura del cono mide 5 m?

19. Responde razonadamente:

a) Una recta es perpendicular a un plano. Si otro plano es perpendicular a la recta, ¿cuál es la posición relativa entre los dos planos?

b) Una recta es paralela a un plano. Otra recta y la primera se cruzan. ¿Qué posición relativa hay entre la segunda recta y el plano?

c) Dados dos planos secantes y una recta paralela a uno de los dos y perpendicular al otro, ¿cuánto valen los ángulos diedros que forman los planos?

20. ¿Cuánto mide la arista de un dado de 8 caras cuya superfície es de 15 m^2? ¿Y si el dado tuviera 20 caras?

21. Razona cuáles de las siguientes afirmaciones son ciertas:

a) Todas las rectas paralelas a un plano se cruzan con un plano perpendicular al primer plano.

b) La relación de Euler no puede aplicarse a poliedros cóncavos.

c) No existe ningún plano que contenga dos rectas que se cruzan.

d) El plano que contiene dos rectas secantes es perpendicular a una de ellas y a un plano perpendicular a la otra.

22. Las medidas de un prisma rectangular son 0,03 m $\times$ 5 cm $\times$ $\times$ 0,4 dm. ¿Cuánto ocupan 100 de estos prismas? Calcula su volumen en cm^3, dm^3 y m^3.

23. La suma del volumen de dos cubos semejantes es 280 cm^3. Si la razón entre su volúmenes es de 27 a 4, ¿cuánto miden los lados de cada cubo?

24. La longitud total de las aristas de un ortoedro es de 56 cm. Si se sabe que la razón de los lados mayores respecto del menor es de 2 y 4, ¿cuánto miden sus lados? ¿Cuál es el volumen del ortoedro?

25. Calcula la razón entre las superficies de un octaedro de arista *a* y la máxima esfera inscrita en él.

26. Un depósito cilíndrico de 3 m de radio y 4 m de altura está lleno de agua y puede vaciarse a través de un grifo del que salen 60 L de agua cada minuto. ¿Cuánto tiempo tardará en vaciarse?

11 FUNCIONES. ESTADÍSTICA Y PROBABILIDAD

Funciones

Empleamos funciones para transformar la imagen y el sonido; para calcular precios o cambiar divisas; para hacer predicciones científicas o calcular cómo es de fácil que nos toque la lotería. Las funciones aparecen en múltiples campos del conocimiento y de nuestra vida cotidiana.

CONTENIDOS

1. Dependencia entre magnitudes
2. Concepto de función
3. Características de las funciones
4. Funciones lineales y afines
5. Función de proporcionalidad inversa
6. Representación gráfica de funciones con ordenador

PBL: Preparando una excursión

Cre@ctividad Funciones con la hoja de cálculo de GeoGebra

Rutina de pensamiento

PALABRA-IDEA-FRASE

— A partir de la lectura del texto, completa esta tabla:

Palabra	Idea	Frase
¿Qué palabra te ha llamado la atención?	¿Qué idea es significativa para ti?	¿Qué frase te ha ayudado a entender el enunciado?

— Llevad a cabo una puesta en común entre toda la clase sobre las palabras, las ideas y las frases que os ha sugerido el texto.

1. Dependencia entre magnitudes

En un cibercafé el precio por 30 minutos de conexión a Internet es de 1,50 €. El importe que deberá pagar un usuario dependerá del tiempo de conexión. Decimos que hay una **dependencia** entre las magnitudes tiempo de conexión e importe.

Una dependencia entre magnitudes puede expresarse de diferentes formas: mediante un enunciado verbal, una tabla de valores, una gráfica o una fórmula.

Enunciado verbal

En una frase se indican cuáles son las magnitudes y la dependencia entre ellas.

En un cibercafé el precio por 30 minutos de conexión a Internet es de 1,50 €.

Tabla de valores

Si nos conectamos 30 minutos, pagaremos 1,50 €; si la conexión es de 60 minutos, el precio será de 3 €; si es de 90 minutos, 4,50 €..., y así sucesivamente.

Podemos reflejar estos datos en una **tabla** como la de la izquierda.

Tiempo de conexión (min)	Importe (€)
30	1,50
60	3
90	4,50
120	6
150	7,50

Gráfica

Podemos representar cada par de los valores de la tabla anterior y construir una gráfica. Para ello, seguimos estos pasos:

— Trazamos unos ejes de coordenadas cartesianas.

— Tomamos una escala en el eje de abscisas para representar los valores de la magnitud tiempo de conexión.

— Tomamos una escala en el eje de ordenadas para representar los valores de la magnitud importe.

— Señalamos los puntos de coordenadas correspondientes a cada par de valores de la tabla.

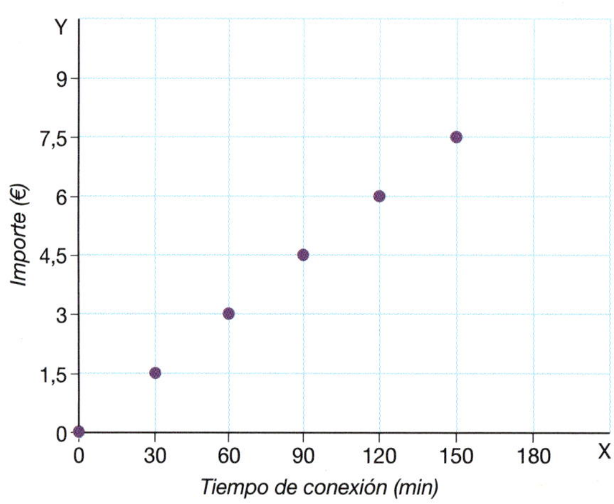

Decimos que el conjunto de puntos obtenido es la **gráfica** de la dependencia estudiada.

Observa que no tiene sentido unir los puntos de la gráfica, ya que los intervalos de conexión son de 30 minutos cada uno y no se admiten valores intermedios.

Actividades

1. Para elaborar una receta de cocina se necesitan 85 g de carne picada por persona.

— Expresa la dependencia entre la cantidad de carne y el número de personas mediante una tabla de valores y una gráfica.

— Justifica si tiene sentido unir los puntos obtenidos.

En otras situaciones sí que tiene sentido unir los puntos de la gráfica.

Consideremos, por ejemplo, la dependencia entre el consumo de agua y su precio. Si sabemos que la tarifa correspondiente al consumo de agua de uso doméstico es de 1,56 € por cada m^3 de agua, podemos construir la tabla de valores y la gráfica siguientes:

Volumen de agua consumida (m^3)	Importe (€)
10	15,60
20	31,20
40	62,40
60	93,60
80	124,80

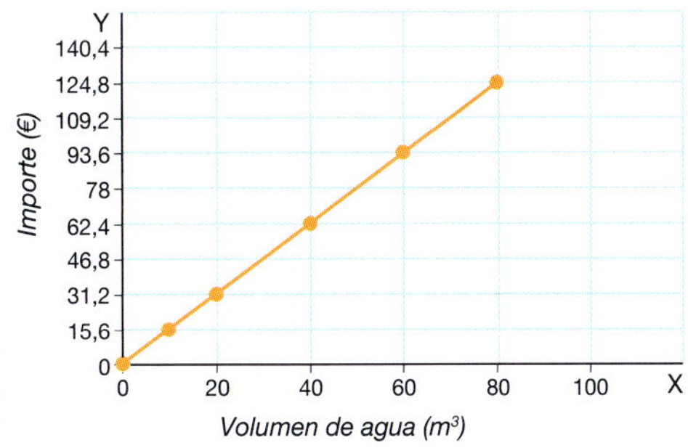

En este caso hemos unido los puntos obtenidos, puesto que para valores comprendidos entre 10 y 20 m^3 les corresponden importes entre 15,60 y 31,20 €, para valores comprendidos entre 20 y 40 m^3 les corresponden importes entre 31,20 y 62,40 €...

La línea obtenida al unir todos los puntos representados es la **gráfica** de esta dependencia.

Fórmula

Acabamos de ver que si conocemos el volumen de agua consumida, podemos calcular su importe. Como el precio de cada metro cúbico es de 1,56 €, si representamos por *P* el importe y por *n* el número de metros cúbicos gastados, podemos escribir la expresión:

$$P = 1{,}56 \cdot n$$

Así, obtenemos la **fórmula** de la dependencia estudiada.

Esta fórmula nos permite calcular el importe correspondiente a cualquier volumen de agua. Para ello, solo tenemos que sustituir el valor de *n* en la fórmula y efectuar la operación indicada. Por ejemplo, el importe correspondiente al consumo de 25 m^3 de agua será:

$$P = 1{,}56 \cdot 25 = 39 \text{ €}$$

Actividades

2. El área de un cuadrado se obtiene elevando al cuadrado la longitud del lado. Expresa la dependencia entre el área de un cuadrado y el valor de su lado mediante una tabla de valores, una gráfica y una fórmula.

— Razona si tiene sentido unir los puntos obtenidos en la gráfica.

3. Los billetes de autocar para una excursión cuestan 4,50 € cada uno. Expresa la dependencia entre el número de billetes y el importe mediante una tabla de valores, una gráfica y una fórmula.

— Justifica si tiene sentido unir los puntos obtenidos en la gráfica.

4. Indica dos situaciones cotidianas en las que aparezca una dependencia entre magnitudes. Exprésalas mediante un enunciado y una fórmula.

2. Concepto de función

Lenguaje matemático

Para decir que:

y* está en función de *x

escribimos:

$y = f(x)$

y: Variable dependiente — *f(x)*: Variable independiente

En general, las funciones se representan con letras minúsculas: *f, g, h*...

Un médico dispone de 3 h diarias para atender a sus pacientes y el número máximo de pacientes que puede atender en un día es de 25. Por lo tanto, el tiempo que puede dedicar a cada uno depende del número de visitas. Existe una relación de dependencia entre el número de pacientes y el tiempo empleado en atenderlos. Podemos expresarla mediante la siguiente tabla de valores.

Número de pacientes	Tiempo de visita (min)
5	36
10	18
15	12
20	9
25	7,2

Observa que las magnitudes número de pacientes y tiempo de visita varían su valor en cada casilla. Por ello, estas magnitudes se denominan **variables.**

Si llamamos *x* a la variable número de pacientes e *y* a la variable tiempo de visita, vemos que:

- La variable *x* puede tomar valores que son los números naturales hasta el 25.
- Los valores de la variable *y* dependen de los valores de la variable *x.*
- A cada valor de la variable *x* le corresponde un único valor de la variable *y.*

Por ello, *x* se denomina **variable independiente** e *y* es la **variable dependiente.**

Decimos que el tiempo de visita ***(y)*** en minutos está en función del número de pacientes ***(x)*** y lo simbolizamos por: $y = f(x)$.

Una **función** es una relación de dependencia entre dos variables, en la que a cada valor de la variable independiente le corresponde un **único valor** de la variable dependiente.

Actividades

5. Indica cuál es la variable independiente y cuál la variable dependiente del par de variables relacionadas en cada uno de los apartados siguientes:

a) El importe de la factura de la luz y el número de kilovatios consumidos.

b) La apotema de un polígono regular y el valor de su área.

c) Un número entero y el valor de su cuadrado.

d) El coste de una llamada telefónica y el tiempo de duración.

e) El espacio recorrido y el tiempo invertido en recorrerlo.

6. Considera la relación de dependencia que asigna a cada libro su número de páginas. ¿Se trata de una función? En caso afirmativo, di cuál es la variable independiente y cuál la dependiente.

2.1. Imágenes y antiimágenes

Volvamos a la función anterior, *f*, que relaciona el número de pacientes con el tiempo de visita.

Si el número de pacientes *(x)* es 15, el tiempo de visita dedicado a cada uno de ellos, *f(x)*, será de 12 minutos. Simbólicamente, escribimos:

$$f(15) = 12$$

Y decimos que la imagen de 15 para la función *f* es 12, o bien que la antiimagen de 12 para la función *f* es 15.

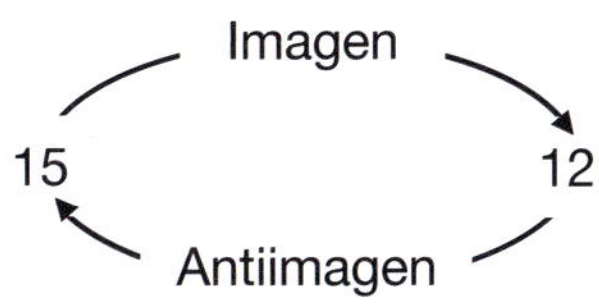

La **imagen** de un valor *x* para una función *f* es el valor que toma la variable *y* en relación con el valor que tiene la variable *x*.

La **antiimagen** de un valor *y* para una función *f* es el valor de la variable *x* al que le corresponde el valor tomado por la variable *y*.

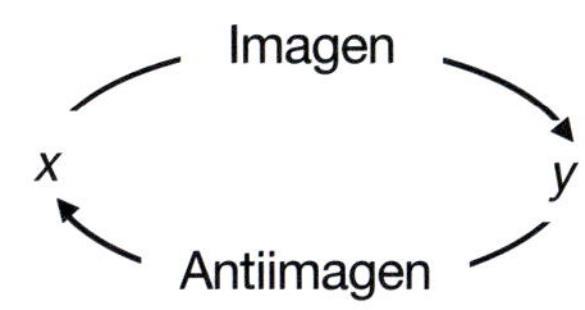

Ejemplo 1

A partir de la función expresada en la siguiente tabla, determina la imagen de –3 y la antiimagen de 625.

x	–5	–3	1	3	5
y	625	81	1	81	625

COMPRENSIÓN: Debemos buscar qué valor de *y* corresponde a $x = 3$, y qué valor (o valores) de *x* corresponden a $y = 625$.

RESOLUCIÓN:

— La imagen de –3 es:

$$y = 81$$

— Las antiimágenes de 625 son:

$$x = -5 \text{ y } x = 5$$

Observa que la imagen y de un valor de *x* es única, pero puede ocurrir que un valor de *y* tenga más de una antiimagen.

Actividades

7. Di cuáles de las siguientes dependencias corresponden a una función y cuáles no. Razona la respuesta.

a)

x	1	2	3	4
y	3	6	9	12

b)

x	1	1	2	2
y	5	6	7	8

c)

x	-2	-1	0	1	2
y	4	1	0	1	4

d)

x	1	2	3	4	2
y	3	6	9	12	3

— En la tabla a), ¿cuál es la imagen de 3? ¿Cuál es la antiimagen de 6?

— En la tabla d), ¿cuál es la antiimagen de 3?

2.2. Expresión algebraica de una función

La relación entre el volumen de combustible y su precio es una función en la que la variable independiente es el volumen de combustible y la variable dependiente el importe de este.

Así, por ejemplo, si un litro de gasolina 95 sin plomo vale 1,30 €, podemos construir la siguiente tabla de valores:

Volumen de gasolina 95 (L)	15	20	25	30
Importe (€)	19,50	26	32,50	39

Se verifica que:

$$19{,}50 = 15 \cdot 1{,}3 \qquad 32{,}50 = 25 \cdot 1{,}3$$

$$26 = 20 \cdot 1{,}3 \qquad 39 = 30 \cdot 1{,}3$$

Si representamos por x el volumen de combustible en litros y por $f(x)$ su importe en euros, podemos escribir la fórmula siguiente:

$$f(x) = 1{,}3x$$

Decimos que esta fórmula es la expresión algebraica de la función f. Y como $y = f(x)$, la expresión algebraica de la función f también puede escribirse como $y = 1{,}3x$.

> La **expresión algebraica** de una función es la fórmula que nos indica las operaciones que debemos efectuar con cada valor de la variable x para obtener el valor correspondiente de la variable y.

Cálculo de imágenes y antiimágenes

A partir de la expresión algebraica de una función, podemos calcular fácilmente la imagen y la antiimagen de cualquier valor.

Consideremos la función anterior que determina el importe en euros del volumen en litros de gasolina 95 sin plomo, cuya función algebraica es:

$$f(x) = 1{,}3x$$

Para calcular la imagen de cualquier valor, basta con sustituir la x por este valor en la expresión algebraica de la función.

Por ejemplo, para $x = 40$.

$$f(40) = 1{,}3 \cdot 40 = 52$$

Por lo tanto, la imagen de 40 para la función f es 52.

Podemos calcular también la antiimagen o antiimágenes de cualquier valor.

Para ello, sustituimos en la expresión algebraica de la función el valor de $y = f(x)$ y calculamos el valor correspondiente de x.

Por ejemplo, para y = 35.

$$35 = 1{,}3x \qquad x = \frac{35}{1{,}3} = 26{,}90$$

Por lo tanto, la antiimagen de 35 para la función f es 26,90.

Fíjate

En una función, a cada valor de x solo le corresponde un valor de y, por lo tanto, cada valor de x solo puede tener una imagen.

En cambio, un valor de y puede tener más de una antiimagen.

Por ejemplo, dada la función $f(x) = x^2$, se cumple: $f(-2) = 4$ y $f(2) = 4$. Por lo tanto, 4 tiene dos antiimágenes, pues hay dos valores, −2 y 2, que tienen como imagen 4.

Ejemplo 2

Escribe la expresión algebraica de la función f que asigna a cada número su cuadrado.

— *Calcula la imagen de −4 y la antiimagen o antiimágenes de 9 para f.*

COMPRENSIÓN: La expresión algebraica que relaciona x y $f(x)$ nos permitirá calcular el valor de $f(x)$ cuando $x = -4$, y el valor (o los valores) de x para que $f(x) = 9$.

RESOLUCIÓN:

La expresión algebraica de la función es:

$$f(x) = x^2$$

— Para hallar la imagen de $x = -4$, sustituimos en la expresión algebraica de f la x por −4.

$$f(-4) = (-4)^2 = 16$$

Por lo tanto, la imagen de −4 es 16.

— Para calcular la antiimagen de 9, sustituimos $f(x)$ por 9 en la expresión algebraica de f y después despejamos x.

$$9 = x^2 \Rightarrow x = \sqrt{9} = \pm 3$$

Así, 9 tiene dos antiimágenes: 3 y −3.

Ejemplo 3

Escribe la expresión algebraica de la función f que asigna a cada número el doble de su opuesto aumentado en tres unidades.

— *Calcula la imagen de 2 y la antiimagen o antiimágenes de −11.*

COMPRENSIÓN: La expresión algebraica que relaciona x y $f(x)$ nos permitirá calcular el valor de $f(x)$ cuando $x = 2$, y el valor (o los valores) de x para que $f(x) = -11$.

RESOLUCIÓN:

La expresión algebraica de la función es:

$$f(x) = -2x + 3$$

— Para calcular la imagen de $x = 2$, sustituimos en la expresión algebraica de f la x por 2.

$$f(2) = -2 \cdot 2 + 3 = 1$$

Por lo tanto, la imagen de 2 es 1.

— Para hallar la antiimagen de −11, sustituimos $f(x)$ por −11 en la expresión algebraica de f y después despejamos x.

$$-11 = -2x + 3 \Rightarrow x = \frac{3 + 11}{2} = 7$$

Entonces, la antiimagen de −11 es 7.

Actividades

8. Escribe la expresión algebraica de cada una de estas funciones:

a) Asigna a cada número su doble disminuido en cinco unidades.

b) Asigna a cada número el área del cuadrado de lado de este número.

9. Considera las funciones siguientes y calcula las imágenes de −2 y 4 y las antiimágenes de 4 y 16, para cada función:

a) $f(x) = x + 8$

b) $g(x) = 5x$

c) $h(x) = 2(x - 1)$

d) $i(x) = x^2 + 2$

e) $j(x) = 5x^2 - 16$

f) $k(x) = x^2 - 5$

g) $l(x) = 3(-x + 6)$

h) $m(x) = x^3 - 1$

i) $n(x) = 3x^2 + 7$

2.3. Gráfica de una función

Para facilitar la comprensión de las características de una función, podemos describirla a partir de una gráfica.

Veamos el proceso que tenemos que seguir para representar una función gráficamente.

Consideraremos la función descrita con el siguiente enunciado:

Para preparar 1 L de zumo de naranja natural necesitamos 2 kg de naranjas.

Los kilogramos de naranjas *(y)* están en función de los litros de zumo que queramos preparar *(x)*.

La expresión algebraica correspondiente a esta función es:

$$f(x) = 2x$$

Para representar gráficamente la función debemos seguir estos pasos:

— A partir de la expresión algebraica de la función, hallamos las imágenes de algunos valores de *x*.

$f(1{,}5) = 3$ $f(2) = 4$ $f(2{,}5) = 5$ $f(3) = 6$

— Recopilamos estos resultados de forma ordenada en una tabla de valores.

x	1,5	2	2,5	3
y = f(x)	3	4	5	6

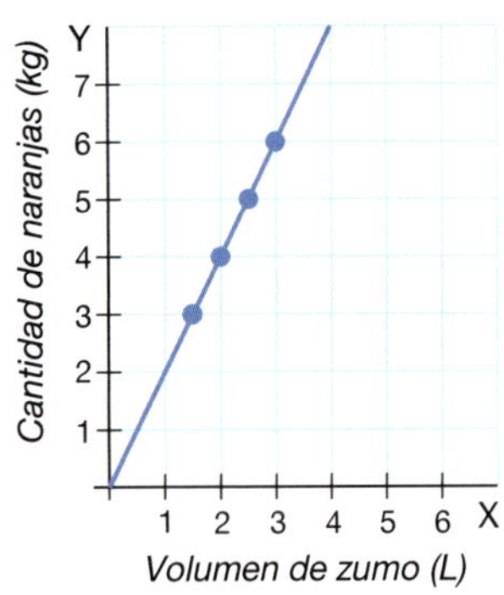

— Dibujamos unos ejes de coordenadas cartesianas:

- En el eje de abscisas representamos los valores de la variable *x* (litros de zumo).
- En el eje de ordenadas representamos los valores de la variable *y* (kilogramos de naranjas).
- Para cada par de valores de la tabla representamos el punto de coordenadas *(x, f(x))*.

Observa que podemos unir los puntos representados, ya que las variables *x* e *y* pueden tomar valores intermedios entre dos valores dados.

Diremos que la línea recta obtenida es la **gráfica** de la función *f*.

La **gráfica de una función** *f* es la representación en unos ejes de coordenadas cartesianas de todos los pares de la forma *(x, f(x))*, siendo *x* un valor de la variable independiente de la función.

Nos fijamos en que *f(x)* puede dibujarse de un solo trazo, sin levantar el lápiz del papel. Decimos, por tanto, que es una gráfica **continua**.

Ejemplo 4

Una botella de 1 litro de aceite cuesta 2,50 €. Construye una tabla de valores que refleje el importe de 1, 2, 3, 4 y 5 botellas.

— *Representa la gráfica de la función e indica si se trata de una gráfica continua o no.*

COMPRENSIÓN: Conociendo el precio de una botella, podemos calcular el precio de cualquier número de botellas, y representarlo mediante una tabla y una gráfica.

RESOLUCIÓN:

Multiplicamos el número de botellas por su importe para construir una tabla de valores.

Número de botellas (x)	1	2	3	4	5
Importe (y)	2,50	5	7,50	10	12,15

Si representamos cada par de valores de la tabla, obtenemos la gráfica de la función.

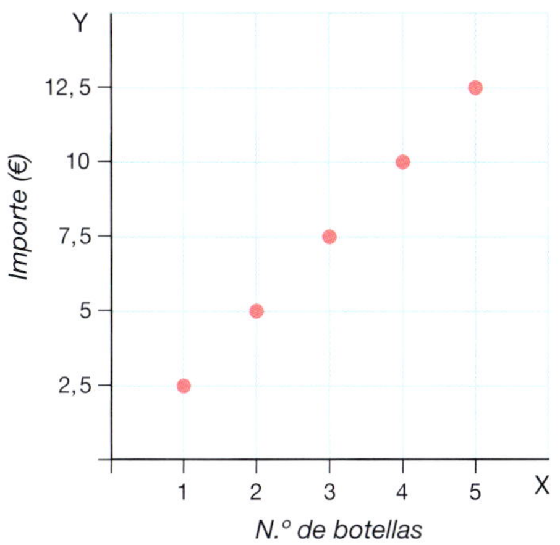

No tiene ningún sentido unir los puntos representados, pues el número de botellas puede ser 1, 2..., pero nunca un valor intermedio, como, por ejemplo, 1,5.

Por lo tanto, se trata de una **gráfica discontinua**.

Ejemplo 5

En un aparcamiento, el precio de cada hora de estacionamiento o fracción vale 1,50 €. Construye una tabla de valores que muestre el precio hasta las primeras 4 horas.

— *Representa la gráfica de la función e indica si se trata de una gráfica continua o no.*

COMPRENSIÓN: Conociendo el precio de una hora o fracción, podemos calcular el precio del estacionamiento para cualquier cantidad de horas y elaborar una representación gráfica en la que se visualice esta dependencia.

RESOLUCIÓN:

El precio hasta las 4 primeras horas viene dado en esta tabla de valores.

Número de horas (x)	1	2	3	4
Precio (y)	1,50	3	4,50	6

Construimos la gráfica correspondiente.

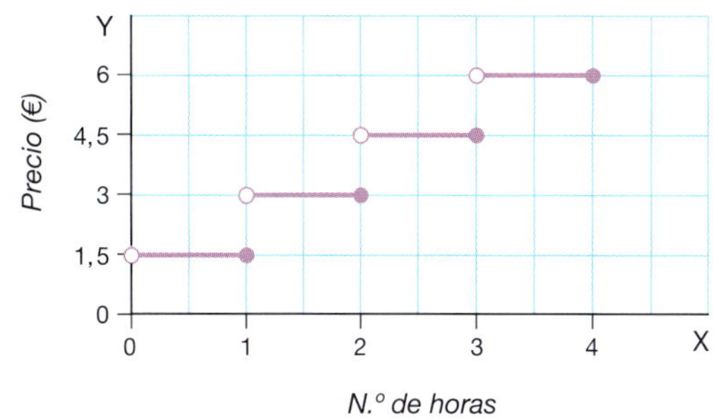

Observa que los puntos comprendidos entre 0 h y 1 h pueden unirse, pues una fracción de hora tiene el mismo precio que 1 hora entera, y lo mismo sucede en el resto de intervalos de tiempo.

Para indicar que un punto pertenece a la gráfica de **la función,** lo señalamos con el símbolo ●, y para indicar que no pertenece, con el símbolo ○.

Esta gráfica también es discontinua y por su forma de escalera se llama **gráfica escalonada.**

Actividades

10. Un coche consume 6,3 L de gasolina cada 100 km. Escribe la expresión algebraica de la función que refleje el consumo según el número de kilómetros recorridos, construye una tabla de valores y dibuja la gráfica de la función. ¿De qué tipo de gráfica se trata?

11. Construye las tablas de valores y dibuja las gráficas correspondientes a estas funciones:

a) $f(x) = 3x - 2$

b) $f(x) = \dfrac{x + 5}{2}$

c) $f(x) = 3 - 2x$

d) $f(x) = \dfrac{5 - 2x}{3}$

12. En una librería venden un determinado modelo de rotulador a 1,40 € la unidad.

a) Escribe la expresión algebraica de la función que relaciona el número de rotuladores que se compran con su importe.

b) Construye la tabla de valores que refleje el importe de 1, 2, 3 y 4 rotuladores.

c) Representa la gráfica de la función e indica si se trata de una gráfica continua o no.

d) ¿Qué valor tiene la variable dependiente si el valor de la variable independiente es 10?

e) ¿Qué valor tiene la variable independiente si el valor de la variable dependiente es 21?

3. Características de las funciones

La observación de la gráfica de una función nos permite señalar una serie de características importantes que estudiaremos a continuación.

La gráfica siguiente muestra la evolución de la temperatura ambiente registrada en un observatorio de montaña a lo largo de un día soleado de primavera.

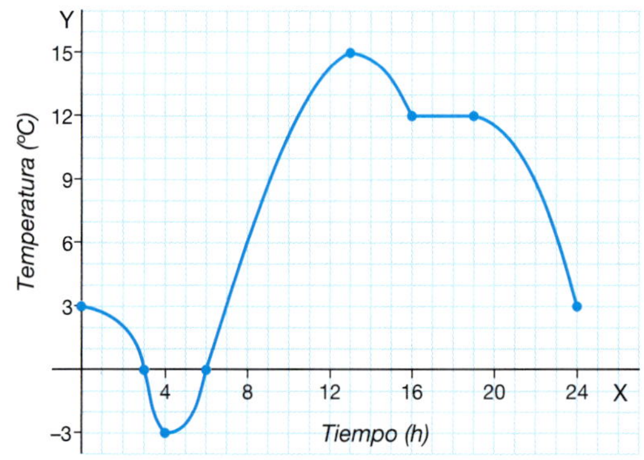

Observa que:

- La temperatura **aumentó** entre las 4 h y las 13 h.
- La temperatura **disminuyó** entre las 0 h y las 4 h, entre las 13 h y las 16 h, y entre las 19 h y las 24 h.
- La temperatura se mantuvo **constante** entre las 16 h y las 19 h.
- Los puntos de la gráfica (0, 3), (3, 0) y (6, 0) están sobre los ejes de coordenadas.

3.1. Puntos de corte con los ejes

Los puntos que están sobre los ejes de coordenadas son los **cortes de la gráfica con los ejes de coordenadas:**

Punto de corte con el eje *Y*

$$\left.\begin{array}{l} x = 0 \\ y = f(0) \end{array}\right\}$$

Puntos de corte con el eje *X*

$$\left.\begin{array}{l} y = 0 \\ 0 = f(x) \end{array}\right\}$$

Observa en el ejemplo cómo podemos determinar algebraicamente los puntos de corte con los ejes.

Fíjate

La gráfica de una función solo puede cortar el eje *OY* en un punto, pero puede cortar el eje *OX* en más de uno.

Ejemplo 6

Determina los puntos de corte con los ejes de la función $y = 2x + 2$.

COMPRENSIÓN: A partir de la expresión algebraica de la función, podemos calcular los puntos de corte con los ejes.

RESOLUCIÓN:

— Calculamos el punto de corte con el eje de ordenadas.

$$x = 0$$
$$y = 2x + 2$$
$$y = 2 \cdot 0 + 2 = 2$$

La gráfica corta el eje de ordenadas en el punto (0, 2).

— Calculamos el punto de corte con el eje de abscisas.

$$0 = 2x + 2$$
$$x = \frac{-2}{2} = -1$$
$$y = 0$$

La gráfica corta el eje de abscisas en el punto (–1, 0).

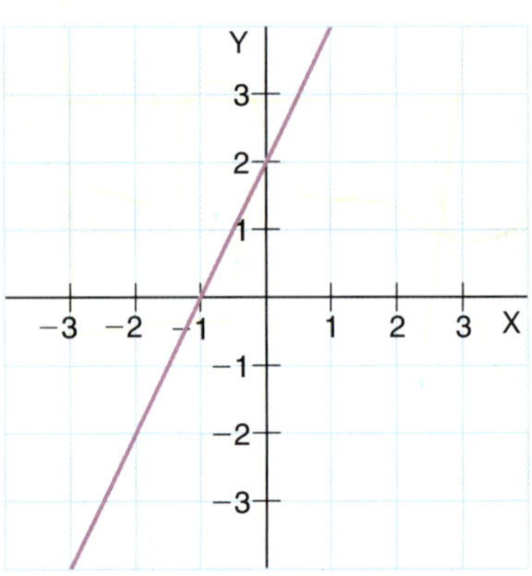

3.2. Intervalos de crecimiento y decrecimiento

Si leemos la gráfica de la temperatura ambiente de izquierda a derecha, vemos que en el período en que la temperatura aumenta, la gráfica es ascendente. Decimos que la función es creciente en este período.

Una función es **creciente** en un intervalo si, al aumentar el valor de la variable *x* dentro de este intervalo, aumenta el valor de la variable *y*.

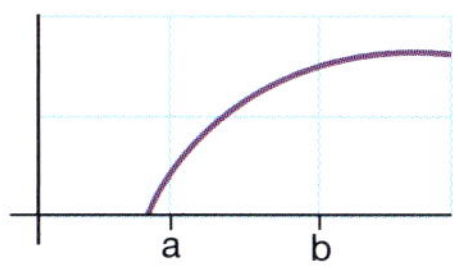

En cambio, en los períodos en que la temperatura disminuye, la gráfica es descendente. Decimos que la función es decreciente en estos períodos.

Una función es **decreciente** en un intervalo si, al aumentar el valor de la variable *x* dentro de este intervalo, disminuye el valor de la variable *y*.

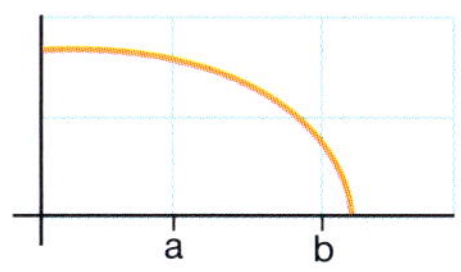

Hay un período (de 16 h a 19 h) en que la temperatura ni aumenta, ni disminuye; la gráfica es una recta paralela al eje de abscisas. Decimos que la función es constante en este período.

Una función es **constante** en un intervalo si, para todo valor de la variable *x* dentro de este intervalo, la variable *y* no varía.

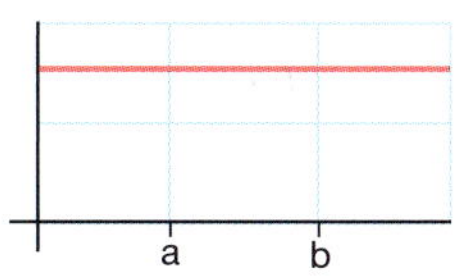

Fíjate

Un **intervalo** es el conjunto de valores comprendidos entre dos valores dados.

Actividades

13. Indica los intervalos de crecimiento y decrecimiento de las funciones siguientes:

a)

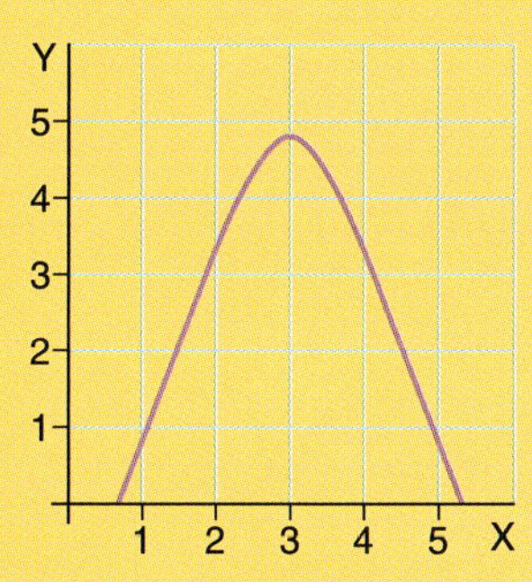

b)

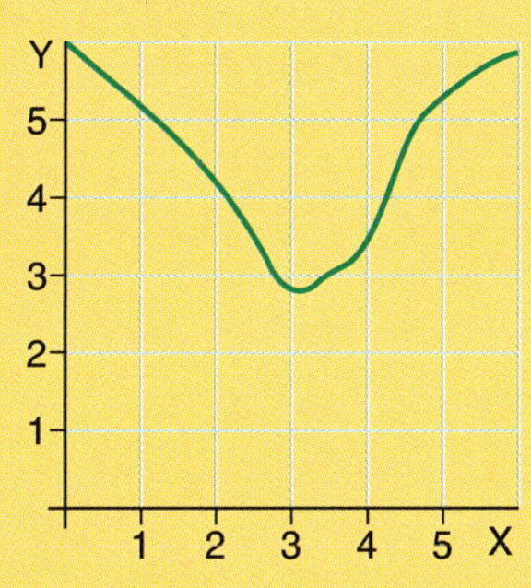

c)

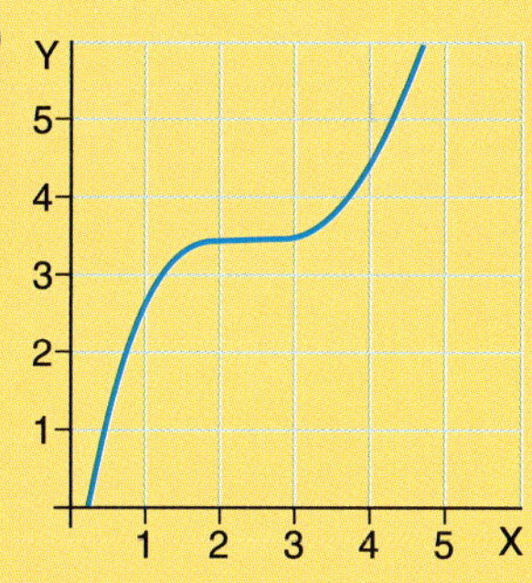

3.3. Máximos y mínimos

En la gráfica de la temperatura registrada en el observatorio también vemos que:

- La temperatura más alta fue de 15 °C, que se alcanzó a las 13 h.
- La temperatura más baja fue de –3 °C, que se alcanzó a las 4 h.

La ordenada del punto correspondiente a la temperatura más alta es mayor que la ordenada de cualquier otro punto, y la función pasa de ser creciente a ser decreciente.

Diremos que la función tiene un máximo en este punto.

> Una función de gráfica continua tiene un **máximo** en un valor de la variable x si la imagen de este valor es mayor o igual que la de cualquier otro valor de la variable independiente de la función.

La ordenada del punto correspondiente a la temperatura más baja es menor que la de cualquier otro punto, y la función pasa de ser decreciente a ser creciente.

Decimos que la función tiene un mínimo en este punto.

> Una función de gráfica continua tiene un **mínimo** en un valor de la variable x si la imagen de este valor es menor o igual que la de cualquier otro valor de la variable independiente de la función.

Cuando la función alcanza en un punto los valores máximos o mínimos con relación a puntos próximos, diremos que los **máximos** o **mínimos** son **relativos** o **locales**.

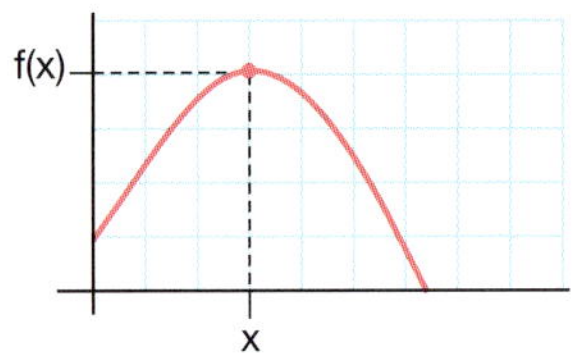

Máximo en x

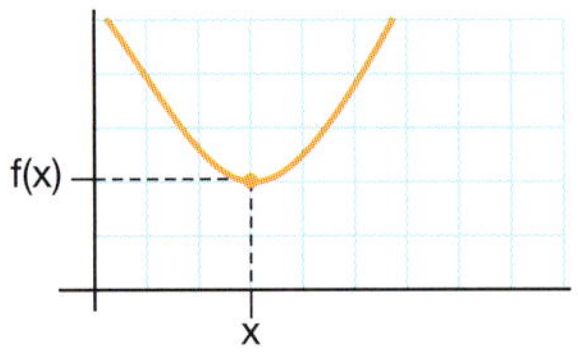

Mínimo en x

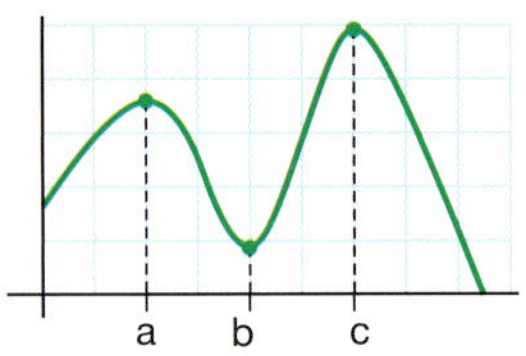

Máximo relativo en a.
Mínimo relativo en b.
Máximo en c.

Actividades

14. La gráfica siguiente muestra la temperatura corporal de un enfermo a lo largo del día. Indica:

a) En qué intervalos aumentó su temperatura.

b) En qué intervalos disminuyó su temperatura.

c) En qué intervalos se mantuvo constante.

d) En qué momento alcanzó la temperatura máxima.

e) En qué momento alcanzó la temperatura mínima.

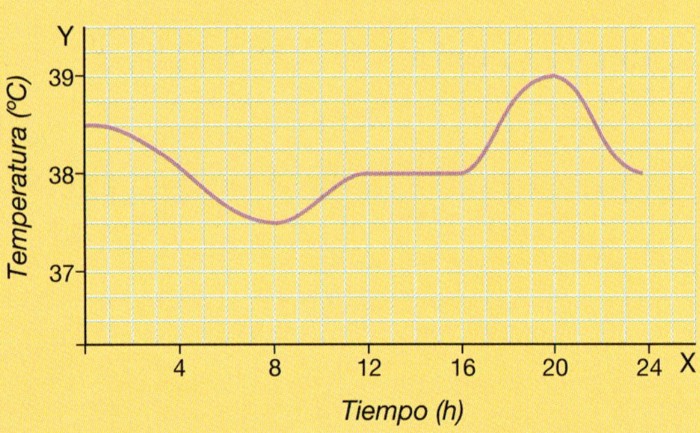

15. La velocidad de un coche durante cierto trayecto viene dada por esta gráfica:

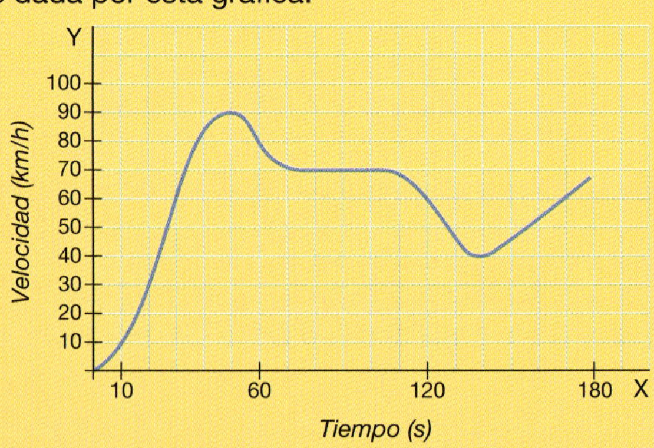

a) ¿Cuál es la variable independiente? ¿Y la variable dependiente?

b) Indica entre qué instantes de tiempo la velocidad aumenta, disminuye o permanece constante.

c) Señala en qué momentos la velocidad alcanza los valores máximo y mínimo.

3.4. Continuidad y discontinuidad

Las tarifas del suministro de gas tienen en cuenta la presión proporcionada y constan de un importe fijo mensual más un importe variable que depende de los kW·h consumidos por año.

La tabla de la derecha muestra las tarifas variables correspondientes a una presión inferior o igual a 4 bar.

Consumo (kW·h/año)	Importe variable (€/kW·h)
• Inferior o igual a 5 000	0,054
• Superior a 5 000 e inferior o igual a 50 000	0,048
• Superior a 50 000 e inferior o igual a 100 000	0,043
• Superior a 100 000	0,040

Consideremos la función que relaciona el importe variable en euros con el consumo anual en kW·h para los usuarios con un consumo anual menor de 5 000 kW·h.

La expresión algebraica de la función es:

$$f(x) = 0{,}054x$$

Observa que la gráfica de la función es **continua** porque puede dibujarse de un solo trazo, sin levantar el lápiz del papel.

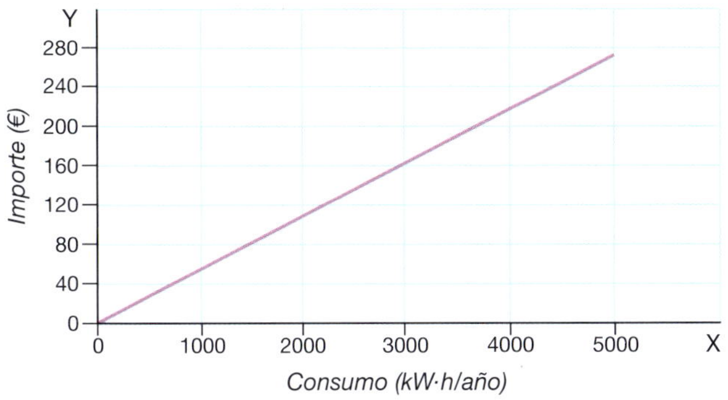

@

Si accedes a la página **http://links.edebe.com/676y7b**, podrás repasar las características de las funciones.

Veamos ahora la función que relaciona el importe variable en euros con el consumo anual en kW·h para todos los usuarios.

La expresión algebraica de la función es:

$$f(x) = \begin{cases} 0{,}054x \text{ si } x \leq 5000 \\ 0{,}048x \text{ si } 5\,000 < x \leq 50000 \\ 0{,}043x \text{ si } 50000 < x \leq 100000 \\ 0{,}040x \text{ si } x > 100000 \end{cases}$$

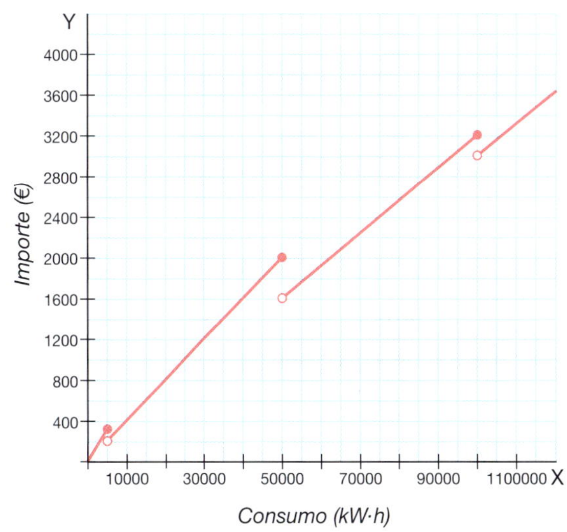

Observa que la gráfica de esta función es **discontinua** porque no puede dibujarse de un solo trazo, ya que presenta interrupciones.

Una función **continua** presenta una gráfica formada por un solo trazo. En cambio, una función **discontinua** presenta una gráfica con alguna interrupción.

Actividades

16. Dibuja la gráfica correspondiente a una función cuya expresión algebraica es:

$$f(x) = \begin{cases} 1 & \text{si } 0 \leq x < 3 \\ 0{,}5x & \text{si } 3 \leq x < 6 \\ 0{,}75x & \text{si } x \geq 6 \end{cases}$$

Magnitudes directamente proporcionales

Esta tabla relaciona la superficie de las viviendas de cierto barrio y su precio:

Superficie (m²)	Precio (€)
50	300 000
75	450 000
100	600 000
125	750 000
150	900 000

Podemos observar que si la superficie del piso se dobla o se triplica, su precio también lo hace. Se trata de magnitudes directamente proporcionales.

Si nos fijamos en los valores de la tabla, al dividir cualquier precio entre su superficie, el resultado es el mismo.

$$\frac{30\,000}{50} = \frac{450\,000}{75} =$$

$$= \frac{600\,000}{100} = 6\,000$$

Este valor se conoce como constante de proporcionalidad, *k*.

- Formad grupos de 3 o 4 alumnos y buscad ejemplos de magnitudes directamente proporcionales. ¿Sabríais determinar la constante de proporcionalidad en cada caso?

4. Funciones lineales y afines

Las funciones lineales y las funciones afines se caracterizan porque su representación gráfica es una recta. Veamos las características de cada una de ellas.

4.1. Función lineal o de proporcionalidad directa

Consideremos la función que relaciona el espacio recorrido por un automóvil con el volumen de gasolina consumido, sabiendo que el consumo es de 8 litros de gasolina por cada 100 km recorridos.

Construimos la tabla de valores de la función.

x: Volumen de gasolina (L)	10	20	30	40
f(*x*): Espacio recorrido (km)	125	250	375	500

Observa que al duplicar, triplicar... los valores de la variable *x*, los correspondientes valores de la variable *y* también se duplican, triplican... Por lo tanto, podemos decir que el volumen de gasolina consumido y el espacio recorrido por un automóvil son magnitudes o variables directamente proporcionales o que entre ellas hay una proporcionalidad directa.

La constante de proporcionalidad vendrá dada por el cociente de cualquier par de valores correspondientes.

$$\frac{125}{10} = \frac{250}{20} = \frac{375}{30} = \frac{500}{40} = k = 12,5$$

La expresión algebraica de la función es:

$$f(x) = 12,5x$$

La gráfica es una recta que pasa por el origen de coordenadas.

Esta función se llama **función lineal** o **de proporcionalidad directa.**

El valor de la constante de proporcionalidad se representa por *m,* se denomina **pendiente** de la recta y mide la inclinación de la recta respecto al eje positivo de abscisas.

Así, la pendiente de esta recta es 12,5.

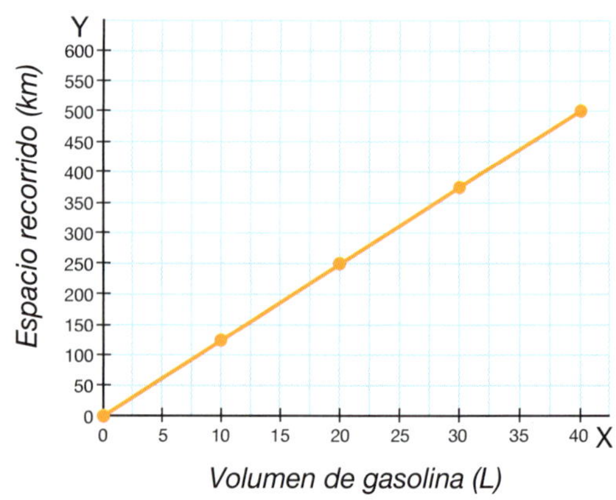

Para calcular el valor de la pendiente de una función lineal, dividimos un valor cualquiera de la variable *f* (*x*) entre el valor correspondiente de la variable *x*.

$$m = \frac{f(x)}{x} = \frac{y}{x}$$

Veamos ahora la función que relaciona la longitud que recorre un submarinista con el tiempo de inmersión, sabiendo que tarda 1 minuto y medio en descender 1 metro.

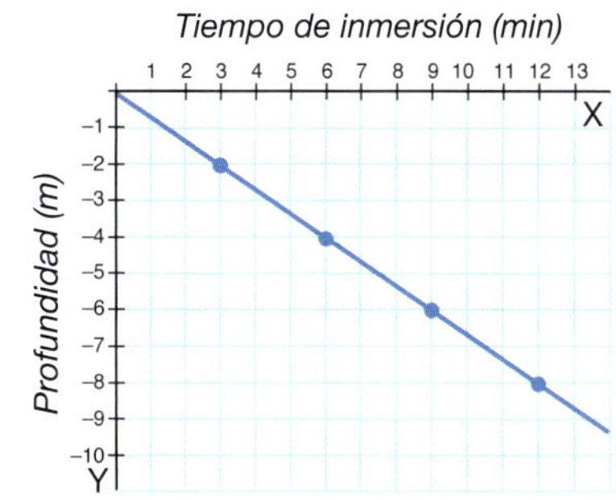

Expresamos la función mediante una tabla de valores.

x: tiempo de inmersión (min)	3	6	9	12
f(x): profundidad (m)	−2	−4	−6	−8

La constante de proporcionalidad es:

$$\frac{3}{-2} = \frac{6}{-4} = \frac{9}{-6} = \frac{12}{-8} = -1,5$$

Y la expresión algebraica de la función es:

$$f(x) = -1,5x$$

La gráfica de esta función también es una recta que pasa por el origen de coordenadas, pero su pendiente es negativa.

> Una **función lineal** o de **proporcionalidad directa** es una función cuya expresión algebraica es de la forma ***f(x) = mx*** ($m \neq 0$), siendo *m* la constante de proporcionalidad.
>
> Su gráfica es una **recta** que pasa por el origen de coordenadas y que tiene pendiente *m*.

Una **función lineal** o de **proporcionalidad directa** es:

- **Creciente,** si la constante de proporcionalidad es positiva ($m > 0$).
- **Decreciente,** si la constante de proporcionalidad es negativa ($m < 0$).

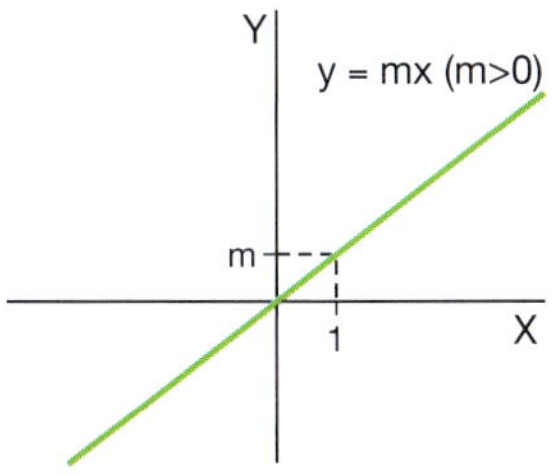

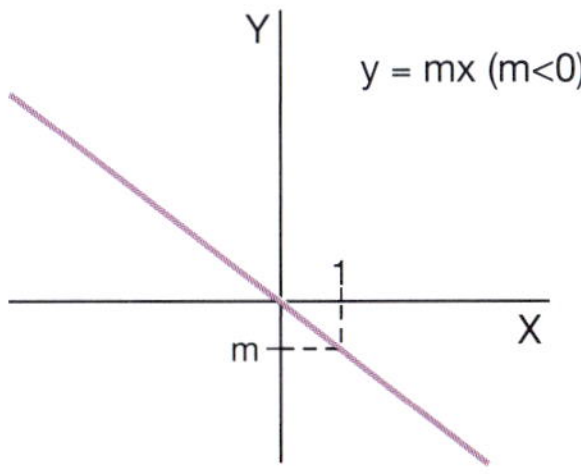

Actividades

17. Representa gráficamente las siguientes funciones lineales y determina la pendiente de cada una de ellas. Indica si son crecientes o decrecientes.

a) $y = \frac{1}{2}x$ b) $y = 3x$ c) $y = -2x$

18. Representa gráficamente los datos de la tabla y determina la pendiente y la expresión algebraica de la función.

Masa (kg)	1	2	3	4
Precio (€)	1,75	3,50	5,25	7

19. La piña es un alimento con un aporte energético de 46 kcal/100 g. Elabora una tabla de la energía aportada en función de la masa de piña ingerida, dibuja la gráfica correspondiente y calcula la pendiente de la recta obtenida.

La función constante

Si en una función afín m es igual a 0, obtenemos la expresión:

$$f(x) = 0x + n = n$$

Esta función no depende de x, pues siempre tiene el mismo valor. Es por ello que se la conoce como **función constante.**

En la siguiente tabla podemos ver datos de la densidad del agua y de los litros que contienen distintos recipientes:

Cantidad de agua (L)	5	10	15	20
Densidad (Kg/dm^3)	1	1	1	1

Observa que la densidad del agua tiene el mismo valor independientemente de la cantidad de agua que consideremos:

$$y = 1$$

Se trata, por lo tanto, de una función constante.

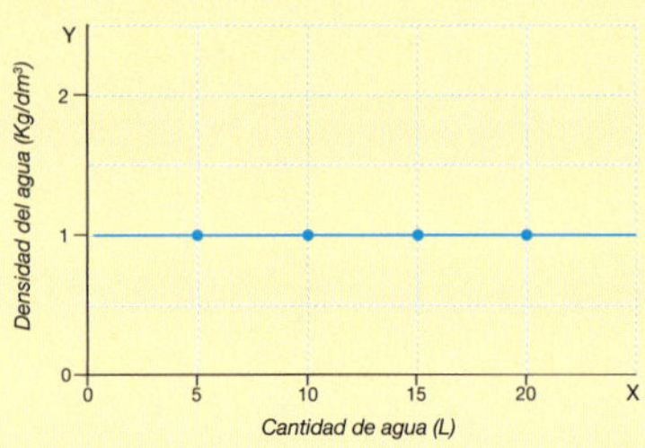

4.2. Función afín

Veamos a continuación un tipo de función parecida a la función directamente proporcional: la **función afín.**

El precio de alquiler de los camiones en una empresa de transportes es de 600 € como tarifa fija más 2 € por cada kilogramo de peso de la carga.

En esta tabla se muestran algunos de los precios según la carga transportada:

Carga (kg)	0	100	200	300	400
Precio (€)	600	800	1 000	1 200	1 400

Si representamos gráficamente el precio de la carga (y) en función de la carga en kilogramos (x) obtenemos la siguiente función:

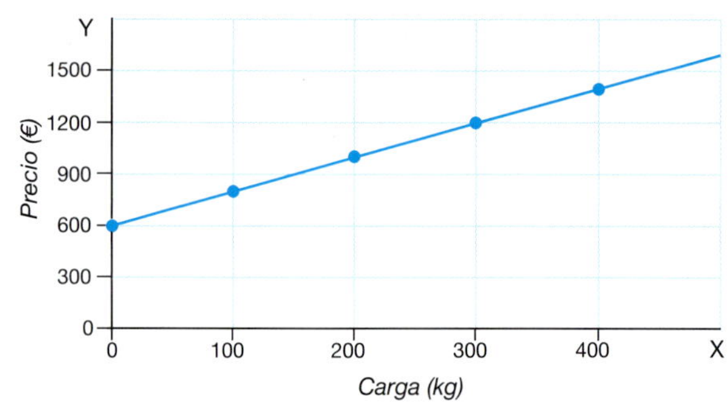

Observa que esta función es continua, con una cierta pendiente y pasa por el punto (0, 600). Es la gráfica de una función afín.

Si ahora traducimos la situación al lenguaje algebraico obtendremos la expresión algebraica de dicha función:

"El precio y del viaje es 600 € más de 2 € por cada kilogramo de carga (x):

$$y = f(x) = 2x + 600$$

Esta es la expresión algebraica de una función afín.

Observa que la función está compuesta de dos términos: una parte que varía proporcionalmente con x y una parte fija.

Una **función afín** es una función cuya expresión es de la forma

$$f(x) = mx + n$$

Su gráfica es una recta que pasa por el punto (0, n) y tienen una pendiente m.

Actividades

20. Haz una tabla de valores para la siguiente función afín. Representa su gráfica.

$$y = 5x - 15$$

21. Un grupo excursionista recibe una subvención de 800 € al año fijos, más 20 € por cada excursionista inscrito.

a) Determina cuál es la función afín que relaciona y (la cuantía de la subvención) con x (el número de excursionistas inscritos).

b) Dibuja la gráfica de dicha función afín.

Puntos de corte con los ejes

Una de las características que caracteriza una función afín son sus puntos de corte con los ejes de coordenadas. Veamos cómo hallar estos puntos.

Corte con el eje de ordenadas

Una función corta el eje de ordenadas en el punto en que la coordenada x vale 0. Si sustituimos $x = 0$ en la fórmula general de la función afín ($f(x) = mx + n$) obtenemos

$$y = n$$

Una función afín cortará el eje de ordenadas en el punto $(0, n)$. Así nos referimos a n como la *ordenada en el origen* de la función.

Corte con el eje de abscisas

Una función corta el eje de abscisas en el punto en que la función $f(x) = y$ vale 0. Si $y = 0$

$$0 = mx + n \rightarrow -mx = n \rightarrow x = -\frac{n}{m}$$

Una función afín cortará el eje de coordenadas en el punto $\left(-\frac{n}{m}, 0\right)$.

Ejemplo 7

Dada la función afín $f(x) = 4x - 12$, calcula los puntos de corte con los ejes y dibuja la gráfica de la función.

COMPRENSIÓN

Los puntos de corte de una función afín con los ejes son $(0, n)$ y $\left(-\frac{n}{m}, 0\right)$.

RESOLUCIÓN

Dado que la función es $y = 4x - 12$, m valdrá 4 y n, −12. Calculamos los puntos de corte a partir de las fórmulas.

$$(0,\ n) = (0,\ -12)\ \text{y}\ \left(-\frac{n}{m},\ 0\right) = \left(-\frac{(-12)}{4},\ 0\right) = (3, 0)$$

Los puntos de corte son $(0, -12)$ y $(3, 0)$. Pueden comprobarse en la gráfica de la función afín.

Función de proporcionalidad directa y función afin

La función directamente proporcional es un tipo de función afín en la que $n = 0$.

Corte con los ejes de abscisas y ordenadas

Una línea corta con el eje de ordenadas cuando x vale 0, y con el eje de abscisas cuando y vale 0.

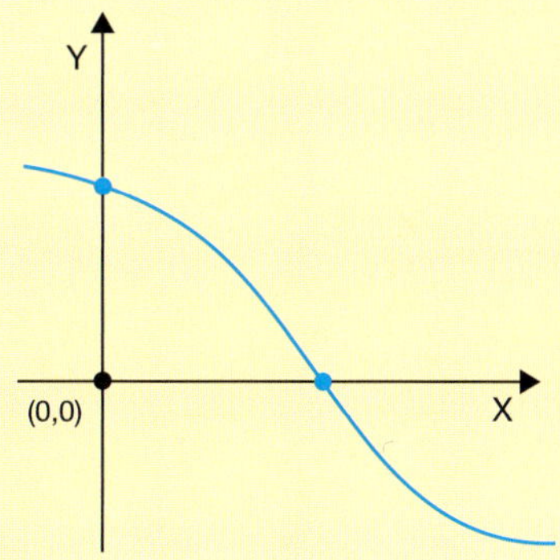

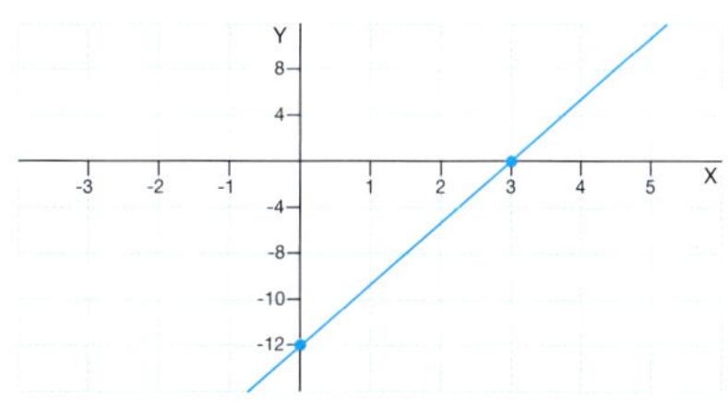

Actividades

22. Halla los puntos de corte con los ejes de la función afín $y = -2x + 4$.

23. La función afín de la gráfica pasa por los puntos de corte (0, 3) y (−1, 0). ¿Cuál es el valor de n? ¿Cuánto vale m? ¿Cuál es la expresión algebraica de la función afín?

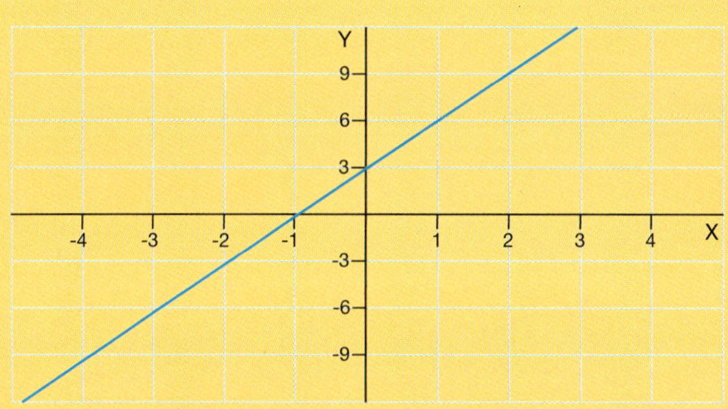

5. Función de proporcionalidad inversa

N.º de grifos	Tiempo (h)
2	24
4	12
6	8
8	6

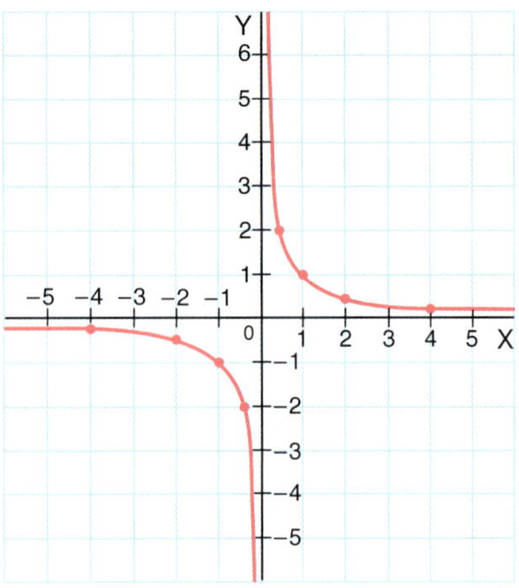

Hipérbola que representa la gráfica de una función de proporcionalidad inversa

Si accedes a la página **http://links.edebe.com/kwa7z**, encontrarás una aplicación interactiva para dibujar hipérbolas diversas.

La tabla del margen muestra la relación entre el número de grifos iguales y el tiempo empleado en llenar una piscina. Se observa que cuando aumenta el valor del número de grifos, disminuye el valor del tiempo empleado. Concretamente, si el número de grifos se duplica, se triplica, etc., el tiempo empleado se reduce a la mitad, a un tercio...

Dos magnitudes son inversamente proporcionales si, al multiplicar un valor de una de ellas por una constante, el valor correspondiente de la otra queda dividido por la misma constante.

Si multiplicamos cada par de valores de la tabla, comprobamos que el producto del número de grifos por el tiempo empleado es un valor constante.

$$2 \cdot 24 = 4 \cdot 12 = 6 \cdot 8 = 8 \cdot 6 = 48$$

Este valor se denomina constante de proporcionalidad inversa y se simboliza por **k.**

Dos magnitudes inversamente proporcionales se relacionan entre sí por una función de proporcionalidad inversa, cuya expresión algebraica es:

$$y = f(x) = \frac{k}{x}$$

La gráfica de esta función es una curva, con dos ramas, denominada hipérbola.

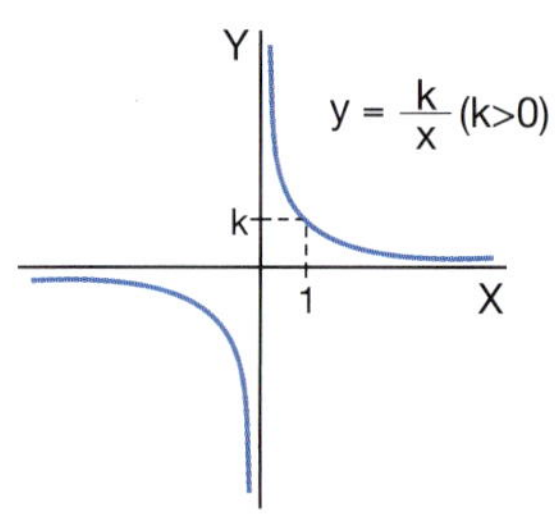

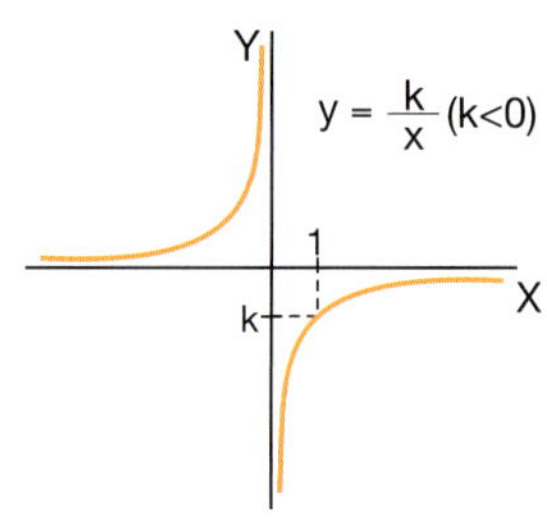

Actividades

24. Para adquirir una vivienda de protección oficial en un determinado municipio existe una subvención relacionada con el sueldo de los solicitantes, que se recoge en la tabla siguiente:

Sueldo anual en euros (*x*)	36 000	18 000	12 000
Subvención en euros f(*x*)	900	1 800	2 700

Representa gráficamente esta función y determina la constante de proporcionalidad inversa.

25. Construye una tabla de valores, representa gráficamente las siguientes hipérbolas y determina la constante de proporcionalidad inversa de cada una de ellas.

a) $y = \frac{3}{x}$

b) $y = -\frac{2}{x}$

c) $xy = 4$

d) $xy = -3$

6. Representación gráfica de funciones con ordenador

Representación gráfica de funciones en GeoGebra.

Representación de funciones	Ejemplo $f(x) = \dfrac{4}{x}$
En la ventana inferior de la entrada de expresiones algebraicas de GeoGebra escribimos la expresión que queremos representar. Al pulsar «Intro» obtenemos la correspondiente representación gráfica.	Escribimos y=4/x en la ventana algebraica y obtenemos: 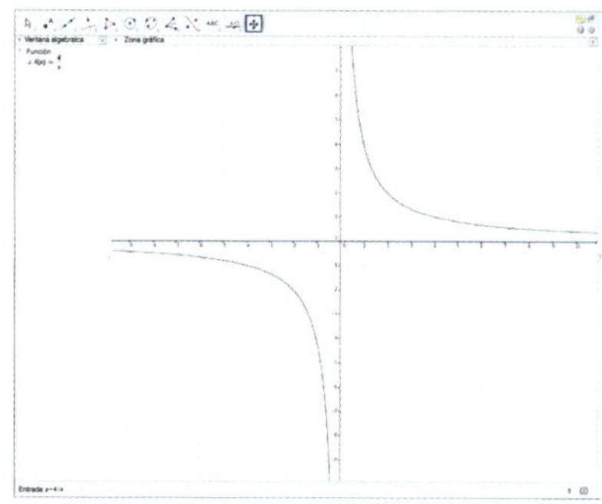

Veamos ahora cómo hallar los puntos de corte de una función con los ejes de coordenadas.

Intersección de una función con los ejes de coordenadas	Ejemplo
Escribimos la expresión algebraica de la función que queremos estudiar y representamos la función.	Escribimos "y=2x-3" en la ventana algebraica y obtenemos: 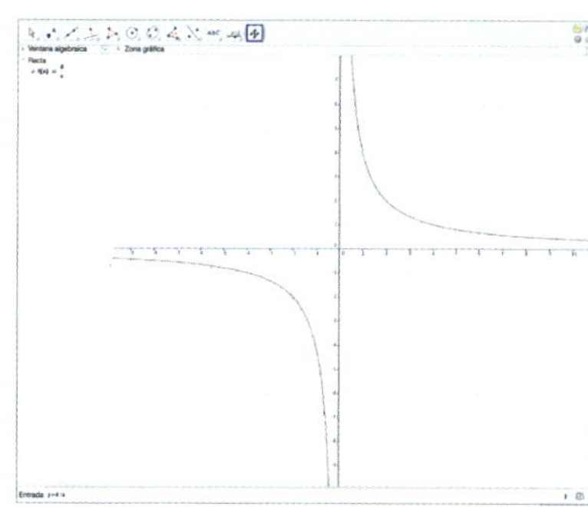
Para determinar los puntos de corte con los ejes, utilizamos la opción Intersección de Dos Objetos. Seleccionamos esta opción y, a continuación clicamos sobre la gráfica de la función y el eje *OX*. Procedemos del mismo modo con el eje *OY*. Los puntos de corte se muestran en la ventana izquierda.	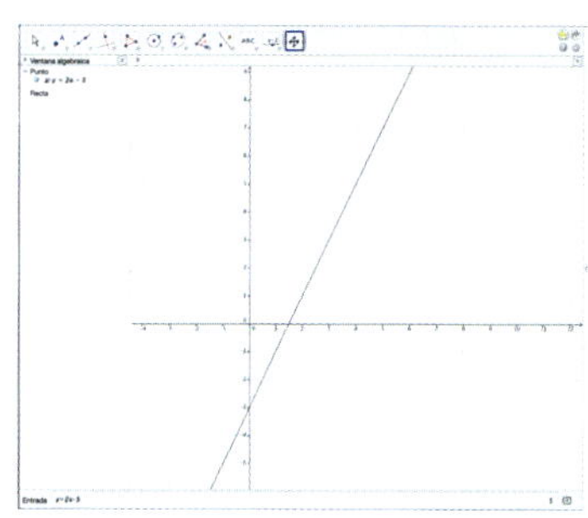

Actividades

26. Utiliza el programa informático de representación gráfica del que dispongas para representar gráficamente estas funciones:

$$y = 2x + 5 \qquad\qquad y = -3x - 1$$

— Determina los puntos de corte con los ejes y la pendiente de cada una de las rectas.

ACTIVIDADES RESUELTAS

ESTRATEGIA: Organización de la información

Antes de iniciar la resolución de cualquier problema, es preciso que **organices** los datos disponibles.

En problemas con muchos cálculos o en aquellos casos en que se maneja gran cantidad de información, la construcción de tablas o gráficos ayuda a organizar las ideas y facilita los cálculos posteriores.

En el apartado de economía de un periódico hemos leído los siguientes datos:

La capitalización del año 2015 de algunas empresas que forman el ÍBEX 35 (en miles de euros) fue: Iber-drola, 35 054 828; Repsol, 37 268 780; Telefónica, 55 056 924; Endesa, 15 364 077; Gas Natural, 10 671 464.

Los valores (en miles de euros) del año 2014 fueron: Iberdrola, 29 745 958; Repsol, 35 745 516; Telefónica, 60 942 920; Endesa, 11 582 663; Gas Natural, 9 360 480.

Calcula las ganancias o las pérdidas totales de este período.

Comprender

— Si desconoces alguno de los términos del enunciado, averigua su significado para comprender exactamente lo que te piden.

Podemos acudir a la definición de *capitalización* o *ganancia* para mejorar la comprensión del enunciado.

Planificar

— Es suficiente con hallar la diferencia entre la capitalización de los años 2015 y 2014 para cada una de las empresas, y calcular la suma. Para conseguirlo podemos disponer de los datos en una tabla a la que añadiremos una columna para situar el resultado de estas diferencias.

Capital			
Empresa	**2015**	**2014**	**Diferencia**

Ejecutar el plan

— Completamos la tabla anterior.

— Sumamos la última columna para calcular las pérdidas o ganancias.

Si sumamos todos los valores de la última columna, tenemos:
5 308 870+1 523 264 –50 885 996 + 3 781 414 + 1 310 984 = 6 038 536
Al ser un valor positivo, se trata de ganancias.

Capital			
Empresa	**2015**	**2014**	**Diferencia**
Iberdrola	35 054 828	29 745 958	5 308 870
Repsol	37 268 780	35 745 516	1 523 264
Telefónica	55 056 924	60 942 920	-5 885 996
Endesa	15 364 077	11 582 663	3 781 414
Gas Natural	10 671 464	9 360 480	1 310 984

Revisar

— Repasamos con la calculadora todas las operaciones efectuadas.

Repasando con la calculadora todas las operaciones realizadas, comprobamos que la solución es correcta.

Actividades

Aplica la estrategia anterior para resolver el siguiente problema:

27. En una empresa textil se fabrican dos tipos de chándales: A y B. Para confeccionar un chándal del tipo A, se utilizan 2 m de tela blanca y 1,5 m de tela azul. Para confeccionar uno del tipo B, se emplean 3 m de tela azul y 1 m de tela blanca. El precio de 1 m de tela blanca es de 4 € y el de 1 m de tela azul, 5,20 €.

Para la confección de un chándal del tipo A se necesitan 4 h y para la confección de un chándal del tipo B, 3 h. Si las modistas cobran 9 € por hora de trabajo, calcula cuánto le cuesta a la empresa la confección de un lote de chándales formado por 120 unidades del tipo A y 130 del tipo B.

Dependencia entre magnitudes

si a cada valor de la variable independiente le corresponde un único valor de la variable dependiente

FUNCIONES

- Lineal o de proporcionalidad directa
- Afín
- De proporcionalidad inversa

características

- Puntos de corte con los ejes
- Crecimiento y decrecimiento
- Máximos y mínimos
- Continuidad y discontinuidad

Actividades finales

28. ★☆☆ Un abono de temporada para asistir a la representación de cuatro óperas en el Gran Teatro cuesta 119 €. Expresa la dependencia entre el importe que se debe pagar y el número de abonos mediante una tabla de valores, una gráfica y una fórmula.

— Razona por qué no puedes unir los puntos que forman la gráfica.

29. ★★☆ En una tienda de tejidos hemos comprado una tela que cuesta 4 € el metro para confeccionar un vestido. Expresa la dependencia entre su importe y el número de metros comprados mediante una tabla de valores, una gráfica y una fórmula. Calcula el importe de 3,5 m y de 8,5 m de esta tela.

30. ★★☆ Expresa la dependencia entre el perímetro de un triángulo equilátero y la longitud de su lado mediante una tabla de valores, una gráfica y una fórmula.

31. ★★☆ En un edificio hay un montacargas que admite 500 kg de peso en cada viaje. Expresa mediante una tabla de valores, una gráfica y una fórmula la dependencia entre el número de viajes y el peso de la carga que queremos subir.

— Indica si la gráfica es continua o discontinua.

Concepto y características de las funciones

32. ★☆☆ Describe tres situaciones cotidianas en las que se establezcan relaciones entre diferentes variables e indica, en cada caso, cuáles son las variables dependientes y cuáles las variables independientes.

Actividades finales

33. ★☆☆ En estos pares de magnitudes relacionadas, indica cuál es la variable independiente y cuál es la variable dependiente:

a) El alargamiento que experimenta un muelle cuando se cuelga un peso de su extremo y ese peso.

b) El tiempo que circula un coche a velocidad constante y la distancia recorrida.

c) El peso de una barra de pan y el de la harina usada en su elaboración.

d) La edad de un niño y su estatura.

e) El importe del recibo del gas y el tiempo de funcionamiento de la calefacción.

34. ★☆☆ Escribe la expresión algebraica de una función *f* definida, en cada caso, por estos criterios:

a) Elevar un número al cuadrado.

b) Dividir un número entre 4 y sumarle 2.

35. ★☆☆ Indica el crecimiento y el decrecimiento de la función representada en esta figura y los puntos en que alcanza los valores máximo y mínimo.

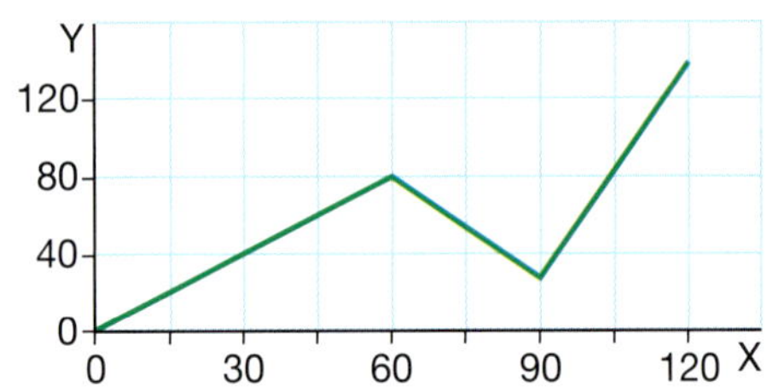

36. ★★☆ Un corredor que participa en una carrera corre a una velocidad constante de 10 km/h.

a) Escribe una fórmula que permita hallar la distancia recorrida a partir del tiempo transcurrido.

b) Esta relación de dependencia entre las variables *tiempo transcurrido* y *distancia recorrida*, ¿es una función? En caso afirmativo, di cuál es la variable dependiente y cuál la variable independiente.

c) Halla la distancia que recorre el corredor en 1 h 30 min y el tiempo que tarda en recorrer 25 km.

37. ★★☆ Para ir a una excursión, Juan ha alquilado una bicicleta a un precio de 1,60 € por cada hora o fracción.

a) Completa en tu cuaderno la siguiente tabla de valores:

Número de horas (x)	1	2	3	4
Importe en euros (y)				

b) Representa la gráfica de la función e indica si se trata de una gráfica continua o no.

38. ★★☆ En grupos, aplicad la **técnica cooperativa** *El juego de las palabras*.

— El profesor escribe las siguientes palabras en la pizarra: *función, variable independiente, variable dependiente, enunciado verbal, expresión algebraica, tabla, gráfica, crecimiento, decrecimiento, máximos, mínimos* y *tasa de variación media*. Seleccionad tres términos que consideréis clave.

— Individualmente, redacta una frase con las palabras propuestas.

Ponedlas en común en el grupo, valoradlas y redactad una versión consensuada.

39. ★★★ Para cada una de las gráficas siguientes, determina:

a) Si es continua o discontinua.

b) El número de máximos y mínimos.

c) En qué intervalos es creciente, decreciente o constante.

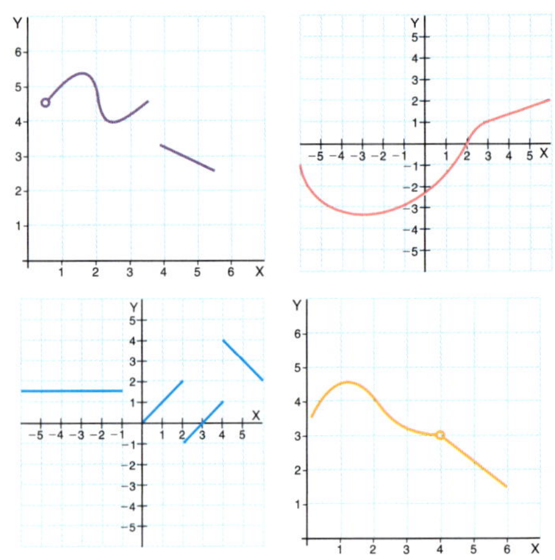

40. ★★★ Considera las funciones siguientes y calcula las imágenes de −1 y 3, y las antiimágenes de −8 y 1, para cada función.

a) $f(x) = x - 4$ b) $g(x) = x^2 - 3$

41. ★★★ En una librería venden un determinado modelo de bolígrafo a 1,20 € la unidad.

a) Completa en tu cuaderno la siguiente tabla de valores:

Número de bolígrafos (x)	1	2	3	4
Importe en euros (y)				

b) Representa la gráfica de la función e indica si se trata de una gráfica continua o no.

c) ¿Qué valor tiene la variable dependiente si el valor de la variable independiente es 15?

d) ¿Qué valor tiene la variable independiente si el valor de la variable dependiente es 12?

42. ★★★ La velocidad de impresión de un determinado modelo de impresora es de 8 páginas cada minuto.

a) Si hasta este momento había impreso 32 páginas, ¿cuántas habrá impreso transcurridos 2 minutos? ¿Y cuántas páginas había impreso hasta hace 1 minuto?

b) ¿Cuál es la expresión algebraica de la función que permite hallar el número de páginas impresas en función del tiempo?

43. ★★★ Considera un rectángulo, la medida de cuya altura es el doble que la medida de su base.

a) Escribe la expresión algebraica de la función que permite saber el perímetro del rectángulo en función de la base.

b) Halla, a partir de la expresión algebraica de la función, el valor de la base del rectángulo que corresponde a un perímetro de 24 cm.

Funciones lineales, afines y de proporcionalidad inversa

44. ★☆☆ Indica cuáles de las siguientes funciones son funciones lineales e indica en cada caso el valor de la pendiente:

a) $y = x + 1$ c) $y = 5x$ e) $y = 3$

b) $y = -x + 3$ d) $y = x$ f) $y = -\frac{1}{2}x$

45. ★☆☆ Construye tablas de valores y representa las siguientes funciones lineales:

a) $y = 4x$ b) $y = -0{,}5x$ c) $y = 1{,}2\,x$

46. ★☆☆ Indica cuáles de estas variables son inversamente proporcionales:

a) La superficie de una pared y la cantidad de pintura necesaria para pintarla.

b) El número de socios de una peña quinielística y la cantidad que percibirá cada uno al repartirse un premio.

c) La velocidad de un automóvil y la cantidad de gasolina que consume en un trayecto.

d) La velocidad de un ascensor y el tiempo que tarda en alcanzar un piso determinado.

47. ★☆☆ Escribe la expresión algebraica simplificada de las funciones definidas por los siguientes enunciados:

a) Sumarle seis unidades a un número y dividirlo entre tres.

b) Restarle a un número la mitad de sí mismo.

c) Elevar al cuadrado el resultado de restarle tres unidades a un número.

d) Dividir un número entre dos y al resultado sumarle cinco unidades.

48. ★☆☆ Representa gráficamente las siguientes funciones:

a) Una función constante.

b) Una función con un máximo como mínimo.

c) Una función con un máximo y un mínimo, y que no sea continua.

d) Una funcion continua con dos tramos crecientes y uno constante.

49. ★☆☆ Determina las funciones afines. Halla el valor de m y n de las que lo sean.

a) $y = -\frac{1}{2x-1}$ c) $y = 4x - 11{,}2$

b) $y = -1 - x$ d) $y = 8x^3 + 1$

50. ★☆☆ Un ciclista viaja entre dos pueblos a una velocidad media de 30 km/h. Determina la expresión algebraica que relaciona los kilómetros recorridos con el tiempo empleado.

51. ★☆☆ Representa gráficamente en GeoGebra las siguientes funciones:

a) $f(x) = 5$ b) $g(x) = 2x$ c) $h(x) = -3x$

52. ★★☆ Por los puntos (4, 5) y (6, *a*) pasa la gráfica de una función lineal. ¿Cuál es el valor de *a*?

53. ★★☆ Indica si son ciertas o falsas estas afirmaciones:

a) La gráfica de la función lineal $y = \frac{2}{5}x$ pasa por el punto (2, 5).

b) La ecuación de la bisectriz del primer cuadrante es $y = x$.

c) Todas las funciones pasan por el punto (0, 0).

d) La expresión algebraica de la función lineal que pasa por el punto (25, 35) es $y = \frac{7}{5}x$.

54. ★★☆ Observa estas dos funciones lineales:

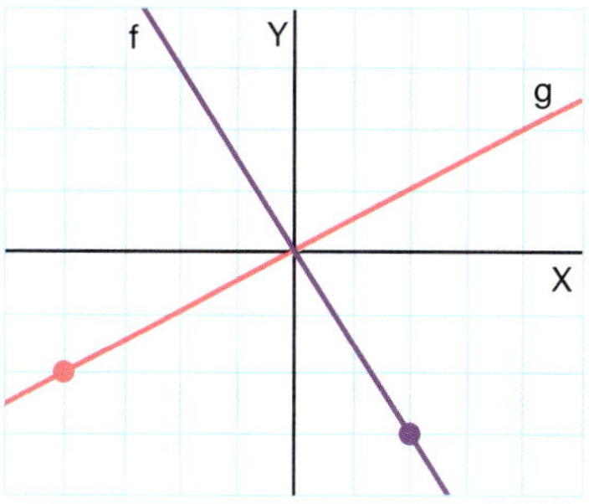

a) Fíjate en los puntos señalados y halla la pendiente de cada una de las rectas representadas.

b) ¿Cuál es la expresión algebraica de cada una de las funciones?

Actividades finales

55. ★★☆ Una máquina llena un cartucho de tinta de la impresora cada 45 s.

a) Completa en tu cuaderno la siguiente tabla:

Tiempo en segundos (*x*)	45		180	
Número de cartuchos (*y*)	1	2		10

b) Las variables tiempo y número de cartuchos, ¿son directamente proporcionales?

c) Representa gráficamente la función y halla su expresión algebraica.

56. ★★☆ La siguiente recta corresponde a la gráfica de una función lineal:

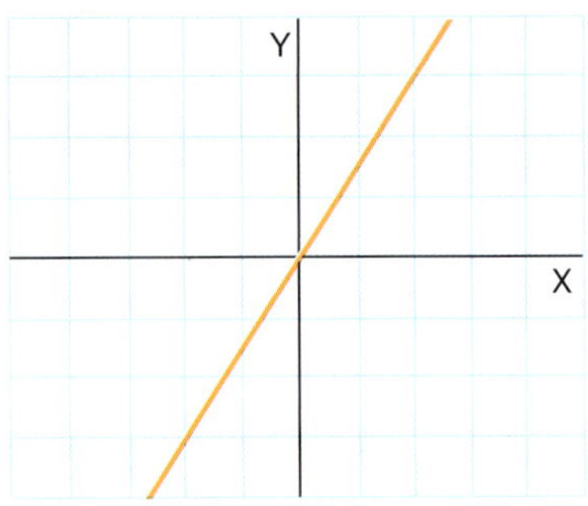

a) Halla la expresión algebraica de la función.

b) ¿Qué valor tiene la variable dependiente si el valor de la variable independiente es 4?

c) ¿Qué valor tiene la variable independiente si el valor de la variable dependiente es 15?

57. ★★☆ La fórmula $2\pi \cdot r$ permite hallar la longitud *L* de la circunferencia si se conoce la longitud de su radio.

a) La longitud de la circunferencia y su radio, ¿son dos magnitudes directamente proporcionales?

b) Halla el valor de la longitud de la circunferencia cuyo radio mide 10 cm y halla el valor del radio de una circunferencia cuya longitud es de 314 cm.

58. ★★☆ Determina la constante de proporcionalidad inversa y representa gráficamente la siguiente función:

$$y = \frac{3}{x}$$

59. ★★☆Representa gráficamente las siguientes funciones de proporcionalidad inversa siguiendo el modelo anterior:

a) $y = \frac{5}{x}$ b) $y = \frac{-6}{x}$ c) $y = \frac{1}{4x}$

60. ★★☆ Entra en la página **http://links.edebe.com/i89g9** y comprueba las representaciones gráficas de las actividades 43, 45, 47 y 48.

61. ★★☆ Formad grupos de 3 o 4 alumnos para resolver la siguiente actividad. En esta figura, *A, B, C* y *D* son los vértices de un cuadrado cuyo lado mide 4 cm y *P* es un punto sobre el lado *AD*. La longitud del segmento $\overline{AP}$ es *x* cm.

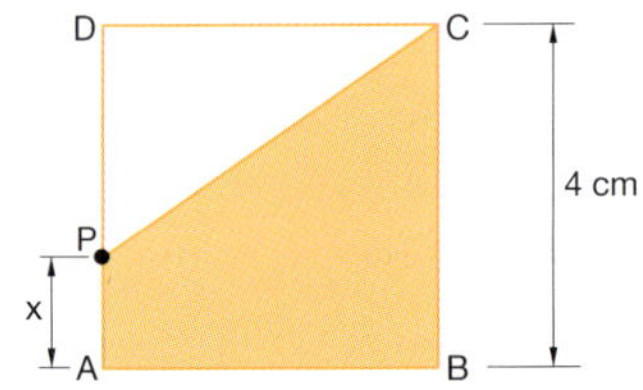

a) Escribid la expresión algebraica de la función que nos permite saber el área del cuadrilátero *ABCP* en función de *x*.

b) Representad gráficamente esta función.

c) Hallad, a partir de la gráfica, el valor aproximado de *x* que corresponde a un área del cuadrilátero igual a 13 cm^2. A continuación, calculad el valor exacto de *x*.

62. ★★☆ Calcula el valor de *k* en cada función para que la imagende 2 sea $\frac{3}{5}$.

a) $y = kx$ b) $y = \frac{2k}{x}$

c) $y = 4x + \frac{k}{2}$ d) $y = \frac{x + k}{3k}$

63. ★★☆ En una carretera que sube a una montaña por cada metro recorrido en horizontal se recorre medio metro en vertical.

a) Representa gráficamente la función que relaciona la altura de la montaña con la distancia recorrida horizontalmente.

b) Escribe la expresión algebraica de la función.

c) Halla la expresión algebraica de la función que relaciona la distancia recorrida por el coche en la carretera con el desplazamiento horizontal.

64. ★★☆ Dada la función afín $y = -2x + 6$

a) Haz una tabla de valores.

b) Representa la gráfica de la función afín

c) Determina cuáles son los puntos de corte con los ejes. ¿Cuál es la pendiente de la función afín?

65. ★★☆ Cinco compañeros deciden comprar un regalo para un amigo común y pagan 12 euros cada uno. Si hubiesen sido tres compañeros más para comprar el regalo, ¿qué porcentaje se habrían ahorrado?

66. ★★☆ Halla las gráficaa de las siguientes funciones con GeoGebra:

a) $f(x) = \frac{2}{x}$ b) $g(x) = -\frac{1}{x}$

67. ★★☆ Determina la expresión algebraica de la función que expresa el perímetro del siguiente rectángulo y, a través de la tasa de variación media, verifica si la función es creciente o decreciente en el intervalo [1, 3].

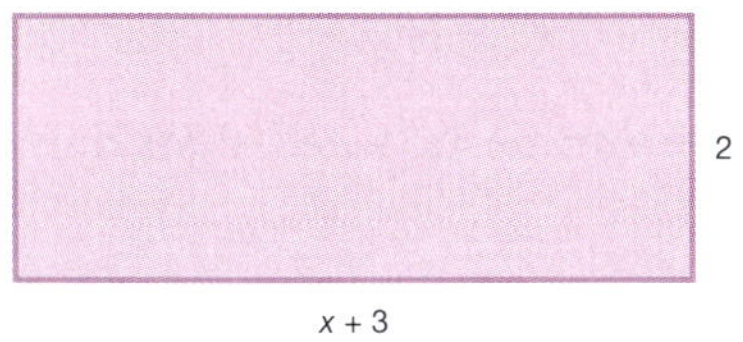

68. ★★☆ Representa gráficamente mediante GeoGebra las siguientes funciones:

a) $f(x) = x + 5$

b) $g(x) = 2x - 3$

c) $h(x) = -4x + 1$

d) $i(x) = -2x - 6$

e) $j(x) = \frac{2}{3}x + 5$

69. ★★☆ En el siguiente triángulo rectángulo las longitudes están expresas en centímetros.

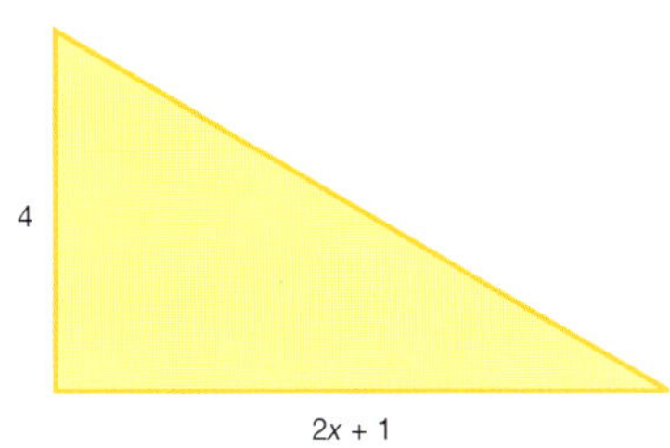

La función f relaciona el área del triángulo con x.

Halla la expresión algebraica, el dominio y el recorrido de la función f, y represéntala gráficamente.

70. ★★★ Representa gráficamente en unos mismos ejes las funciones de proporcionalidad inversa $y = \frac{1}{x}$, $xy = 3$ e $y = \frac{1}{3x}$.

a) ¿Qué le sucede a la representación gráfica de cada función a medida que aumenta el valor de la constante de proporcionalidad k?

b) ¿Qué valor debe tener la constante k para que la gráfica de $y = \frac{k}{x}$ contenga el punto $x = 1$ y su imagen $y = 2$?

71. ★★★ Para las siguientes funciones calcula, cuando sea posible, las imágenes de –1, 0 y 3 y las antiimágenes de –2, 0 y 3:

a) $y = -\frac{4}{3} \cdot (x+2) - 1$

b) $y = -\frac{2}{4x + \frac{1}{3}}$

c) $y = 2 \cdot \left(x^2 - \frac{1}{4}\right) + \frac{5}{2}$

d) $y = -\frac{x+1}{2x-1}$

72. ★★★ Algunas de las siguientes afirmaciones son incorrectas. Descúbrelas y corrígelas razonadamente.

a) Una función de proporcionalidad inversa $y = \frac{k}{x}$ es discontinua siempre que k sea diferente de 0 y 1.

b) Uno de los intervalos de una función de proporcionalidad inversa siempre es creciente.

c) Si la pendiente de una función es negativa, la función es creciente.

d) En una función lineal con pendiente igual a 1, la imagen de un valor x es siempre este mismo valor.

73. ★★★ Determina la expresión algebraica que relaciona:

a) El área de un cubo en mm^2 con la longitud de su lado en mm.

b) El área de un cubo en m^2 con la longitud de su lado en mm.

74. ★★★ Una función afín tiene los siguientes puntos de corte con los ejes: (0,2) y (–2, 0).

a) ¿Cuáles son los valores de m y n? ¿Cuál es la ecuación de la función?

b) Haz una tabla de valores para la función afín y represéntala en una gráfica.

75. ★★★ La velocidad a la que vuela un pájaro es de 12 m/s más x, la velocidad del viento.

a) Escribe la función que relaciona la velocidad del pájaro con la velocidad del viento. ¿De qué tipo es?

b) ¿Cuál debe ser la velocidad del viento para que el pájaro vuele a 8 m/s? ¿A qué velocidad irá el pájaro si la velocidad del viento es de 6 m/s?

c) Halla los puntos de corte de la función con los ejes de coordenada ¿Qué significado tienen estos puntos

76. ★★★ En la siguiente gráfica está representada la función $y = 3x + 1$ y un rectángulo. El punto C, que es uno de los vértices del rectángulo, pertenece a la recta. Sabiendo que el perímetro del rectángulo es 18 cm, calcula su área.

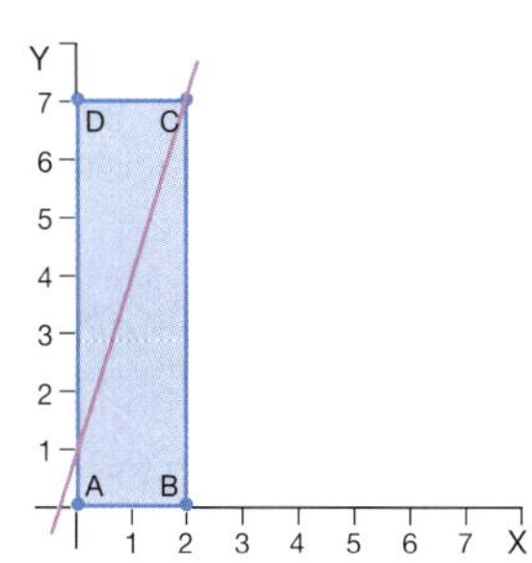

77. ★★★ El área de un rectángulo es de 72 m^2. Sabiendo que su anchura es 1 m mayor que su longitud, calcula las dimensiones del rectángulo.

PBL: **Preparando una excursión**

Planteamiento del problema

En vuestro centro educativo están planificando las excursiones que se realizarán este trimestre y necesitan vuestra ayuda para seleccionar las actividades y el presupuesto idóneo para cada una de ellas.

Recursos

Antes de empezar a buscar actividades, es importante situar en un mapa dónde se realizará la excursión y, qué lugares de interés hay a su alrededor (pueblos históricos, espacios naturales protegidos, museos, mercados locales...). Para ello, es importante utilizar un buscador a la vez que consultar mapas en la Red. Una vez situados, es importante decidir las actividades que podréis llevar a cabo. Tened en cuenta:

- El precio de la actividad por alumno.
- El número de alumnos por actividad.
- Si se contrata algún extra (guía, audioguía, etc.)

Metodología de trabajo

El trabajo se desarrollará en grupos de 3 a 5 alumnos. Debéis seguir este procedimiento:

1.º Análisis y comprensión del problema.

2.º Pensad diferentes propuestas de actividades o excursiones, y repartidlas entre los componentes del grupo.

3.º Buscad individualmente información de las distintas actividades para tener los máximos detalles, así como sus precios.

4.º Confeccionad una tabla de precios teniendo en cuenta todas las posibles variables (número de participantes, descuentos para grupos...).

5.º Reunión y puesta en común de los resultados obtenidos por cada miembro del grupo.

6.º Exposición del trabajo como una presentación en formato digital con fotografías gráficas y tablas para conocer las distintas propuestas y cuál puede ser la más valorada.

Cre@ctividad: Funciones con la hoja de cálculo de GeoGebra

Con la hoja de cálculo de GeoGebra pueden representarse funciones. Veamos cómo representar la función $f(x) = x^2$

En las celdas, para que el programa interprete que x o f(x) es un texto, deben escribirse entre comillas dobles.

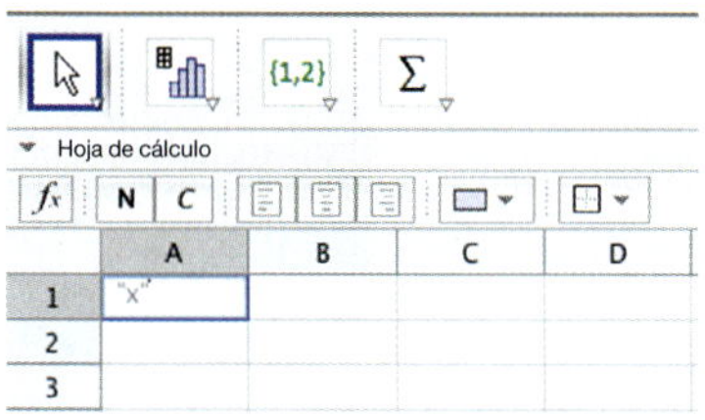

En la hoja de cálculo, los puntos de una función deben escribirse en la forma (x, f(x)) para que en la Vista Gráfica aparezcan. Por ejemplo, (2,4)

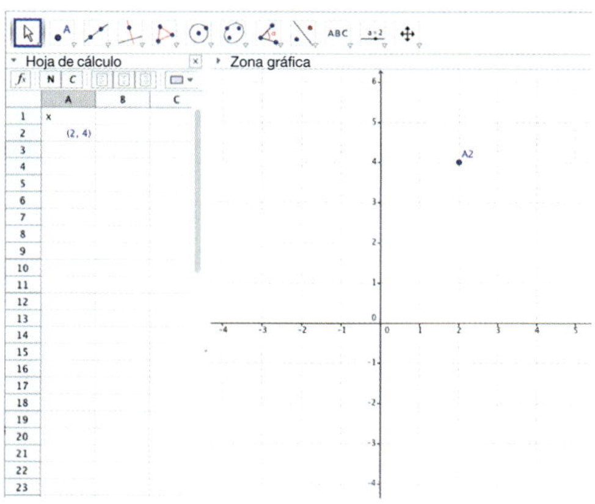

En la barra Entrada podemos escribir la función que se quiere representar. En nuestro caso, f(x)=x^2

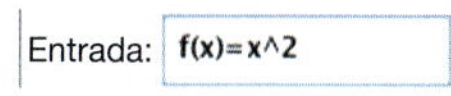

Observa que en la Vista gráfica aparece dibujada la gráfica de la función y que en este caso pasa por el punto (2, 4) que hemos marcado anteriormente.

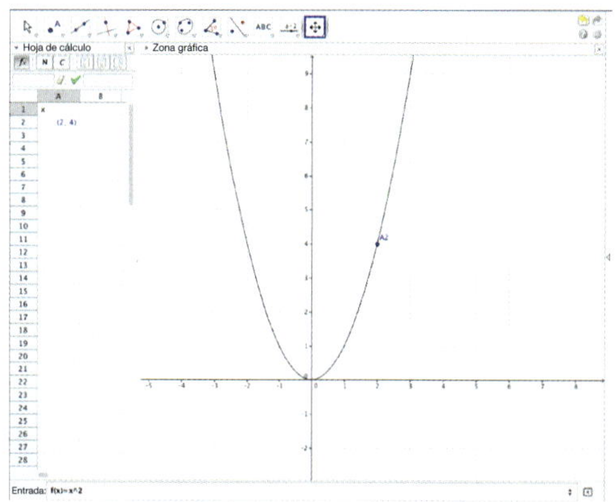

Atrévete

- Utilizad el programa GeoGebra para representar las funciones gasto total de las actividades planteadas en el PBL.
- ¿En qué punto se corta cada una de ellas con el eje Y?
- ¿Cuál de ellas toma un valor mayor para 10 alumnos?¿Y un valor menor?

Visión 360°

Para preparar una excursión, es importante además de la accessibilidad y la localización, conocer las características de la ruta y el nivel de dificultad que conlleva.

- Buscad en Internet o en guías de viajes distintas excursiones y cómo están clasificadas por grado de dificultad.
- En grupos, confeccionad una pequeña guía con distintos recorridos de interés cerca de vuestro centro educativo.

Para que la guía sea diferente, expresad la dificultad de cada recorrido mediante el número de pasos necesarios para finalizar la ruta.

- ¿Cómo calcularéis estos pasos?
- ¿Qué deberéis tener en cuenta?

Pon a prueba tus competencias

1. Sara fue al supermercado a comprar manzanas. Compró manzanas Golden a 3 €/kg y manzanas Royal Gala a 2,5 €/kg.

a) Escribe la expresión algebraica de la función *f* que relaciona el precio en euros con los kilogramos de manzanas Golden.

b) Halla la expresión algebraica de la función *g* que relaciona el precio en euros con los kilogramos de manzanas Royal Gala.

c) Representa gráficamente la función *f*.

d) Representa gráficamente la función *g*.

e) Sara gastó 7,2 € en las manzanas Golden y compró 1,6 kg de manzanas Royal Gala. ¿Cuántos kilogramos de manzanas compró? ¿Cuánto costaron?

2. Una sala de cine tiene 20 butacas en la primera fila, 19 en la segunda, 18 en la tercera... esta secuencia sigue de este modo hasta la décima fila.

a) Determina la expresión algebraica de la función *f* que relaciona el número de la fila con su número de butacas.

b) Identifica la variable independiente y la variable dependiente.

c) Haz la gráfica de *f*.

d) ¿Cuántas butacas hay en la séptima fila?

e) Calcula el número total de butacas.

f) En una sesión de una película, $\frac{2}{7}$ de la sala está vacía. ¿Cuántos espectadores hay?

3. La densidad de una sustancia es directamente proporcional a su masa e inversamente proporcional a su volumen. La densidad de una sustancia suele medirse en g/cm^3.

a) Una viga de hierro tiene 10 mm de diámetro y 12 m de longitud. Calcula el volumen de la viga en centímetros cúbicos. Presenta el resultado con un número decimal.

b) Sabiendo que la viga tiene 7,4 kg de masa, calcula la densidad del hierro.

c) Escribe la expresión algebraica de la función que describe la densidad de 2,7 kg de una sustancia en relación con su volumen.

d) Halla su representación gráfica.

e) Determina su dominio y recorrido.

f) Sabiendo que la densidad del aluminio es $2{,}7 g/cm^3$, calcula la arista de un cubo de aluminio de 2,7 kg.

4. Un funicular recorre la distancia entre las estaciones A y B con una velocidad media de 2 m/s.

a) Escribe la expresión algebraica de la función *f* que relaciona la distancia recorrida con el tiempo de trayecto.

b) Determina su dominio y su recorrido.

c) Representa gráficamente *f*.

d) Determina la distancia entre los puntos A y B.

e) ¿A qué altura estaba el funicular cuando había recorrido 160 m en la horizontal?

f) ¿Cuánto tiempo necesita el funicular para llegar de A a B? Expresa el resultado en minutos y segundos.

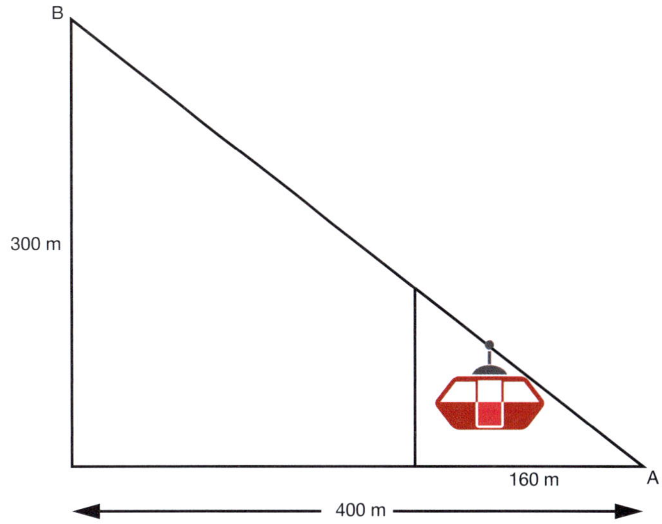

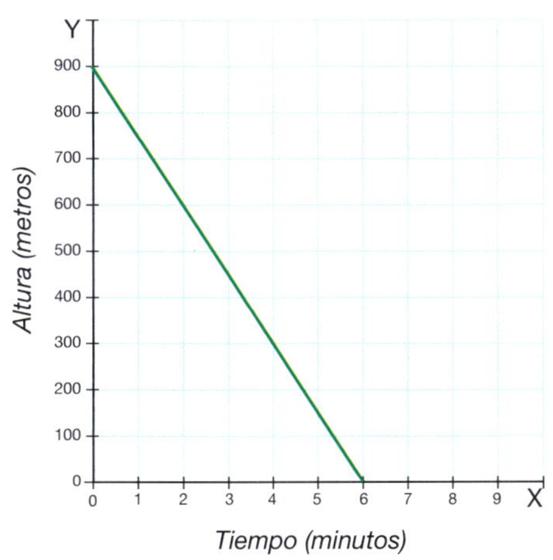

5. Un globo aerostático que inicialmente estaba a 900 m de altura desciende con una determinada velocidad. En la gráfica está representada la altura del globo a lo largo del descenso.

a) ¿A qué altura estaba el globo aerostático 2 min después de iniciar el descenso?

b) ¿Cuánto tiempo tardó el globo en llegar a una altura de 300 m?

c) ¿Cuántos minutos tardó el globo en completar su descenso?

d) Calcula la velocidad media del globo en m/s.

e) ¿La función *f* es creciente o decreciente? ¿Por qué?

Reflexiona

Diario de aprendizaje

— Tras estudiar esta unidad, ¿consideras útil el concepto de función y sus características para ámbitos tales como la ciencia, la economía, el arte...?

— ¿Hay situaciones cotidianas de tu vida en las que aparezcan funciones?¿De qué tipo?

— ¿Has tenido alguna dificultad en el tratamiento de las funciones? ¿Como lo has resuelto?

FUNCIONES. ESTADÍSTICA Y PROBABILIDAD

12 Estadística y probabilidad

Un deporte paralímpico

El *goalball* es un deporte paralímpico para personas ciegas y deficientes visuales. Se practica entre dos equipos de tres jugadores cada uno. Los participantes de cada equipo utilizan el sentido del oído para detectar la trayectoria de la pelota que lleva cascabeles en su interior. En los penaltis, el portero defiende toda la portería solo y debe lanzarse a un lado o a otro casi al mismo tiempo que el jugador contrario golpea la pelota. ¿Es un experimento aleatorio adivinar el lado hacia el que lanzará el jugador?

CONTENIDOS

1. Estadística
2. Presentación de datos
3. Parámetros estadísticos
4. Probabilidad

PBL: Historia de los juegos de azar

Cre@ctividad: Probabilidades con la hoja de cálculo de GeoGebra

Rutina de pensamiento

CSI: COLOR, SÍMBOLO, IMAGEN

http://links.edebe.com/n4cy

A partir del visionado del vídeo, elige:

— Un color.

— Un símbolo.

— Una imagen.

Deben reflejar la idea que consideres más relevante sobre lo que has visto.

Deloitte.
EDF
BT
Panasonic
Sainsbury's
Paralympic Games
London 2012

1. Estadística

Muchas veces es interesante conocer algunas características o el comportamiento de un colectivo en cuestiones tan diversas como, por ejemplo:

A. El color preferido de los alumnos de una clase.

B. El número de goles marcados por cada uno de los equipos de fútbol de primera división en la última jornada.

C. La estatura del alumnado de 2.º de ESO de una ciudad.

En estos casos es necesario recoger datos, organizarlos adecuadamente y analizarlos para extraer conclusiones. Ya sabes que este tipo de estudio se denomina **estudio estadístico.** Para el estudio estadístico de una situación hay que definir, en primer lugar, los siguientes conceptos: población, individuo, muestra, variable estadística y dato.

> La **población** de un estudio estadístico es el conjunto de elementos objeto del estudio. Cada uno de los elementos de la población es un **individuo.**

En ocasiones, no puede tratarse toda la población porque es demasiado grande, porque no se dispone de tiempo ni de recursos para hacerlo, o por otros motivos. En estos casos, solo puede estudiarse una parte de la población.

> Una **muestra** es una parte de la población sobre la que se lleva a cabo el estudio.

> La propiedad o característica concreta de la población que se quiere estudiar recibe el nombre de **variable estadística.** Cada valor que toma la variable estadística es un **dato.**

Así, en los casos planteados anteriormente podemos construir la tabla que se muestra a continuación:

Estudio estadístico	Población	Variable estadística
A	Todos los alumnos de una clase	Color preferido
B	Equipos de fútbol de primera división	Número de goles marcados en la última jornada
C	Alumnado de 2.º de ESO de una ciudad	Color preferido

Elección de la muestra

Normalmente, se estudia una muestra porque la población es muy grande o porque es muy costoso estudiar la población entera.

Dado que las conclusiones que se extraen de un estudio estadístico se extrapolan a toda la población, se ha de prestar mucha atención a la hora de seleccionar la muestra.

Actividades

1. Indica la población y la variable estadística de cada uno de estos estudios estadísticoss:

a) Deporte preferido por los trabajadores de una empresa.

b) Número de alumnos por clase en un centro escolar.

c) Duración de unas determinadas bombillas.

d) Grado de satisfacción de los estudiantes de un centro respecto a la enseñanza que reciben.

1.1. Variables estadísticas

Es interesante conocer qué clase de valor puede tomar una variable estadística. En los casos anteriores, los valores pueden ser los siguientes:

A (color preferido): rojo, azul, verde, amarillo...

B (número de goles marcados en la última jornada): 0, 1, 2, 3...

C (estatura): 1,57 m, 1,63 m, 1,594 m, 1,625 m...

Es fácil darse cuenta de que los valores que pueden tomar las variables estadísticas pueden ser, fundamentalmente, de dos tipos: numéricos (*B* y *C*), o no numéricos (*A*). Por ello, las variables estadísticas se clasifican en cualitativas y cuantitativas.

> Las **variables estadísticas cualitativas** son aquellas que no toman valores numéricos.

En el caso *A,* la variable estadística es cualitativa porque los valores no son números.

> Las **variables estadísticas cuantitativas** son las características de la población que se expresan de forma numérica.

En los casos *B* y *C,* las variables estadísticas son cuantitativas porque los valores que pueden tomar son números. Pueden distinguirse dos tipos:

— Una variable estadística cuantitativa es **continua** si, dados dos valores cualesquiera de la variable, siempre puede obtenerse un valor que se encuentre entre estos dos (caso *C*).

— Una variable estadística cuantitativa es **discreta** si no puede tomar valores intermedios entre dos consecutivos (caso *B*).

Las variables estadísticas que pueden estudiarse a fondo son las cuantitativas, porque es posible efectuar operaciones con sus valores.

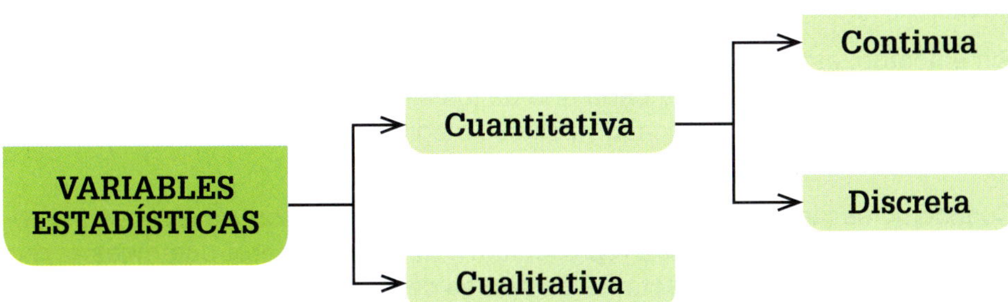

Actividades

2. Razona de qué tipo son las variables de los estudios estadísticos de la actividad 1.

3. Indica en cada uno de estos casos si la variable estadística es cuantitativa discreta o continua. Justifica la respuesta.

a) Una variable estadística que solo puede tomar los valores 1; 1,25; 1,5; 1,75 y 2.

b) Una variable estadística que puede tomar todos los valores entre 1 y 4.

4. Imagina que tienes que realizar un estudio estadístico sobre la siguiente población: alumnos de 2.º de ESO de una localidad. Indica:

a) La muestra que puedes tomar para el estudio.

b) Tres variables cualitativas.

c) Dos variables cuantitativas continuas.

d) Dos variables cuantitativas discretas.

Ramas de la estadística

La estadística se divide en dos importantes ramas:

- La **estadística descriptiva,** que se ocupa únicamente de organizar los datos obtenidos en un estudio estadístico.
- La **estadística inferencial,** cuya finalidad es extraer conclusiones fiables sobre una población a partir de los datos recogidos en un estudio estadístico.

Número de elementos de la muestra

El número de elementos de la muestra es importante: **cuanto más grande sea, mejor representará toda la población,** pero más difícil será obtener los datos.

Muestreo aleatorio

Una forma sencilla de conseguir una muestra representativa consiste en escogerla al azar; por ejemplo, efectuando un sorteo entre todos los individuos de la población. En este caso, se dice que la muestra ha sido obtenida mediante un **muestreo aleatorio.**

1.2. Recogida de datos

En un estudio estadístico nos interesa conocer el valor que toma la variable estadística en los diferentes individuos que componen la muestra de la población. En ocasiones, para obtenerlos basta con fijarse en cómo es o cómo se comporta cada individuo; otras veces es necesario hacer mediciones o experimentos científicos. También es frecuente organizar encuestas.

Una **encuesta** es un conjunto de preguntas dirigidas a una muestra significativa con la finalidad de obtener datos para un estudio estadístico.

Si llevamos a cabo una encuesta, conviene tener presente que:

— Debe realizarse en un momento adecuado para que la persona encuestada se sienta cómoda y sea sincera.

— Las preguntas han de ser breves y claras, y deben reducirse a las mínimas para obtener la información necesaria.

— Las preguntas no deben mostrar la opinión del encuestador.

— Es preferible formular preguntas con un número limitado de respuestas posibles que dejar opinar libremente.

Así, por ejemplo, al realizar una encuesta en una clase sobre la práctica de deporte podemos plantear distintas preguntas:

- *¿Cuál es tu relación con el deporte?* La pregunta puede tener demasiadas respuestas diferentes y puede ser muy complicado extraer alguna conclusión.
- *¿Cuántos días a la semana practicas deporte?* Esta sencilla pregunta es más recomendable y tiene un abanico de respuestas más controlado.

Obtención de muestras

La forma ideal de obtener los datos para un estudio estadístico sería averiguar el valor que toma la variable estadística en todos y cado uno de los individuos de la población.

Sin embargo, esto no siempre es posible. Por ejemplo, resulta bastante sencillo preguntar el color favorito a cada uno de los alumnos y alumnas de una clase, mientras que es muy complicado y costoso medir la estatura de todo el alumnado de 2.º de ESO de una ciudad.

Cuando no es factible obtener los datos de toda la población, se recogen los correspondientes a una muestra representativa de esta; es decir, una muestra que nos pueda dar una ide correcta de los valores de la variable en toda la población.

Actividades

5. Razona en cada uno de los siguientes apartados si las situaciones de la encuesta son correctas; si no lo son, ofrece alguna alternativa.

a) Encuesta sobre el maltrato a los animales a la salida de una corrida de toros.

b) La pregunta *¿Consideras ajustado a derecho la reciente aplicación del Decreto 385/2009 en el caso del expediente 257?*

c) Encuesta sobre planes de pensiones a los estudiantes de ESO.

d) Encuesta a pie de calle a todos los viandantes sobre el grado de satisfacción de las prestaciones de un nuevo modelo de taladro percutor.

e) Encuesta sobre el equipo favorito de fútbol llevando el entrevistador la insignia de un club y a la salida de un partido.

2. Presentación de datos

Una vez recogidos los datos, debemos ordenarlos para que su estudio sea más sencillo. La mejor forma de hacerlo es mediante tablas.

2.1. Tablas de distribución de frecuencias

Vamos a confeccionar una tabla con el estudio estadístico del número de hermanos que tienen los alumnos de 2.º de ESO de un determinado centro.

De una muestra de 21 alumnos se obtuvieron estos datos:

2, 0, 1, 0, 1, 2, 0, 3, 1, 0, 5, 1, 2, 0, 0, 1, 3, 2, 0, 1, 0

A partir de esta serie de datos, construimos la siguiente tabla (tabla 1).

> La **frecuencia absoluta** de un valor de la variable estadística es el número de veces que se repite dicho valor.

Para que las frecuencias absolutas nos informen realmente sobre la distribución de los datos de una variable, es necesario compararlas con el número total de individuos.

> La **frecuencia relativa** de un valor de la variable estadística es el resultado de dividir la frecuencia absoluta de dicho valor entre el número total de individuos.

Observa que:

- La suma de las frecuencias absolutas es igual al número de alumnos de la clase o, lo que es lo mismo, al número de individuos de la población, que coincide con el número de datos.
- La suma de las frecuencias relativas es igual a 1.

Número de hermanos	Recuento	Frecuencia absoluta	Frecuencia relativa
0		8	$\frac{8}{21} = 0{,}381$
1	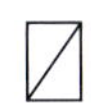	6	$\frac{6}{21} = 0{,}286$
2	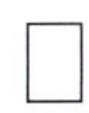	4	$\frac{4}{21} = 0{,}190$
3		2	$\frac{2}{21} = 0{,}095$
5		1	$\frac{1}{21} = 0{,}048$
		21	$\frac{21}{21} = 1$

Tabla 1.

Las frecuencias relativas pueden expresarse en forma de fracción, como un número decimal o como un porcentaje.

$$\frac{8}{21} \xrightarrow{8\,:\,21} 0{,}381 \xrightarrow{0{,}381 \cdot 100} 38{,}1\%$$

Fracción — Número decimal — Porcentaje

Actividades

6. Se dispone de los siguientes datos de una encuesta realizada a 25 alumnos sobre su deporte favorito: la natación es el preferido por 10 alumnos; el 24 % juega a fútbol; la frecuencia relativa de los que eligen el baloncesto es 0,16; hay alumnos que seleccionaron el voleibol.

Confecciona una tabla con la frecuencia absoluta, la frecuencia relativa y el porcentaje de cada uno de los cuatro deportes.

Otra forma de calcular la frecuencia relativa acumulada

La **frecuencia relativa acumulada** de un valor puede obtenerse también dividiendo la frecuencia absoluta acumulada de dicho valor entre el número total de datos:

$$\frac{18}{21} = 0,857$$

Frecuencias acumuladas

Si en el estudio interesa saber cuántos alumnos de 2.° de ESO tienen 2 o menos de 2 hermanos, debemos sumar las frecuencias absolutas correspondientes a los valores 0, 1 y 2:

$$8 + 6 + 4 = 18$$

Así, 18 alumnos tienen menos de 3 hermanos. El número 18 se denomina la frecuencia absoluta acumulada del valor 2.

La **frecuencia absoluta acumulada** de un valor de la variable estadística es el resultado de sumar a su frecuencia absoluta las frecuencias absolutas de los valores anteriores.

Para saber qué parte del total de la clase tiene 2 o menos de 2 hermanos, sumamos las frecuencias relativas correspondientes a los valores 0, 1 y 2.

$$0,381 + 0,286 + 0,190 = 0,857$$

Así, el 85,7 % de la clase tiene 2 o menos de 2 hermanos. Este resultado es la frecuencia relativa acumulada del valor 2.

La **frecuencia relativa acumulada** de un valor de la variable estadística es el resultado de sumar a su frecuencia relativa las frecuencias relativas de los valores anteriores.

La tabla que recoge las diferentes frecuencias (absoluta, absoluta acumulada, relativa y relativa acumulada) de los valores de la variable estadística se llama **tabla de distribución de frecuencias.**

Observa la tabla 2:

Número de hermanos	Frecuencia absoluta	Frecuencia absoluta acumulada	Frecuencia relativa	Frecuencia relativa acumulada
0	8	8	0,381	0,381
1	6	14	0,286	0,667
2	4	18	0,190	0,857
3	2	20	0,095	0,952
5	1	21	0,048	1

Tabla 2.

- La frecuencia absoluta acumulada del último valor de la variable estadística es igual al número de datos.
- La frecuencia relativa acumulada del último valor de la variable estadística es igual a 1.

Actividades

7. Las respuestas correctas dadas por los alumnos de una clase en una prueba de Matemáticas compuesta por 10 preguntas han sido: 6, 6, 7, 4, 5, 7, 3, 9, 7, 8, 5, 5, 3, 6, 4, 3, 5, 6, 5, 5, 5, 7, 8, 5, 5, 6, 8, 4, 6 y 10.

Elabora una tabla de distribución de frecuencias y di cuántos alumnos han contestado correctamente: a) menos de 5 preguntas; b) 5 o más preguntas; c) 8 o más preguntas.

8. Al preguntar a los 30 estudiantes de una clase si a menudo viajaban en avión, algunos han contestado pocas veces, unos bastantes veces y otros muchas veces.

Halla las frecuencias absolutas de *pocas veces,* de *bastantes veces* y de *muchas veces,* sabiendo que son directamente proporcionales a los números 1, 3 y 2, respectivamente.

2.2. Gráficos estadísticos

La información contenida en las tablas estadísticas se interpreta con más facilidad si la representamos mediante gráficos estadísticos.

A continuación, mostraremos algunos de los tipos de gráficos más utilizados: el diagrama de barras, el polígono de frecuencias, el pictograma, el diagrama de sectores, el cartograma y los gráficos comparativo y evolutivo.

Diagrama de barras

Este gráfico está formado por una serie de barras verticales cuyas alturas son proporcionales a las frecuencias absolutas de los valores de la variable. Observa cómo se dibuja el diagrama de barras correspondiente a los datos de la tabla 3.

— Trazamos unos ejes de coordenadas.

— Sobre el eje de abscisas (horizontal) representamos los valores de la variable estadística.

— Sobre el eje de ordenadas (vertical) representamos sus frecuencias absolutas.

— Para cada valor de la variable estadística trazamos una barra vertical cuya altura coincida con su frecuencia absoluta.

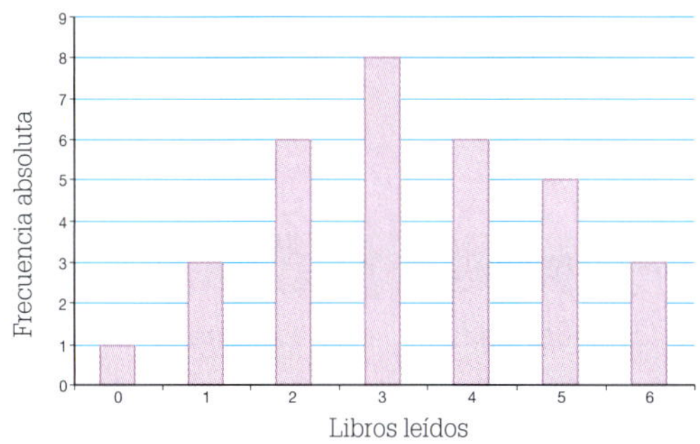

Libros leídos	Frecuencia absoluta	Frecuencia absoluta acumulada
0	0	1
1	3	4
2	6	10
3	8	18
4	6	24
5	5	29
6	3	32

Tabla 3. Libros leídos por una muestra de alumnos de Secundaria.

Existen distintas variantes del diagrama de barras, entre las que destacamos el diagrama de barras de frecuencias acumuladas y el diagrama de barras horizontales.

Diagrama de barras de frecuencias acumuladas

Este diagrama se obtiene al representar en el eje de ordenadas las frecuencias absolutas acumuladas de cada valor de la variable.

Diagrama de barras horizontales

Si al dibujar el diagrama de barras representamos en el eje de abscisas las frecuencias absolutas y en el de ordenadas los valores de la variable estadística, obtenemos el siguiente diagrama:

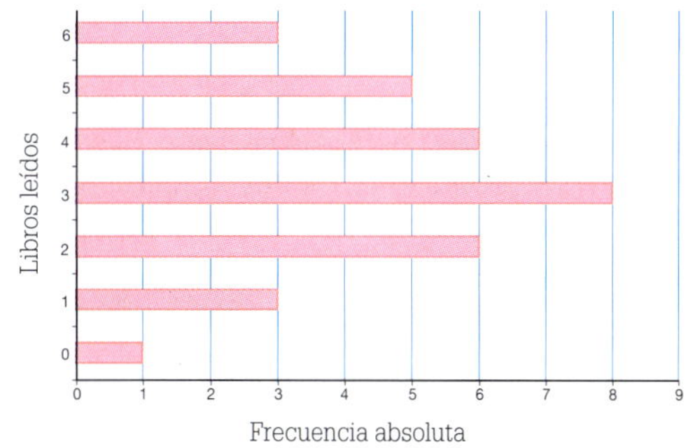

Actividades

9. Al tirar 50 veces dos dados y sumar los puntos, hemos obtenido los siguientes resultados: 4, 3, 8, 12, 6, 2, 7, 9, 11, 5, 3, 7, 12, 10, 9, 4, 6, 8, 11, 10, 2, 6, 10, 12, 3, 5, 7, 7, 11, 6, 11, 5, 4, 2, 9, 12, 10, 3, 2, 5, 7, 4, 3, 5, 6, 9, 11, 8, 6 y 6.

— Construye la correspondiente tabla de distribución de frecuencias.

— Confecciona un diagrama de barras, un diagrama de barras de frecuencias acumuladas y un diagrama de barras horizontales que reflejen los resultados obtenidos.

Polígono de frecuencias

El polígono de frecuencias es una línea poligonal que se obtiene al unir los puntos determinados por los valores de la variable estadística y su correspondiente frecuencia absoluta.

Este gráfico muestra las contribuciones a una ONG en el período 2011 a 2015.

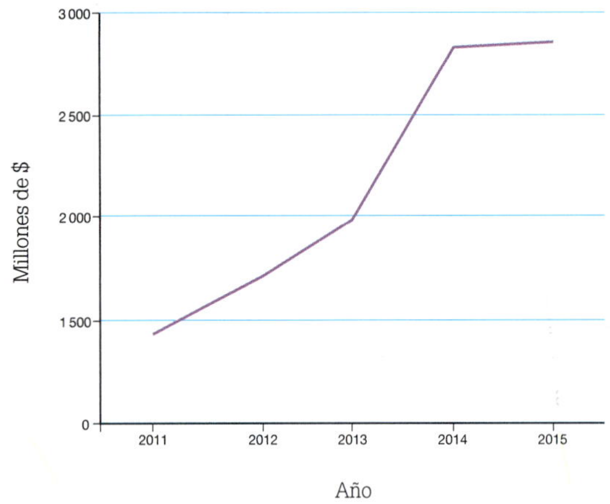

Pictograma

Es un diagrama de barras en el que estas se han sustituido por dibujos representativos de la variable estudiada.

Por ejemplo, este pictograma muestra el número de títulos publicados por subsectores de edición durante el año 2015.

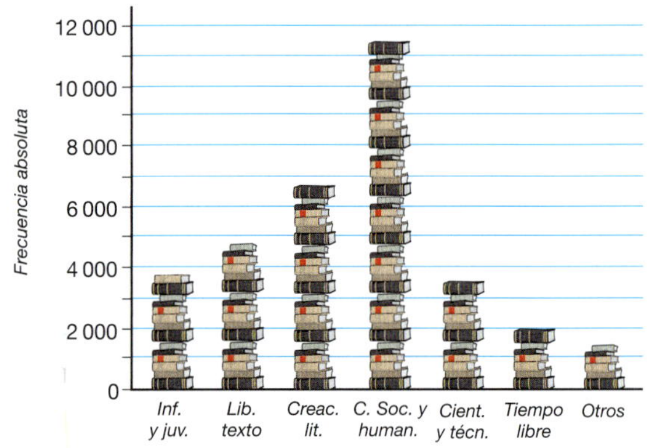

Diagrama de sectores

Los diagramas de sectores consisten en un círculo dividido en tantos sectores como valores toma la variable estadística y cuyas amplitudes son proporcionales a las frecuencias de dichos valores.

Observa cómo se dibuja el diagrama de sectores correspondiente a los datos recogidos sobre el color del pelo de los alumnos de una clase.

Color del pelo	Frecuencia absoluta	Frecuencia relativa
Rubio	6	0,1875
Castaño	18	0,5625
Negro	8	0,25

— Dibujamos un círculo.

— Calculamos la amplitud de cada sector.

Puesto que un círculo tiene un ángulo central de 360°, para saber la amplitud de los diferentes sectores buscaremos los porcentajes correspondientes de 360°. Utilizaremos las frecuencias relativas expresadas en forma de porcentajes.

$$18{,}75\ \%\text{ de }360° = \frac{18{,}75}{100} \cdot 360° = 67{,}5°$$

$$56{,}25\ \%\text{ de }360° = \frac{56{,}25}{100} \cdot 360° = 202{,}5°$$

$$25\ \%\text{ de }360° = \frac{25}{100} \cdot 360° = 90°$$

— Con un transportador de ángulos, dividimos el círculo en tres sectores de amplitudes 67,5°, 202,5° y 90°.

— Coloreamos cada sector de forma diferente y expresamos la frecuencia relativa correspondiente a cada uno de ellos en forma de porcentaje.

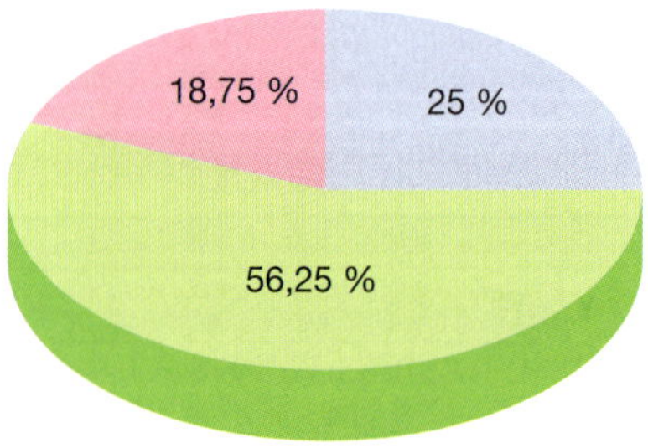

Actividades

10. Confecciona un diagrama de sectores para representar la inversión publicitaria de un país: el 44 % es publicidad televisiva, el 33 % aparece en diarios electrónicos y redes sociales, el 14 % aparece en prensa escrita, el 6,4 % en radio, el 2,2 % es exterior (vallas publicitarias…) y el 0,4 % se anuncia en el cine. Escribe junto a cada sector la frecuencia relativa expresada en número decimales.

En algunos estudios estadísticos se observa que los valores de la variable estadística dependen de las zonas del territorio que estemos considerando. Por ejemplo, el número de habitantes de cada país de la Unión Europea, los diferentes tipos de cultivo de una región… En este caso lo más habitual es confeccionar un cartograma.

Cartograma

Los cartogramas son mapas en los que aparecen coloreadas las diferentes zonas según el valor que toma la variable estadística en cada una de ellas.

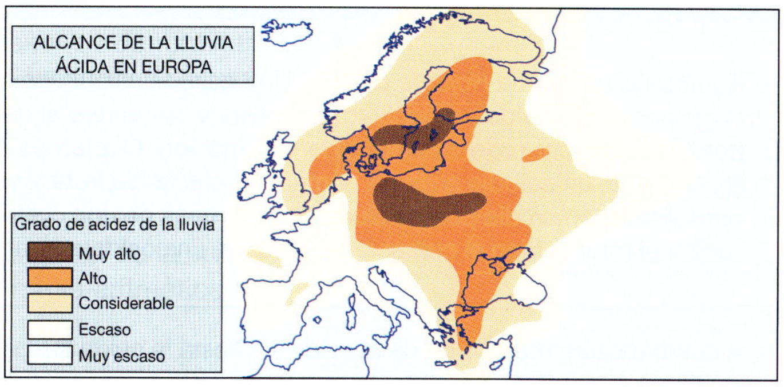

En ocasiones, es útil recurrir al uso de gráficos comparativos y evolutivos.

Gráfico comparativo

En este gráfico se muestran los datos de más de una variable estadística. De este modo, pueden compararse más fácilmente que si estuvieran representadas por separado.

Observa la superposición de tres diagramas de barras en el gráfico sobre la distribución de la actividad económica por sectores correspondiente a tres países.

Al dibujar los tres diagramas en los mismos ejes, podemos contrastar más fácilmente qué tipo de actividad predomina en cada país.

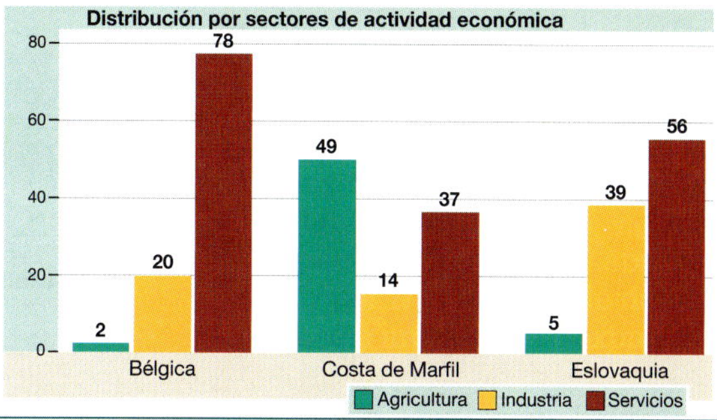

Gráfico evolutivo

En este gráfico evolutivo se muestran las variaciones mensuales del Índice de Precios al Consumo (IPC) a lo largo de un año.

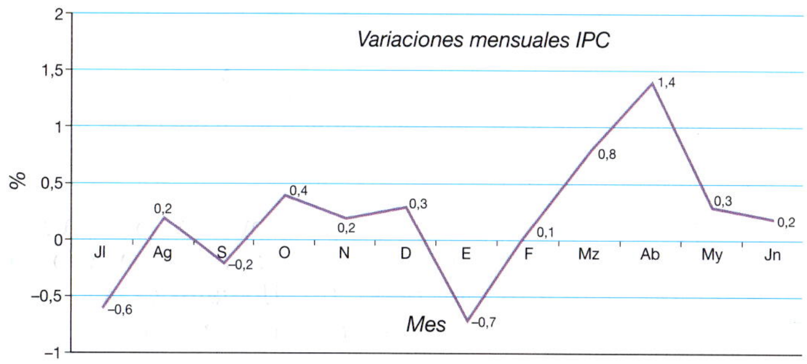

Actividades

11. En la siguiente tabla aparece la tasa global de fecundidad de tres países a lo largo del tiempo.

Confecciona el gráfico evolutivo de cada país según los datos de la tabla y elabora un gráfico comparativo con los datos de los distintos países.

País / Año	1985	1990	1995	2000	2005	2010	2015
España	2,20	1,64	1,36	1,18	1,22	1,35	1,46
Francia	1,95	1,81	1,78	1,70	1,82	1,93	1,98
China	62,63	2,64	2,22	1,87	1,74	1,67	1,60

Moda

Un valor importante en cualquier serie de datos, tanto si corresponde a una variable cualitativa como cuantitativa, es el que más veces se repite dentro de la serie. Este valor de la variable recibe el nombre de moda.

> La **moda** es el valor de la variable que tiene mayor frecuencia absoluta.

Así, se observa en la *tabla 4* de la página anterior que la moda es 3, y en el *ejemplo 1* es 18.

Mediana

En el caso de variables estadísticas cuantitativas podemos ordenar los datos de una serie de menor a mayor.

Observa los siguientes datos, ya ordenados, de la variable estadística *horas diarias dedicadas al estudio.*

1, 1, 1, 1, 1, 1, 1, 1, 1, 1, 1, 1, 1, (1), 2, 2, 2, 2, 2, 2, 2, 2, 2, 3, 3, 3, 3

Vemos que el 1 ocupa el lugar central. Diremos que 1 es la mediana.

Pero, ¿qué ocurre si el número de datos es par? Obsérvalo en este ejemplo.

15, 23, 24, 26 , (26), (28), 30, 36, 36, 40

Ahora hay dos datos centrales, 26 y 28. Diremos que la mediana es la media aritmética de estos dos datos.

$$Me = \frac{26 + 28}{2} = 27$$

> Al ordenar de menor a mayor los datos obtenidos en un estudio estadístico, la **mediana** es:
> - El dato que ocupa el lugar central si el número de datos es impar.
> - La media aritmética de los dos datos centrales si el número de datos es par.

Ejemplo 2

Determina la moda y la mediana de los datos de la siguiente serie estadística: 5, 7, 4, 12, 8, 12, 14, 10, 7, 13, 6, 6, 12, 9, 11, 4.

COMPRENSIÓN: La moda coincide con el valor con mayor frecuencia absoluta y la mediana, con el valor central una vez ordenados los datos de menor a mayor.

RESOLUCIÓN: Ordenamos los datos:

4 4 5 6 6 7 7 8 9 10 11 12 12 12 13 14

Moda: Mo = 12, pues es el valor con mayor frecuencia absoluta.

Mediana: El número de datos es par, entonces, la mediana será la media aritmética de los dos valores centrales:

$$Me = \frac{8 + 9}{2} = 8{,}5$$

La mediana es 8,5.

Distribución multimodal

En una distribución de datos estadísticos pueden obtenerse dos o más modas: dos o más valores que tienen la misma frecuencia absoluta y es máxima. Decimos entonces que la distribución de datos es multimodal.

En concreto, si tiene dos modas, se denomina bimodal; si tiene tres modas, trimodal...

@

Si accedes a la siguiente página, encontrarás una aplicación interactiva para practicar el cálculo de los distintos parámetros de centralización:

http://links.edebe.com/ggxg

Actividades

15. El diagrama de barras de la derecha representa el número de abdominales que han hecho los 20 alumnos de una clase en 1 minuto

a) Elabora la tabla de distribución de frecuencias.

b) Halla la media aritmética, la moda y la mediana.

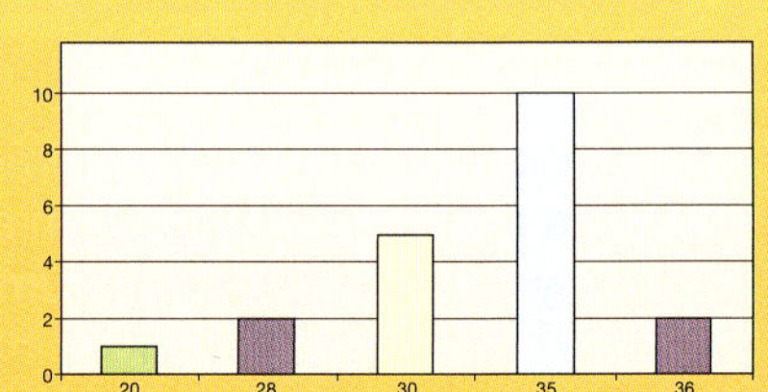

3.2. Parámetros de centralización con ordenador

La hoja de cálculo del programa OpenOffice también dispone de funciones que permiten calcular, a partir de la tabla de frecuencias, los distintos **parámetros de centralización.** Veamos un ejemplo.

Procedimiento	Ejemplo
— Escribimos en las celdas de la hoja de cálculo todos los valores que toma la variable de estudio.	En nuestro caso, los valores que toma la variable son: 20, 10, 30, 30, 40, 60, 30, 20, 60, 50, 60, 50, 40, 40, 40, 60, 50, 30, 60, 30, 10, 20, 60, 30, 20, 40, 50, 50, 20, 60, 30, 20, 50, 30, 60, 50, 50, 30, 50. (Hoja de cálculo, celda L17: ver tabla 1)
— Utilizaremos la función **PROMEDIO** para calcular la media aritmética, asegurando que escogemos todas las celdas que contienen los valores de la variable.	En una nueva celda, en este ejemplo la B8, escribimos la instrucción =PROMEDIO (A1:I5) y pulsamos retorno. (Hoja de cálculo, celda B8: ver tabla 2) La media aritmética es 39,49 y aparece en la celda B8.
— Utilizaremos la función **MODA** para calcular la moda, asegurando que escogemos todas las celdas que contienen los valores de la variable.	En otra nueva celda, la B9, escribimos la instrucción =MODA(A1:I5) y pulsamos retorno. (Hoja de cálculo, celda B9: ver tabla 3) La moda es 30 y aparece en la celda B9.
— Utilizaremos la función **MEDIANA** para calcular la mediana, asegurando que escogemos todas las celdas que contienen los valores de la variable.	Por último, en otra nueva celda, la B10, escribimos la instrucción =MEDIANA(A1:I5) y pulsamos retorno. (Hoja de cálculo, celda B10: ver tabla 4) La mediana es 40 y aparece en la celda B10.

L17

	A	B	C	D	E	F	G	H	I
1	20	10	30	30	40	60	30	20	60
2	50	60	50	40	40	40	60	50	30
3	60	30	10	20	60	30	20	40	50
4	50	20	60	30	20	50	30	60	50
5	50	30	50						
6									

B8

	A	B	C	D	E	F	G	H	I
1	20	10	30	30	40	60	30	20	60
2	50	60	50	40	40	40	60	50	30
3	60	30	10	20	60	30	20	40	50
4	50	20	60	30	20	50	30	60	50
5	50	30	50						
6									
7									
8	Media aritmética	39,49							
9									

B9

	A	B	C	D	E	F	G	H	I
1	20	10	30	30	40	60	30	20	60
2	50	60	50	40	40	40	60	50	30
3	60	30	10	20	60	30	20	40	50
4	50	20	60	30	20	50	30	60	50
5	50	30	50						
6									
7									
8	Media aritmética	39,49							
9	Moda	30							
10									

B10

	A	B	C	D	E	F	G	H	I
1	20	10	30	30	40	60	30	20	60
2	50	60	50	40	40	40	60	50	30
3	60	30	10	20	60	30	20	40	50
4	50	20	60	30	20	50	30	60	50
5	50	30	50						
6									
7									
8	Media aritmética	39,49							
9	Moda	30							
10	Mediana	40							
11									

Actividades

16. Utiliza una hoja de cálculo para determinar la media aritmética, la moda y la mediana de las siguientes series de datos:

a) 0, 2, 1, 2, 3, 1, 4, 3, 2, 2, 0, 1, 2, 3, 0, 2, 0, 2, 3, 2, 3, 4, 2, 6 y 2.

b) 17 °C, 18 °C, 21 °C, 28 °C, 17 °C, 18 °C, 20 °C, 22 °C y 20 °C.

3.4. Parámetros de dispersión con ordenador

La hoja de cálculo del programa OpenOffice también dispone de funciones que permiten calcular, a partir de la tabla de frecuencias, los distintos **parámetros de centralización.** Veamos un ejemplo con la misma serie de datos que la del ejemplo de la página 331.

Procedimiento / **Ejemplo**

— Utilizaremos la función **MAX** para calcular el valor máximo de la serie de datos y la función **MIN** para calcular el valor mínimo. La diferencia entre **MAX** y **MIN** es el rango de la serie de datos.

En una nueva celda, la B8, escribimos la instrucción =MAX(A1:I5) – MIN(A1:I5).

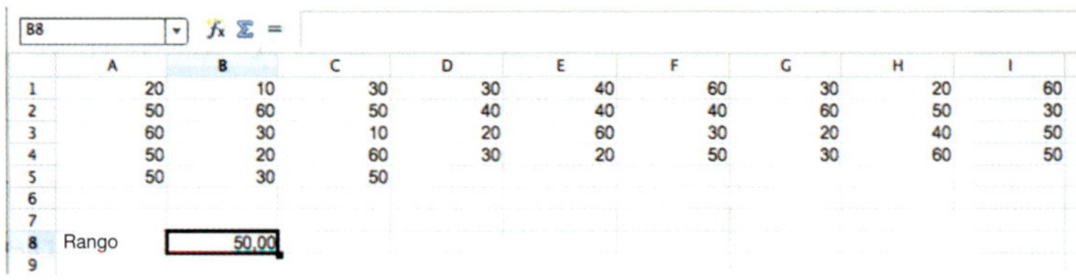

	A	B	C	D	E	F	G	H	I
1	20	10	30	30	40	60	30	20	60
2	50	60	50	40	40	40	60	50	30
3	60	30	10	20	60	30	20	40	50
4	50	20	60	30	20	50	30	60	50
5	50	30	50						
6									
7									
8	Rango	50,00							
9									

El rango, recorrido o amplitud es 50 y aparece en la celda B8.

— Utilizaremos la función **DESVPROM** para calcular la desviación media, asegurando que escogemos todas las celdas que contienen los valores de la variable.

En otra celda, la B9, escribimos la instrucción =DESVPROM(A1:I5) y pulsamos retorno.

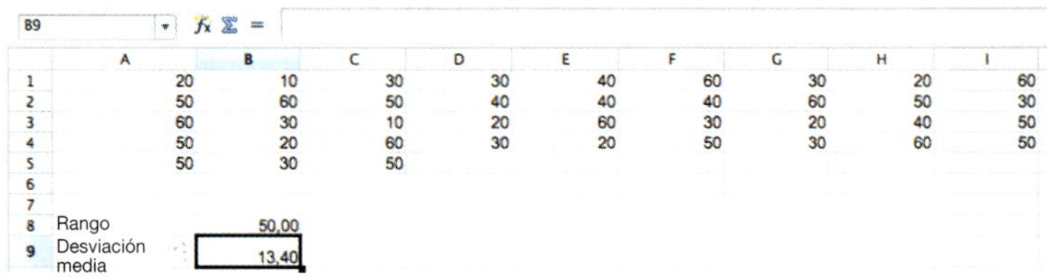

	A	B	C	D	E	F	G	H	I
1	20	10	30	30	40	60	30	20	60
2	50	60	50	40	40	40	60	50	30
3	60	30	10	20	60	30	20	40	50
4	50	20	60	30	20	50	30	60	50
5	50	30	50						
6									
7									
8	Rango	50,00							
9	Desviación media	13,40							

La desviación media es 13,40 y aparece en la celda B9.

— Utilizaremos la función **VAR** para calcular la varianza, asegurando que escogemos todas las celdas que contienen los valores de la variable.

Por último, en otra nueva celda, la B10, escribimos la instrucción =VAR(A1:I5) y pulsamos retorno.

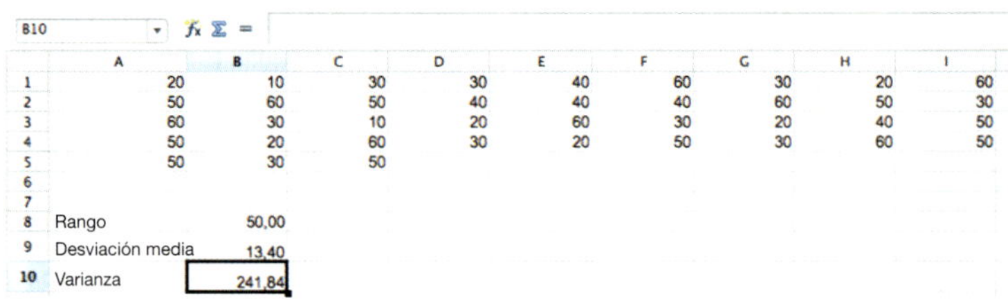

	A	B	C	D	E	F	G	H	I
1	20	10	30	30	40	60	30	20	60
2	50	60	50	40	40	40	60	50	30
3	60	30	10	20	60	30	20	40	50
4	50	20	60	30	20	50	30	60	50
5	50	30	50						
6									
7									
8	Rango	50,00							
9	Desviación media	13,40							
10	Varianza	241,84							

La varianza es 241,84 y aparece en la celda B10.

— Utilizaremos la función **DESVEST** para calcular la desviación típica, asegurando que escogemos todas las celdas que contienen los valores de la variable.

Por último, en otra nueva celda, la B11, escribimos la instrucción =DESVEST(A1:I5) y pulsamos retorno.

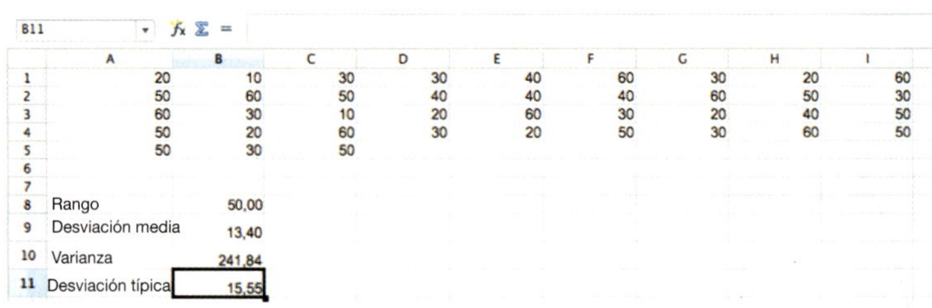

	A	B	C	D	E	F	G	H	I
1	20	10	30	30	40	60	30	20	60
2	50	60	50	40	40	40	60	50	30
3	60	30	10	20	60	30	20	40	50
4	50	20	60	30	20	50	30	60	50
5	50	30	50						
6									
7									
8	Rango	50,00							
9	Desviación media	13,40							
10	Varianza	241,84							
11	Desviación típica	15,55							

La desviación típica es 15,55 y aparece en la celda B11.

Actividades

22. Utiliza una hoja de cálculo para determinar el rango, la desviación media, la varianza y la desviación típica de las series de datos de la actividad 16 de la página 331.

4. Probabilidad

Si observamos algunos de los fenómenos o experimentos que tienen lugar en nuestro entorno, vemos que en algunos casos podemos predecir o determinar el resultado pero en otros no es posible hacerlo.

4.1. Conceptos iniciales

En el experimento *Extraer una bola de una bolsa opaca que solo contiene bolas rojas y observar su color* podemos determinar su resultado antes de efectuarlo: seguro que la bola que sacaremos será roja. En cambio, en el experimento *Extraer una bola de una bolsa opaca que contiene bolas rojas y azules, y observar su color* no podemos predecir el resultado antes de realizarlo.

Los **experimentos deterministas** son aquellos en los que es posible predecir el resultado antes de que se realicen.

Los **experimentos aleatorios** son aquellos en los que no es posible predecir el resultado antes de que se realicen.

Para estudiar un experimento aleatorio debemos conocer algunos conceptos relacionados con los posibles resultados, así como los aspectos que pueden analizarse de este.

Cada uno de los posibles resultados que pueden obtenerse en un experimento aleatorio se denomina **suceso elemental.**

El conjunto de todos los resultados posibles de un experimento aleatorio recibe el nombre de **espacio muestral.**

Ejemplo 5

Indica el espacio muestral y los sucesos elementales de cada uno de los siguientes experimentos:

a) Lanzar un dado de seis caras.

b) Sacar una bola de una bolsa con una bola azul, una verde, una blanca y una roja.

Experimento	*Sucesos elementales*	*Espacio muestral*
Lanzar un dado de seis caras.	 {1}, {2}, {3}, {4}, {5}, {6}	Ω = {1, 2, 3, 4, 5, 6}
Sacar una bola de una bolsa con una bola azul, una verde, una blanca y una roja.	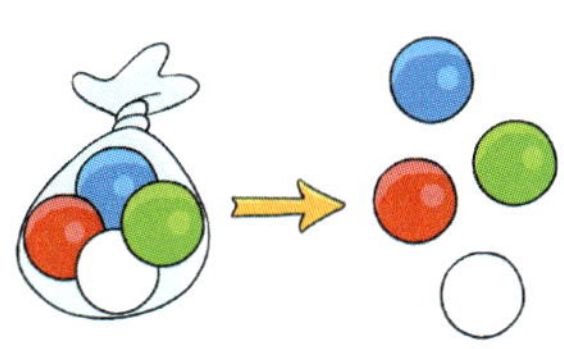	Ω = {azul, verde, blanca, roja}

@

Si accedes a la siguiente página, podrás ampliar algunos conceptos de probabilidad:

http://links.edebe.com/4yw4ru

Lenguaje matemático de espacio muestral y sucesos elementales

Los sucesos elementales se indican entre llaves y el espacio muestral se representa con la letra griega Ω.

Por ejemplo, en el experimento *Tirar una moneda:*

- Los sucesos elementales son:

  {cara}, {cruz}

- El espacio muestral es:

  Ω = {cara, cruz}

Actividades

23. Indica los sucesos elementales y el espacio muestral de cada uno de los experimentos siguientes:

a) *Tirar una moneda y un dado simultáneamente.*

b) *Extraer una bola de una bolsa opaca que contiene bolas azules, verdes y amarillas.*

c) *Extraer una bola de una bolsa opaca que contiene bolas numeradas del 1 al 5.*

4.2. Sucesos

A menudo, en un experimento aleatorio nos interesa estudiar aspectos particulares de este.

Se llama **suceso** a cada uno de los aspectos que pueden estudiarse de un experimento aleatorio. Se corresponde con una parte del espacio muestral Ω.

Ejemplo 6

Una urna contiene tres bolas rojas, tres azules y tres negras numeradas del 1 al 3. Señala diferentes sucesos en el experimento extraer una bola y observar el resultado.

COMPRENSIÓN: Para señalar distintos sucesos, obtendremos primeramente el espacio muestral. Para ello, identificaremos cada bola con un color (R, A, N) y un número. Posteriormente, propondremos algunos sucesos y hallaremos los resultados favorables que caracterizan el suceso.

RESOLUCIÓN

— El espacio muestral consta de nueve elementos:

$$\Omega = \{R1, R2, R3, A1, A2, A3, N1, N2, N3\}$$

Algunos de los sucesos que podemos definir son:

A: *Obtener una bola roja.* Los resultados que caracterizan este suceso son tres: $A = \{R1, R2, R3\}$

B: *Obtener una bola con un número mayor o igual que 2.* Los resultados que caracterizan este suceso son seis: $B = \{R2, R3, A2, A3, N2, N3\}$

C: *Obtener una bola con un número igual a 1 y azul.* Los resultados que caracterizan este suceso es uno: $C = \{A1\}$

El conjunto vacío

El símbolo ∅ se lee «conjunto vacío» y es el conjunto que no tiene ningún elemento.

De todos los sucesos que podemos definir al llevar a cabo un experimento aleatorio, algunos tienen características especiales. Son los sucesos seguros, los sucesos imposibles, el suceso contrario, los sucesos compatibles y los sucesos incompatibles.

Suceso seguro y suceso imposible

Puede ocurrir que sea cual sea el resultado de un experimento, este suceso ocurra siempre o no ocurra nunca.

Un **suceso seguro** es el que ocurre siempre que se realiza el experimento aleatorio y coincide con el espacio muestral Ω .

Un **suceso imposible** es aquel que no ocurre nunca al realizar el experimento aleatorio. Se representa por el símbolo $\varnothing$.

Ejemplo 7

Señala un suceso seguro y un suceso imposible en el experimento del ejemplo 6.

Un suceso que ocurre siempre es el suceso ***D:*** *Obtener una bola con una numeración menor o igual que 3.*

$$\boldsymbol{D} = \{R1, R2, R3, A1, A2, A3, N1, N2, N3\} = \Omega$$

Un suceso que no ocurre nunca es el suceso ***E:*** *Obtener una bola verde.*

$$\boldsymbol{E} = \varnothing$$

Suceso contrario

En el experimento del ejemplo 6, consideramos los sucesos ***F:*** *Obtener un número menor o igual que 2* y ***G:*** *Obtener un 3,* y escribimos el conjunto de los resultados favorables a cada uno de los sucesos.

$F = \{R1, R2, A1, A2, N1, N2\}$ $\qquad$ $G = \{R3, A3, N3\}$

Observa que podríamos haber definido el suceso F como *No obtener un 3.* Decimos que los sucesos F y G son contrarios.

> El **suceso contrario** a un suceso A es aquel que se verifica siempre y cuando no se verifica A, y se representa mediante $\bar{A}$.

Sucesos compatibles y sucesos incompatibles

Si tenemos un experimento aleatorio con varios sucesos definidos, puede ocurrir que, al obtener un resultado, se verifiquen simultáneamente más de uno de los sucesos considerados.

> Dos sucesos son **compatibles** si pueden verificarse a la vez. En caso contrario, son **incompatibles.**

Observa que los sucesos compatibles tienen algún resultado en común y los incompatibles ninguno.

Ejemplo 8

Indica los sucesos compatibles e incompatibles propuestos en el ejemplo 6 y el suceso contrario a B.

COMPRENSIÓN: Para determinar los sucesos compatibles e incompatibles comparamos los resultados que caracterizan los sucesos A y B, A y C, y B y C. El suceso contario de B es el formado por los resultados que no están en B.

RESOLUCIÓN

— Los sucesos A y B tienen R2 y R3 como resultados comunes. Son sucesos compatibles.

— Los sucesos A y C no tienen resultados comunes. Son sucesos incompatibles.

— Los sucesos B y C no tienen resultados comunes. Por lo tanto, también son sucesos incompatibles.

— El suceso contrario de B es $\bar{B} = \{R1, A1, N1\}$.

Sucesos contrarios y sucesos incompatibles

Lee atentamente esta afirmación:

Dos sucesos contrarios son incompatibles, pero dos sucesos incompatibles no tienen por qué ser contrarios.

- En grupo, reflexionad sobre la afirmación anterior y buscad un ejemplo que pueda ilustrarla.

Condiciones de sucesos	
Si un suceso A es seguro →	$A = \Omega$
Si un suceso A es imposible →	$A = \varnothing$
Un suceso es contrario a A si →	$\bar{A} = \Omega - A$
Si dos sucesos A y B son compatibles →	$A \cap B \neq \varnothing$
Si dos sucesos A y B son incompatibles →	$A \cap B = \varnothing$

Actividades

24. En el experimento de lanzar un dado cúbico y anotar el resultado, indica:

a) El espacio muestral.

b) Un suceso elemental.

c) Un suceso seguro.

d) Un suceso imposible.

e) Un suceso contrario.

f) Un suceso compatible.

g) Un suceso incompatible.

25. Lanzamos dos dados cúbicos y sumamos sus puntuaciones:

a) ¿Cuál es el espacio muestral del experimento?

b) Escribe los resultados del suceso *A: Obtener número impar.*

c) Escribe los resultados del suceso contrario al suceso *A.*

d) Clasifica el suceso *B: Obtener un 1.*

e) ¿Qué suceso tiene por resultados {2, 4, 6, 8, 10, 12}?

Suma de las frecuencias relativas de todos los sucesos

La frecuencia relativa de un suceso está comprendida entre 0 y 1.

La suma de las frecuencias relativas de todos los sucesos elementales de un mismo experimento es 1.

@

Si visitas esta web, encontrarás una aplicación que simula el lanzamiento de una moneda equilibrada permitiendo variar el número de lanzamientos efectuados:

http://links.edebe.com/x9nqzs

- A medida que aumentas el número de lanzamientos, ¿qué observas?

Lenguaje matemático

La probabilidad de un suceso *A* se representa *P(A)*.

4.3. Concepto de probabilidad

En un experimento aleatorio no podemos predecir los resultados de antemano, pero podemos observar si estos presentan algún tipo de regularidad. Para analizar los resultados obtenidos en un experimento aleatorio podemos repetirlo un número elevado de veces.

Se llama **frecuencia absoluta** del suceso al número de veces que ocurre un suceso al realizar un experimento aleatorio un número determinado de veces.

En ocasiones, interesa comparar el comportamiento de un suceso al variar el número de realizaciones del experimento.

Se llama **frecuencia relativa** del suceso al cociente entre la frecuencia absoluta de un suceso y el número de realizaciones del experimento.

Esta tabla muestra las frecuencias relativas de los sucesos *A: Obtener un 3* y *B: Obtener un 4* del experimento *Lanzar un dado* al aumentar el número de realizaciones del experimento.

	Realizaciones del experimento					
Suceso	**100**	**200**	**300**	**400**	**500**	**600**
$A = \{3\}$	0,210	0,194	0,171	0,178	0,163	0,161
$B = \{4\}$	0,120	0,144	0,162	0,176	0,166	0,167

Se aprecia que las frecuencias relativas de cada suceso tienden a estabilizarse en torno a un valor determinado a medida que aumenta el número de realizaciones del experimento. Observa la representación gráfica de los valores obtenidos.

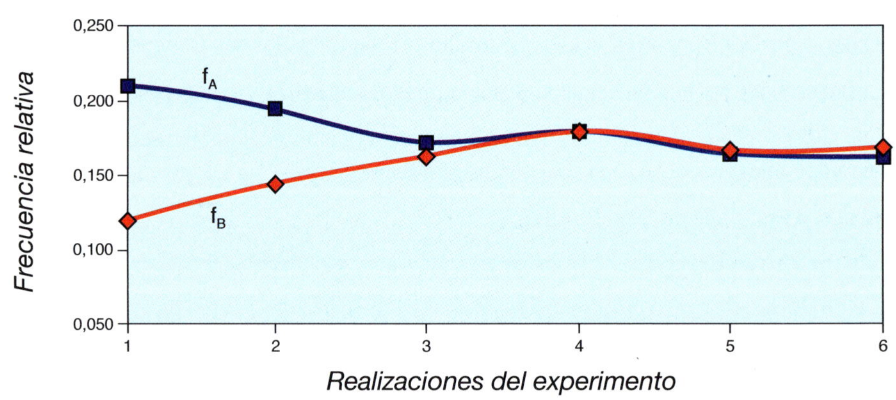

En general, esta regularización de las frecuencias relativas en torno a un valor se produce en todos los experimentos aleatorios.

Al repetir un experimento aleatorio, la **frecuencia relativa de un suceso** *A* tiende a **regularizarse** en torno a un determinado valor que denominamos **probabilidad, *P(A)*,** a medida que aumenta el número de realizaciones.

La probabilidad se considera como una medida de la posibilidad de que ocurra un suceso.

4.4. Asignación de probabilidades

Puesto que la frecuencia relativa de un suceso *A* tiende a ser su probabilidad, esta se mide asignándole un número comprendido entre 0 y 1, que se representa por *P(A)*.

$$f_A \longrightarrow P(A)$$

$$0 \leq P(A) \leq 1$$

Cuanto mayor es la probabilidad, mayor es la posibilidad de que ocurra el suceso *A* al realizar el experimento. Así:

P(A) = 0 significa que el suceso *A* no sucederá nunca. (Suceso imposible)

P(A) =1 significa que el suceso *A* se verificará siempre. (Suceso seguro)

En el experimento *Lanzar un dado* parece lógico pensar que existe la misma posibilidad de obtener un 3 que de obtener un 4 como resultado.

Es decir, los sucesos elementales {1}, {2}, {3}, {4}, {5} y {6} del experimento *Lanzar un dado* presentan la misma probabilidad.

Si en un experimento aleatorio puede suponerse que los diferentes sucesos elementales presentan la misma probabilidad, decimos que estamos en una **situación de equiprobabilidad.**

En una situación de equiprobabilidad puede calcularse la probabilidad de cualquier suceso *A* mediante la **regla de Laplace:**

$$P(A) = \frac{\text{Número de resultados favorables de } A}{\text{Número de resultados posibles}}$$

Observa el siguiente ejemplo de aplicación de la regla de Laplace.

Ejemplo 9

Lanzamos un dado y observamos el resultado. Halla la probabilidad de los siguientes sucesos: A: Sacar más de 4 y B: Sacar un número impar.

COMPRENSIÓN: Nos encontramos en una situación de equiprobabilidad y podemos aplicar la regla de Laplace.

RESOLUCIÓN: Determinamos los resultados de los sucesos *A* y *B*: $A = \{5, 6\}$ y $B = \{1, 3, 5\}$.

El suceso *A* tiene dos resultados favorables y el suceso *B*, tres. Puesto que el número de resultados posibles es seis, tenemos:

$$P(A) = \frac{2}{6} = \frac{1}{3} \qquad P(B) = \frac{3}{6} = \frac{1}{2}$$

@

Esta página presenta una aplicación que simula el lanzamiento de dos monedas. Visítala y calcula la frecuencia relativa de los sucesos: *Obtener cero caras, Obtener una cara* y *Obtener dos caras:*

http://links.edebe.com/ez77

- ¿Son equiprobables estos tres resultados? ¿Por qué?

Los diagramas en árbol

Los diagramas en árbol consisten en un recuento gráfico de las distintas posibilidades que presenta un experimento aleatorio compuesto de dos o más experimentos simples.

Así, por ejemplo, podemos construir el diagrama en árbol del experimento *Lanzar dos monedas* para visualizar todos los resultados posibles:

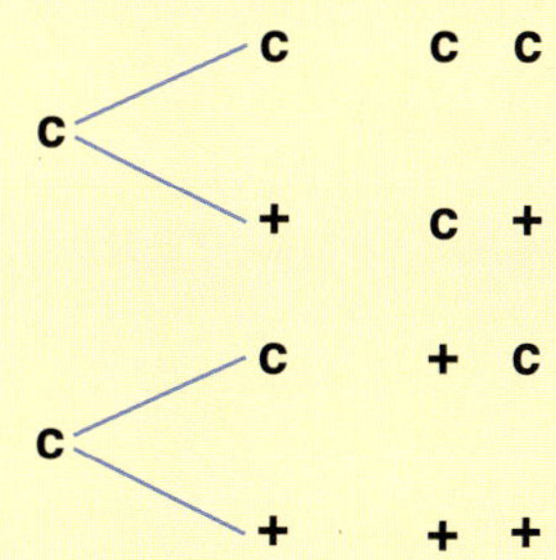

Vemos que hay cuatro resultados posibles. La probabilidad de obtener dos caras o dos cruces es:

$$P(c, c) = P(+, +) = \frac{1}{4}$$

Actividades

26. Considera el experimento aleatorio *Extraer una carta de la baraja española* y calcula la probabilidad de los siguientes sucesos:

a) *A: Obtener espadas.*

b) *B: Obtener una figura.*

c) *C: Obtener una carta menor que 5.*

27. Dado el experimento aleatorio *Extraer una bola de una urna que contiene 4 bolas verdes, 2 bolas azules y 3 bolas blancas,* calcula la probabilidad de estos sucesos:

a) *A: Extraer una bola verde.*

b) *B: Extraer una bola blanca.*

ACTIVIDADES RESUELTAS

Búsqueda de contraejemplos

La búsqueda de contraejemplos permite demostrar que un cierto enunciado matemático es falso.

Recuerda que un enunciado expresado de manera general ha de cumplirse en todos los casos imaginables. Así, si encontramos un caso particular (contraejemplo) en que esto no sea así, el enunciado ya no es válido.

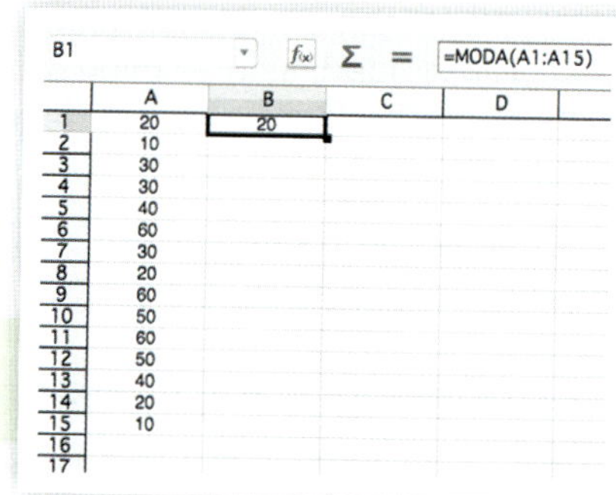

Averigua si es cierto el siguiente enunciado: «La moda de una serie de datos es siempre mayor que la media aritmética».

Comprender

— ¿Entiendes el enunciado?

— ¿Qué elementos se necesitan para resolverlo?

— Repasa las definiciones de los conceptos estadísticos que se citan en el problema.

— Lee de nuevo el enunciado.

Planificar

— Configura un plan para resolver el problema.

— Para resolver el problema, aplicaremos la estrategia de buscar un contraejemplo.

— Para ello, estableceremos una serie de datos en los que la moda sea menor que la media aritmética.

— A partir de las definiciones de moda y media aritmética, podemos buscar un conjunto de datos que contradiga el texto del enunciado.

Ejecutar el plan

— Implementa la estrategia elegida.

— Consideramos, por ejemplo, una serie sencilla de tres datos y dos valores distintos. Como la moda ha de ser inferior a la media aritmética, el valor que se repite tiene que ser el menor. Así, proponemos la serie de datos:

$$1 \quad 1 \quad 2$$

— Como el valor que más se repite es el 1, este es la moda de esta serie.

— Calculamos la media aritmética:

$$\bar{x} = \frac{1+1+2}{3} = \frac{4}{3} > 1 = \text{Mo}$$

— Puesto que la moda es menor que la media aritmética, hemos demostrado que el enunciado inicial no es cierto.

Revisar

— ¿Cómo puedes comprobar la solución?

— Repasamos los cálculos efectuados y comprobamos que son correctos.

Actividades

Utiliza la estrategia anterior para resolver los siguientes problemas:

28. Averigua si se cumple que la suma de las frecuencias relativas de los valores de una serie de datos coincide con el número de datos.

29. Averigua si es cierto el siguiente enunciado: «Para decidir por mayoría absoluta la aceptación o el rechazo de una norma en una comunidad de 100 individuos con derecho a voto es necesaria la obtención de 51 votos».

SÍNTESIS

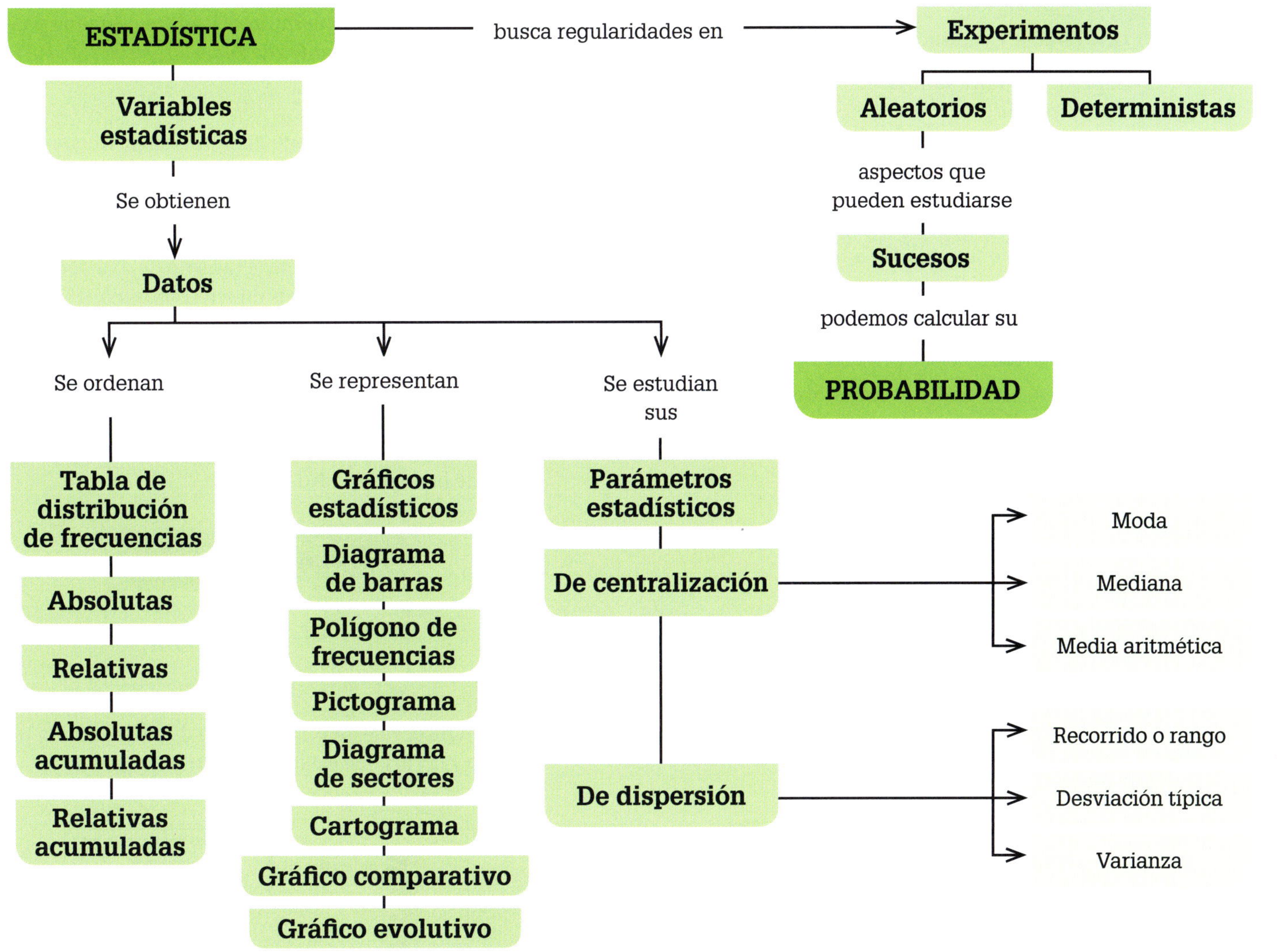

Actividades finales

Estadística

30. ★☆☆ Señala en cuáles de los siguientes estudios estadísticos sería necesario tomar una muestra. Justifica tus respuestas:

a) Color del pelo de los alumnos de una clase.

b) Medio de transporte del alumnado de un instituto.

c) Nivel cultural de los habitantes de un país.

d) Lugar preferido por los españoles para pasar las vacaciones.

31. ★☆☆ Identifica la población de cada uno de los siguientes estudios estadísticos y también indica si es necesario seleccionar una muestra:

a) Opinión de los alumnos de Bachillerato de instituto sobre el equipamiento informático del centro.

b) Número de horas semanales que dedican los alumnos de ESO de una determinada provincia a practicar algún deporte.

c) Opinión de los españoles sobre un determinado partido político.

d) Peso de los jugadores de un equipo de fútbol.

Actividades finales

32. ★☆☆ Identifica si estas afirmaciones son ciertas o falsas:

a) Una variable estadística puede ser cualitativa continua.

b) El peso y la altura son variables estadísticas cuantitativas discretas.

c) Se quiere hacer un estudio sobre las profesiones de los habitantes de una ciudad. Se trata de una variable cualitativa.

d) El tiempo que tardan los alumnos del centro en ir a clase es una variable cuantitativa continua.

Presentación de datos

33. ★★☆ Observa este gráfico comparativo, indica cuántas variables estadísticas están representadas y compáralas.

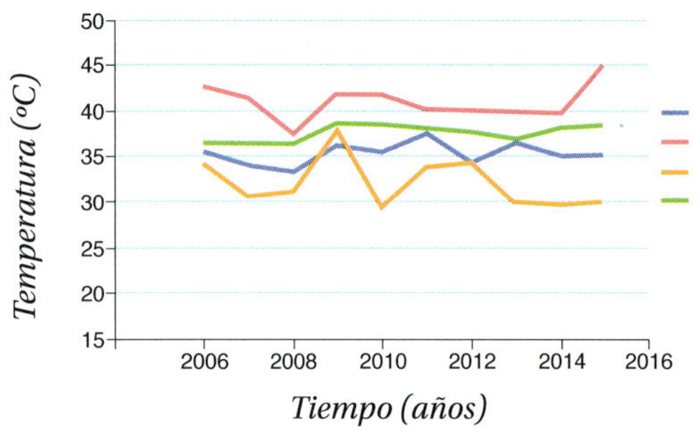

34. ★★☆ Indica un tipo de representación adecuada a cada una de las siguientes variables:

a) Idioma hablado por diferentes personas.

b) Resultado de unas elecciones.

c) Procedencia de los turistas extranjeros.

d) Variación de la inflación a lo largo del tiempo.

35. ★★☆ Observa en el diagrama de barras los resultados obtenidos por el alumnado de una clase en una prueba de Matemáticas y responde:

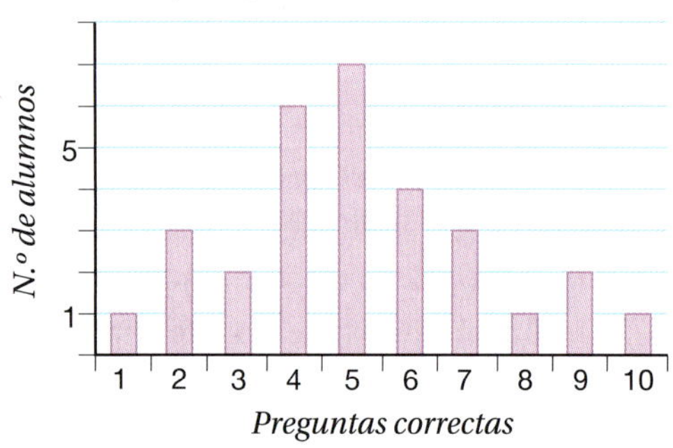

a) ¿Cuántos alumnos y alumnas hay en esa clase?

b) ¿Cuál ha sido la nota obtenida por un mayor número de estudiantes? ¿Qué porcentaje de ellos ha obtenido esa nota?

c) ¿Qué porcentaje ha respondido correctamente más de cinco preguntas?

36. ★★☆ Hemos preguntado a 10 personas el número de películas que han visto durante la última semana y hemos obtenido los siguientes datos:

1 2 2 1 4 3 2 1 0 1

a) Construye la tabla de distribución de frecuencias.

b) Representa estos datos en un diagrama de barras de frecuencias acumuladas.

37. ★★☆ Al llegar a la oficina de turismo de una determinada población, los visitantes deben responder si han estado con anterioridad en dicha población.

— Completa la siguiente tabla sabiendo que el número de visitantes ha sido de 140 y que la frecuencia absoluta de la respuesta Sí es $\frac{2}{5}$ de la frecuencia absoluta de la respuesta No.

Respuesta	Frecuencia absoluta
Sí	
No	

38. ★★☆ Observa este pictograma y di cuáles son la población y la variable estadística estudiada.

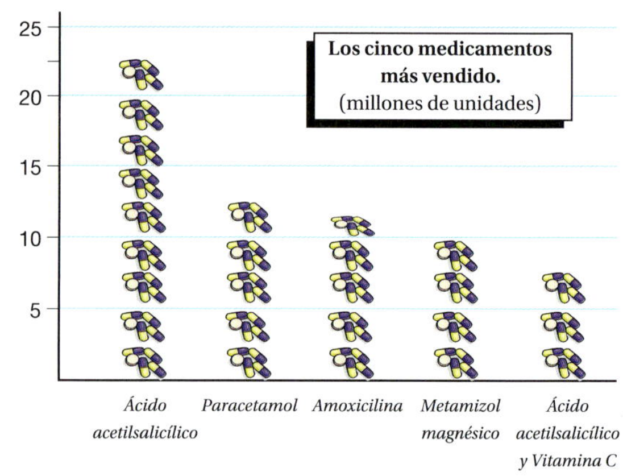

— Justifica si son correctas las siguientes conclusiones:

- Los población estudiada es propensa a las jaquecas, ya que, a excepción de la amoxicilina —un antibiótico—, los demás son analgésicos.
- El ácido acetilsalicílico es el medicamento más consumido.
- La población estudiada utiliza principalmente la amoxicilina para aliviar sus dolores de cabeza.

— Realiza una encuesta en tu familia para averiguar los medicamentos que más consumen.

39. ★★★ En una encuesta realizada a una muestra de alumnos de una escuela, el 75,6 % ha respondido afirmativamente a la pregunta si les gustaba o no el fútbol.

a) ¿Cuántos alumnos hay en la muestra si el total de respuestas afirmativas ha sido de 378 ?

En un estudio posterior y utilizando la misma muestra, se les ha preguntado si les gusta el baloncesto, si no les gusta, o si les resulta indiferente.

b) Elabora la tabla de distribución de frecuencias si en este caso ha habido el triple de respuestas afirmativas que negativas y 52 alumnos han respondido que les resulta indiferente este deporte.

40. ★★★ En una encuesta se pide una respuesta afirmativa o negativa a la pregunta de si se practica regularmente algún deporte. Han respondido un total de 276 personas y la razón entre las frecuencias relativas es de 5 a 1 a favor de las respuestas afirmativas. Elabora la tabla de distribución de frecuencias.

41. ★★★ El siguiente gráfico comparativo representa la evolución de nacimientos y defunciones en España entre 1980 y 2015.

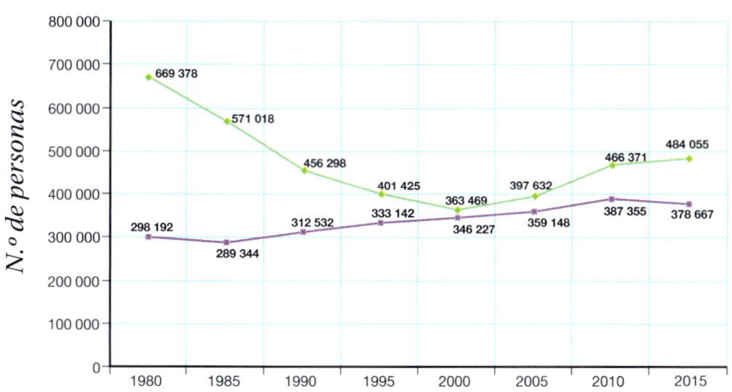

a) Construye, a partir de él, un gráfico evolutivo que represente el saldo vegetativo; es decir, la diferencia entre el número de nacimientos y el número de defunciones.

b) ¿En qué año se registró mayor saldo vegetativo? ¿En qué año este fue menor?

42. ★★★ En el siguiente diagrama de sectores sobre el número de videojuegos que tienen los alumnos de 2.º de ESO faltan datos. Si se sabe que la razón de los alumnos que tienen 1 o 2 juegos, 5 o 6, y 7 o 8 es de 1, 4 y 2, respectivamente, completa el diagrama de sectores y representa el diagrama de barras de frecuencias acumuladas.

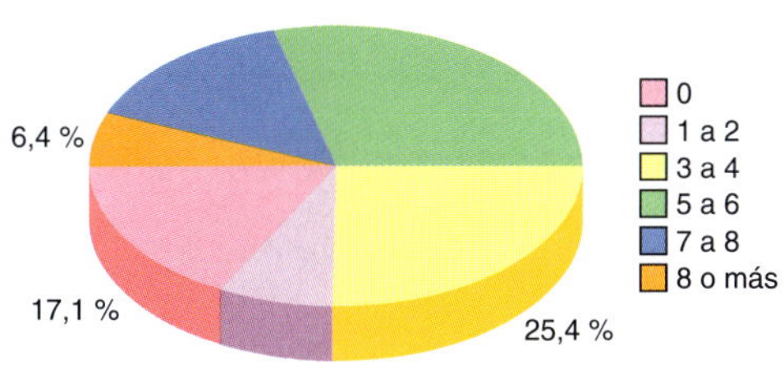

43. ★★★ Para estudiar la evolución de las ventas de cuatro productos (A, B, C y D) en una tienda, se han tomado los datos de las ventas de los años 2010 y 2015.

	A	B	C	D
2010	317	58	258	101
2015	325	168	199	125

a) Representa los diagramas de barras y de sectores de las ventas de cada año, utilizando un programa informático.

b) Elabora también un gráfico comparativo de las ventas de cada producto en estos dos años.

c) ¿Qué información puede obtenerse de cada gráfico?

Prarámetros estadísticos

44. ★☆☆ Este pictograma refleja el mes de nacimiento de los alumnos de ESO de un centro educativo.

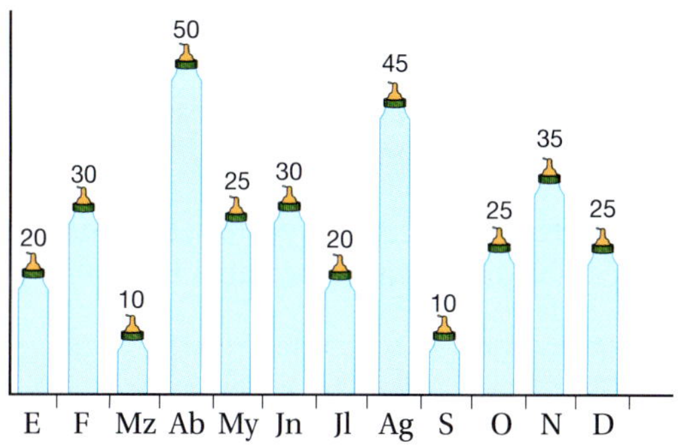

— Construye la tabla de distribución de frecuencias del pictograma.

— Indica cuál es el valor de la moda y calcula la media mensual de nacimientos.

45. ★☆☆ El siguiente diagrama muestra los matrimonios celebrados durante 2015.

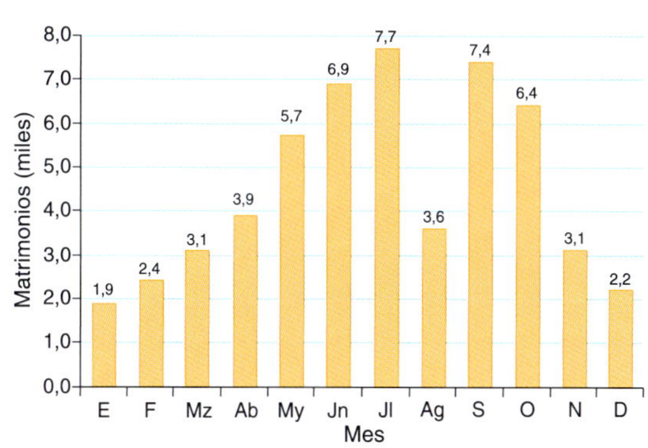

a) ¿En qué trimestre se produjeron más enlaces?

b) ¿Cuál es la media mensual de matrimonios?

Actividades finales

46. ★☆☆ Ordena mediante una tabla de distribución de frecuencias los datos de la siguiente serie estadística: 4, 3, 8, 12, 6, 2, 7, 9, 11, 5, 3, 9, 12, 10, 9, 4, 4, 8, 11, 10, 2, 6, 10, 12, 3, 5, 9, 7, 11, 6, 11, 5, 4, 2, 9, 12, 10, 3, 2, 5, 9, 4, 3, 5, 4, 9, 11, 8, 4 y 6.

— Dibuja los diagramas de barras y de sectores correspondientes.

— Calcula la media aritmética, la moda y la mediana.

47. ★☆☆ En un concurso musical se presentan 2 chicos por cada 3 chicas. La media aritmética de la edad de los chicos es 22 y la de la edad de las chicas es 21. ¿Cuál es la media aritmética de la edad de los concursantes?

48. ★★☆ Realiza un estudio sobre el número de horas que tus compañeros y compañeras dedican a la lectura los fines de semana.

— Construye la tabla de distribución de frecuencias correspondiente.

— Calcula las frecuencias relativas en porcentajes y dibuja el diagrama de sectores correspondiente.

— Calcula el tiempo medio dedicado a la lectura durante los fines de semana.

49. ★★☆ En grupos de cuatro, resolved el siguiente problema aplicando la **técnica cooperativa** *Estructura 1-2-4:*

Después de la cabalgata de los Reyes Magos, Javier, Agustín y Eva cuentan los caramelos que han cogido. Javier tiene el doble de los caramelos que ha cogido Agustín y Eva el doble de los caramelos que tiene Javier. Sabiendo que de media cada uno de ellos tiene 21 caramelos, determina la cantidad de caramelos que cogió cada uno de los tres amigos.

— Primero, resuelve el problema de forma individual.

— Intercambia tu respuesta con la de un compañero o compañera del grupo y consensuadla.

— Intercambiad y consensuad la respuesta final entre todo el grupo.

50. ★★☆ En un lugar se registra la temperatura durante quince días y se obtienen estos valores (en °C): 13, 15, 15, 17, 16, 18, 10, 18, 19, 23, 18, 18, 17, 10, 11.

a) Calcula todos los parámetros estadísticos de centralización estudiados en esta unidad.

b) Calcula todos los parámetros estadísticos de dispersión estudiados en esta unidad.

51. ★★☆ Las horas de estudio que 25 universitarios dedicaron a la preparación de un examen son estas: 25, 16, 42, 22, 17, 36, 42, 54, 41, 65, 27, 36, 24, 34, 27, 26, 38, 34, 56, 42, 25, 41, 28, 26, 19.

Determina los diferentes parámetros de dispersión (recorrido, desviación media, varianza y desviación típica) de la serie

52. ★★★ Se desea llevar a cabo un estudio estadístico de las edades de los visitantes de un museo. Para ello, se considera una muestra representativa y se obtienen estos resultados.

12, 15, 18, 22, 21, 35, 45, 38, 17, 19, 20, 28, 21, 26, 64, 31, 23, 45, 28, 26, 24, 22, 28, 24, 27, 26

a) Calcula todos los parámetros estadísticos que has estudiado en esta unidad.

b) Utiliza la hoja de cálculo para comprobar los resultados efectuados en el apartado anterior.

Proabilidad

53. ★☆☆ Llevamos a cabo este experimento: Tirar un dado de seis caras y observar la puntuación de la cara superior. Describe los resultados que forman los siguientes sucesos:

A: *Obtener un número par.*

B: *Obtener un número impar.*

C: *Obtener un número par mayor que 2.*

— ¿Algunos de los sucesos anteriores son compatibles? ¿Y contrarios? ¿Es algún suceso imposible?

54. ★☆☆ Lanzamos un dado de seis caras y observamos el resultado. Calcula la probabilidad de los siguientes sucesos:

a) *Obtener un número par y mayor que 2.*

b) *Obtener un número par y un número impar.*

c) *Obtener un número par o un número impar.*

d) *Obtener un número múltiplo de 2.*

e) *Obtener un número múltiplo de 3 y de 2.*

f) *Obtener un número mayor que 3.*

g) *Obtener un número mayor que 3 y menor que 2.*

55. ★☆☆ Extraemos una carta de una baraja española. Calcula las probabilidades, en porcentaje y aproximando a las centésimas, de los siguientes sucesos:

a) *Obtener un 2.*

b) *Obtener un 3 o un 4.*

c) *Obtener una carta que no sea un 2.*

d) *Obtener espadas.*

e) *Obtener espadas o copas.*

f) *Obtener una carta que sea un rey y que sea de oros.*

g) *Obtener alguna figura de copas.*

56. ★★☆ Se lanza una moneda tres veces al aire.

a) Elabora un diagrama en árbol del experimento.

b) Calcula la probabilidad de sacar cara en el primer lanzamiento.

c) Calcula la probabilidad de sacar tres caras.

d) Calcula la probabilidad de sacar una única cara en los tres lanzamientos.

e) Calcula la probabilidad de sacar cara en el primer lanzamiento y cruz en el segundo.

f) Calcula la probabilidad de sacar cara en el primer lanzamiento y cruz en el segundo o en el tercero (o en los dos).

57. ★★☆ En un saco hay cuatro bolas: una blanca, dos negras y una azul. Si se extrae una bola negra se pierde, si se extrae una blanca se gana y si se saca la azul se puede extraer, una sola vez, una nueva bola después de dejar la bola azul fuera del saco. Responde:

a) ¿Cuál es el espacio muestral de la primera extracción?

b) Calcula las probabilidades de extraer cada una de las bolas en la primera extracción.

c) ¿Cuál es el espacio muestral de la segunda extracción?

d) Calcula las probabilidades de extraer cada una de las bolas en la segunda extracción.

e) Elabora un diagrama en árbol del experimento.

58. ★★☆ Una bolsa contiene ositos de goma: 6 de frambuesa, 5 de naranja, 4 de fresa, 3 de piña y 2 de limón.

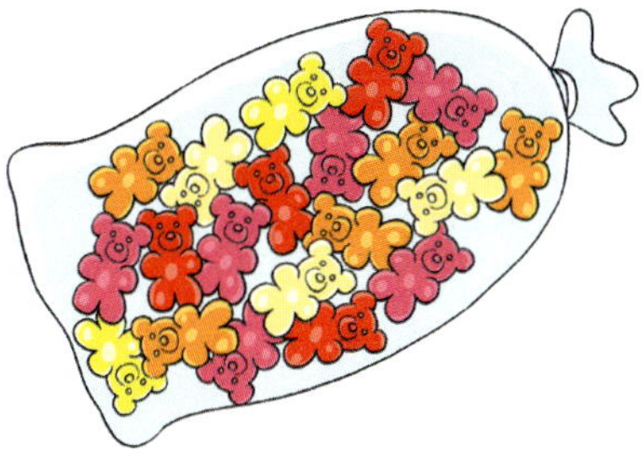

Calcula la probabilidad de:

a) Extraer un osito de goma de frambuesa.

b) Extraer un osito de goma de fresa.

c) Extraer un osito de goma de sabor cítrico.

d) Extraer un osito de goma de sabor de un fruto rojo.

e) Si nos hemos comido 2 ositos de goma de frambuesa y 2 de fresa, ¿cuál es la probabilidad de extraer un osito de goma de piña?

59. ★★★ En una bolsa hay bolas blancas, rojas y negras. Calcula cuántas bolas hay en total y cuántas de cada color si se sabe que:

— La probabilidad de extraer una bola blanca es de un 12,5 %.

— Hay un total de 21 bolas rojas.

— La razón entre las probabilidades de extraer una bola blanca, roja o negra es 1, 3 y 4, respectivamente.

60. ★★★ Jaime está jugando a los dardos. Los lanza a un tablero, formado por tres anillos concéntricos y la diana que puntúan 5, 10, 20 y 50 puntos, respectivamente. Si el dardo cae fuera del tablero, la puntuación es 0 puntos. Después de 20 lanzamientos ha obtenido las siguientes puntuaciones: 5, 0, 5 ,5 ,0, 10, 5, 10, 0, 20, 10, 5, 20, 50, 10, 10, 0, 20, 10, 50. Elabora la tabla con las frecuencias relativas y absolutas. Teniendo en cuenta la tabla, indica las probabilidades de que Jaime obtenga una puntuación u otra en una tirada. ¿Crees que con los datos recogidos ya se puede asimilar la frecuencia relativa a la probabilidad? Razona la respuesta.

Problemas

61. ★★☆ Los datos de la siguiente serie estadística están ordenados: 2, 3, 4, a, 7, b, 8. Halla los valores de a y de b sabiendo que la mediana es 5 y que la moda es 7.

62. ★★☆ Dada la siguiente serie de datos: 3, 5, 2, 4, 6, 8, 7.

a) Calcula la media aritmética.

b) Suma dos unidades a cada uno de los datos. ¿Cuál es la nueva media aritmética? ¿Qué observas?

c) Multiplica por 3 cada uno de los datos de la serie inicial. Calcula la media aritmética. ¿Qué observas?

63. ★★★ En una carrera en la que han participado 25 corredores la media aritmética del tiempo empleado por los 20 primeros es 1h 15 min y la de todos los corredores es 1 h 18 min. Halla la media aritmética de los últimos cinco corredores.

MATEMÁTICAS A TU ALCANCE

PBL: Historia de los juegos de azar

PLANTEAMIENTO DEL PROBLEMA

Los departamentos de Historia y Matemáticas quieren impulsar un proyecto para estudiar la historia de los juegos de azar en las diferentes culturas. El proyecto consistirá en diseñar una revista por fascículos en la que cada uno de ellos esté destinado a una cultura.

Os piden ayuda para que investiguéis sobre las distintos culturas y fascículos que pueden integrar la revista y lancéis un primer formato que resuma sus contenidos.

RECURSOS

- http://links.edebe.com/faz
- http://links.edebe.com/iuyh
- http://links.edebe.com/xc7b

METODOLOGÍA DE TRABAJO

El trabajo se llevará a cabo en grupos de 3 a 5 alumnos. Debéis seguir el siguiente procedimiento:

1.º Análisis y comprensión del problema.

2.º Creación de una tabla en la que señaléis:

— Lo que sabéis. — Lo que necesitáis saber.

3.º Confección de una tabla en la que aparezca el reparto de tareas para cada miembro del grupo y su progresión diaria.

Día	Tarea	Persona asignada
Día 1		
Día 2		
Día 3		

4.º Ejecución del trabajo individual que consistirá en la realización de la tarea asignada.

5.º Reunión y puesta en común de los resultados obtenidos por cada miembro del grupo.

6.º Exposición del trabajo en una presentación en formato digital, vídeo o conferencia.

Cre@ctividad: Probabilidades con la hoja de cálculo de GeoGebra

Mediante una hoja de cálculo de GeoGebra, podemos simular experimentos aleatorios.

En el siguiente *applet* se observa el experimento aleatorio del lanzamiento de un dado cúbico:

http://links.edebe.com/kj5t

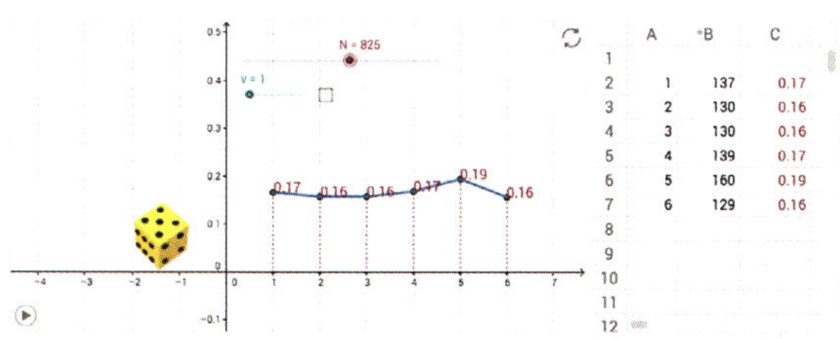

Veamos las funciones y los pasos que debes conocer para poder elaborar un *applet* similar al anterior:

1. Activa la hoja de cálculo a partir de la ventana Vista → *Hoja de Cálculo.*
2. Elige el número de lanzamientos que quieras que tenga tu simulación y utiliza la función **=ALEATORIOENTRE(1,6)** para obtener en cada una de las celdas de la simulación un número aleatorio del 1 al 6.
3. Emplea la función **=SI(<Condición>, <Entonces>)** y la función **=SUMA(<Lista>)** para calcular las frecuencias absolutas de cada valor que toma la variable.
4. Para calcular la frecuencia relativa, divide la frecuencia absoluta entre el número total de lanzamientos.

Atrévete

— Experimentad con los deslizadores del *applet* anterior y responded a las siguientes preguntas:

- A medida que aumentan los lanzamientos, ¿qué les ocurre a las frecuencias relativas?
- ¿En torno a qué valor se estabiliza la frecuencia relativa del suceso *Sacar un 3*? ¿Era posible prever en torno a qué valor se estabilizaría esta frecuencia relativa? Razona tu respuesta

— A partir de una hoja de cálculo de GeoGebra y las pautas anteriores, efectuad la simulación de otro experimento aleatorio.

Visión 360º

En nuestra vida cotidiana frecuentemente utilizamos expresiones relacionadas con la estadística o el azar.

Lee los siguientes ejemplos:

- ¡Lo que son las casualidades!
- ¿Por qué será que siempre cojo el metro más abarrotado?
- ¡Ley de Murphy! Si se me cae una tostada, siempre es por la cara en la que está untada de mermelada.

- Cread una presentación en la que incluyáis para cada diapositiva una frase de vuestro día a día en la que intervenga la estadística o el azar, y una fotografía relacionada con ella.

Pon a prueba tus competencias

1. En un supermercado se han efectuado las estadísticas de ventas mensuales en miles euros de tres productos (A, B y C) durante 8 meses. Los resultados en frecuencias absolutas se muestran en esta tabla:

	Ene.	Feb.	Mar.	Abr.	Mayo	Jun.	Jul.	Ago.
A	1,23	1,45	1,30	1,33	1,25	1,15	1,06	0,87
B	0,23	0,30	0,27	0,34	0,42	0,57	0,70	0,84
C	0,88	0,93	0,91	0,99	1,05	1,08	1,14	1,22

a) Elabora el gráfico comparativo de los tres productos utilizando un programa informático.

b) ¿Qué producto tiene una tendencia de crecimiento más positiva? ¿Cuál tiene una tendencia más negativa? ¿Cuál tiene un crecimiento más sostenido?

c) Calcula para cada producto las razones entre las ventas en el último mes y el primero. ¿Qué producto ha incrementado más sus ventas en este período de tiempo?

2. En una fábrica de bolígrafos, durante 30 días se obtuvieron las siguientes unidades de bolígrafos defectuosos:

12 1 0 0 14 14 18 7 2 9 20 14 11 13 19

14 16 11 7 4 13 18 2 9 9 6 17 20 10 8

a) Construye el diagrama de barras correspondiente a los datos.

b) ¿Cuál es la media aritmética de bolígrafos defectuosos por día producidos durante este tiempo?

c) Determina la moda de la serie de datos.

d) ¿Cuál es la mediana?

3. Esta tabla muestra el número de *tablets* vendidas en una tienda a lo largo de una semana:

Días	Lunes	Martes	Miércoles	Jueves	Viernes	Sábado
Número de tablets vendidas	2	3	1	6	x	11

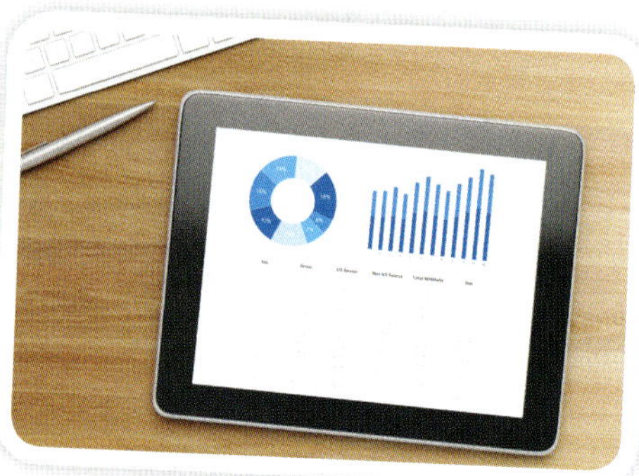

a) Sabiendo que la media de *tablets* vendidas en un día son 5, ¿cuántas se vendieron el viernes?

b) Halla el recorrido de la distribución.

c) Determina la desviación media.

d) Calcula la varianza.

e) Determina la desviación típica.

4. En un saco hay tres patatas, dos manzanas, cinco peras, un melocotón y una nectarina.

a) Determina el espacio muestral.

b) Calcula las probabilidades de extraer cada uno de los sucesos elementales.

c) Calcula la probabilidad de sacar una manzana o el melocotón.

5. Para pasar a la siguiente ronda de un concurso hay que extraer una bola de una bolsa. Si la bola es roja el concursante pasa a la siguiente fase. En caso contrario queda eliminado. En la bolsa hay un total de 30 bolas con una proporción de 1 a 5 de bolas rojas y negras.

a) Identifica el espacio muestral y los sucesos elementales.

b) Calcula las probabilidades de extraer una bola roja y una bola negra, respectivamente.

c) Si el organizador del concurso decide aumentar la probabilidad de extraer una bola roja hasta el 40 %, ¿cuántas bolas rojas deberá añadir?

6. Una ruleta perfectamente equilibrada tiene los números que se presentan en la imagen. Calcula la probabilidad de:

a) Obtener el número 4.

b) Obtener un número par.

c) Obtener un número impar.

d) Obtener un múltiplo de 3.

e) Obtener un número primo.

Reflexiona

Diario de aprendizaje

— ¿Consideras que el texto que inicia la unidad tiene relación con los conceptos que se tratan en ella? ¿Con cuáles?

— Algunos conceptos estudiados en esta unidad pueden ser aplicables en tu vida cotidiana. ¿Cuáles? ¿Cómo?

— ¿Crees que el uso de una hoja de cálculo es útil para el trabajo con experimentos aleatorios?

Evaluación de competencias

1. Se sabe que la gráfica de una función de proporcionalidad directa pasa por el punto (50, 100).

a) Halla la constante de proporcionalidad y escribe la expresión algebraica de la función.

b) Completa en tu cuaderno la siguiente tabla de valores:

x	50	100		
$y = f(x)$			300	400

2. Un automóvil consume 7,5 L de gasolina cada 100 km que recorre.

a) Escribe la expresión algebraica de la función que relaciona los litros de gasolina consumidos con la distancia recorrida medida en km.

b) ¿Cuánta gasolina consumirá en un viaje de 250 km?

3. Para cocinar una parrillada para diez personas se necesitan varias piezas distintas de carne: 4 piezas de 100 g, 3 piezas de 200 g y 3 piezas de 250 g. Si cada kilogramo de carne cuesta aproximadamente 30 €:

a) ¿Cuánto costará la parrillada por persona si de ella comen 10 personas?

b) Expresa mediante una tabla, una gráfica y una expresión algebraica la dependencia entre el número de personas y el precio por persona.

c) ¿De qué tipo de función se trata? Determina la constante de proporcionalidad.

4. Escribe la expresión algebraica de las funciones lineales cuyas gráficas pasan por los puntos indicados en cada uno de estos apartados:

a) Por los puntos cuya abscisa es igual a su ordenada.

b) Por los puntos cuya abscisa es el triple de su ordenada.

c) Por los puntos cuya ordenada es la mitad de su abscisa.

d) Por los puntos cuya abscisa es opuesta a su ordenada.

5. El polígono de frecuencias de un estudio estadístico sobre el color de los últimos 100 coches vendidos en un concesionario es el siguiente:

a) ¿Cuánto tiempo tardará la moto en alcanzar al coche?

b) ¿Quién llegará antes a Valencia si la distancia entre ambas ciudades es de 300 km?

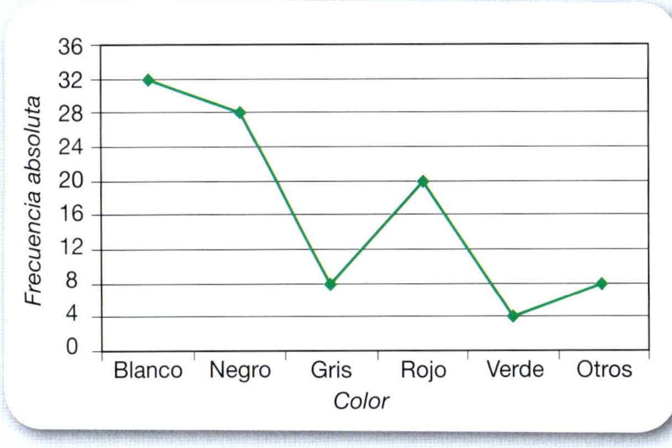

6. El número de libros leídos en los últimos dos meses por los alumnos de una clase de 2.º de ESO son:

3, 5, 0, 2, 11, 4, 4, 7, 1, 2, 3, 8, 10, 3, 2, 7, 3, 0, 1, 6.

a) Indica cuáles son la población del estudio, la muestra y la variable estadística. ¿De qué tipo es la variable estadística?

b) Elabora la tabla de distribución de frecuencias.

c) Calcula la media aritmética, la moda y la mediana.

7. Este diagrama de barras muestra el número de coches reparados por día en un taller de coches:

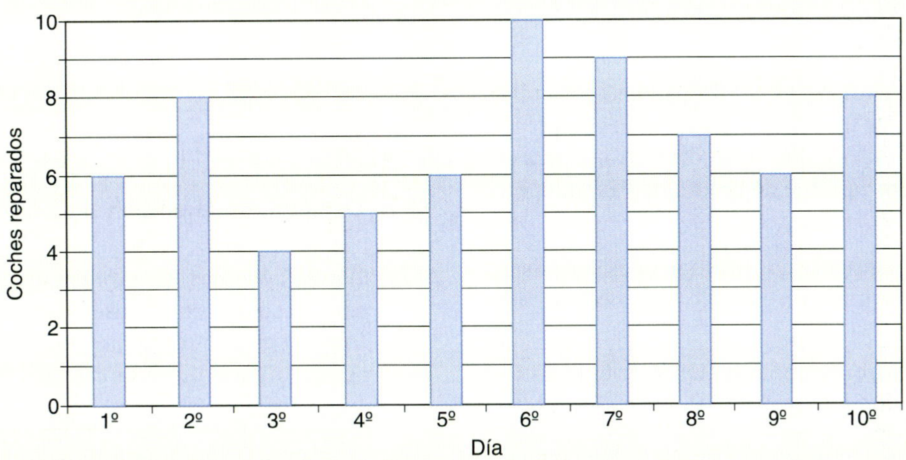

a) ¿Cuántos coches se han reparado en los primeros diez días?

b) ¿Qué porcentaje de días de la semana se han reparado siete o más coches?

c) ¿Qué porcentaje de coches se han reparado en los tres primeros días?

d) Calcula la media de coches reparados por día.

1. Razona cuáles de las siguientes afirmaciones son falsas:

a) Al representar gráficamente una función, la variable dependiente se representa en el eje horizontal.

b) Al representar gráficamente una función, la antiimagen de una imagen se encuentra en el eje vertical.

c) La imagen de un valor x corresponde a la variable dependiente.

d) Dos imágenes con la misma antiimagen solo pueden valer 0.

2. Relaciona las siguientes gráficas con sus características:

1)
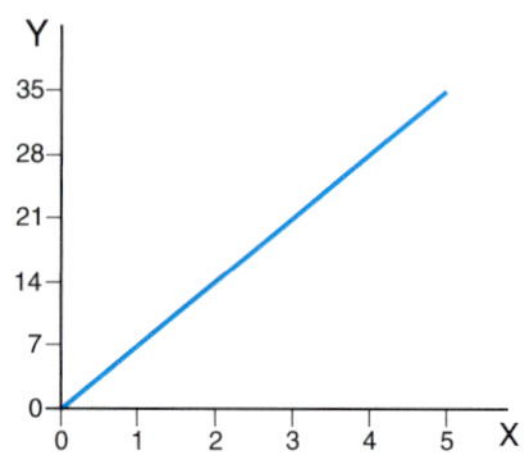

2)
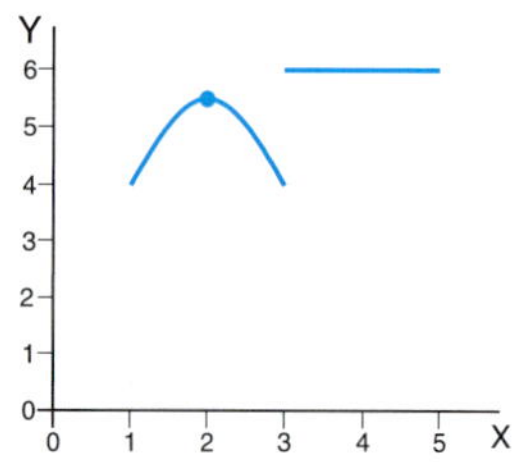

3)
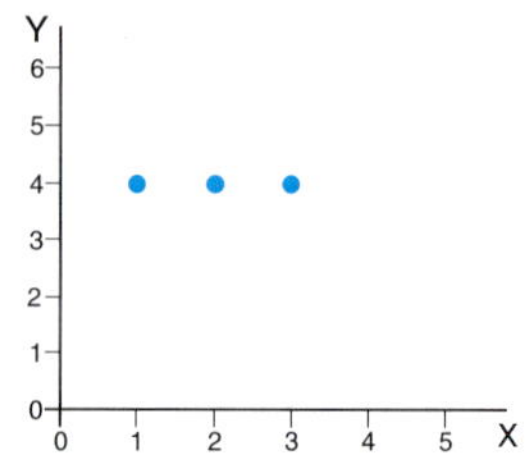

4)
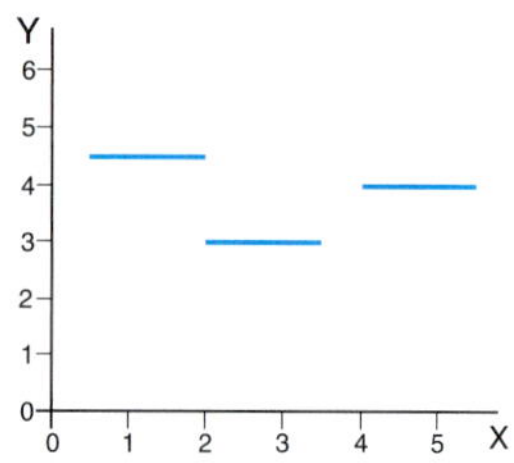

a) La función tiene tres mínimos.

b) La expresión algebraica de la función es $y = 7x$.

c) La función está compuesta por tres intervalos.

d) La función es discontinua y está formada por intervalos constantes.

3. Determina la expresión algebraica de la función que relaciona el perímetro de un círculo con su radio y la que relaciona el área de un círculo con su diámetro. Indica en cada caso cuál es la variable dependiente y la independiente.

4. Determina razonadamente qué afirmaciones son falsas: corrige el enunciado y pon un ejemplo ilustrativo en cada caso.

a) Una función de proporcionalidad inversa es una función discontinua.

b) Una función lineal es una función continua y creciente.

c) Una función discontinua nunca podrá ser creciente y decreciente.

d) Una función de proporcionalidad directa no tiene ni máximos ni mínimos.

5. Un científico está estudiando un fenómeno en el que una variable, cuyo valor inicial es 0, aumenta de valor a medida que pasa el tiempo. Responde:

a) ¿Qué tipo de función describe el comportamiento de la variable?

b) El científico obtiene la siguiente tabla de valores a partir de un primer experimento:

x	0	1	2	3	4
y	0	$\frac{3}{2}$	3	$\frac{9}{2}$	6

— Determina la expresión algebraica de la función y represéntala gráficamente.

c) Después de algunos experimentos, obtiene una nueva tabla de valores:

x	0	1	2	3	4
y	0	$\frac{8}{3}$	$\frac{16}{3}$	8	$\frac{32}{3}$

— ¿Cuál es la razón entre la pendiente de ambos experimentos?

6. Completa en tu cuaderno la siguiente tabla de valores y responde:

x	1	2		5	
y		$\frac{3}{2}$	3		$\frac{2}{4}$

a) ¿A qué tipo de función corresponde?

b) Determina su expresión algebraica.

7. El menú de un restaurante es el siguiente: de primero se puede escoger entre ensalada, sopa, garbanzos o pasta; como segundo plato hay pollo o merluza y de postres puede tomarse macedonia o helado.

a) Elabora el correspondiente diagrama en árbol y determina cuántas combinaciones de menús distintos pueden obtenerse.

b) Calcula la probabilidad de que un cliente elija sopa de primero.

c) Calcula la probabilidad de que un cliente tome ensalada o sopa de primero y macedonia de postre.

8. Indica razonadamente si las variables estadísticas siguientes son cualitativas o cuantitativas y, en el segundo caso, si son continuas o discretas.

a) Edad de los integrantes de un grupo de jubilados.

b) Número de rebotes por jugador en un partido de baloncesto.

c) Sabores de helados consumidos en una cadena de supermercados.

d) Beneficios/pérdidas de una empresa en un mes.

e) Número de alumnos aprobados en Matemáticas en cada examen.

9. Completa en tu cuaderno la siguiente tabla de distribución de frecuencias en la que la variable estadística corresponde al número de teléfonos móviles por familia:

Número de móviles	Frecuencia absoluta	Frecuencia absoluta acumulada	Frecuencia relativa	Frecuencia relativa acumulada
0	3			
1		5	0,1	
2				0,7
3				

10. Este diagrama de barras de frecuencias absolutas acumuladas refleja el número de abdominales que han conseguido hacer 20 alumnos de una clase en 1 minuto:

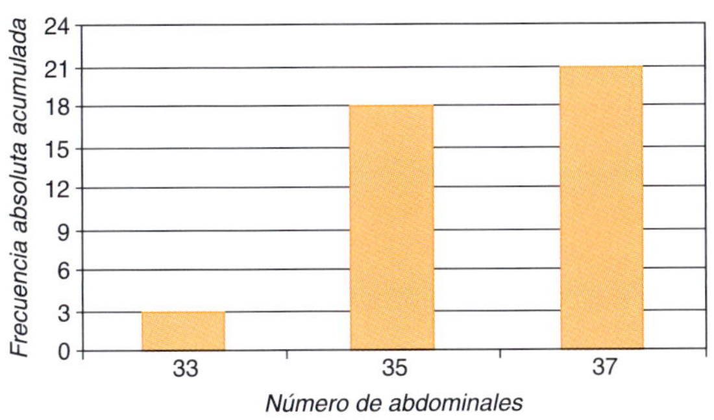

a) ¿Cuántos alumnos han hecho menos de 35 abdominales?

b) ¿Cuántos alumnos han logrado hacer exactamente 35 abdominales?

c) ¿Qué porcentaje de alumnos han hecho 37 abdominales?

11. El nombre del punto más alto de cada continente viene expresado en la siguiente tabla.

Punto más alto de cada continente		
Asia	Everest	
América del Sur	Cerro Aconcagua	
América del Norte	McKinley	
África	Kilimanjaro	5 895 m
Antártida	Macizo Vinson	5 140 m
Europa	Mont Blanc	4 807 m
Oceanía	Kosciusko	2 229 m

Completa la tabla en tu cuaderno, sabiendo que:

- La media aritmética de los puntos más altos de cada uno de los continentes es 5 724,86 m.
- El Everest es 1 891 m más alto que el Cerro Aconcagua y el Cerro Aconcagua es 765 m más alto que el McKinley.

12. El siguiente diagrama de barras representa el número de hermanos de los 16 compañeros de una clase que juega a baloncesto.

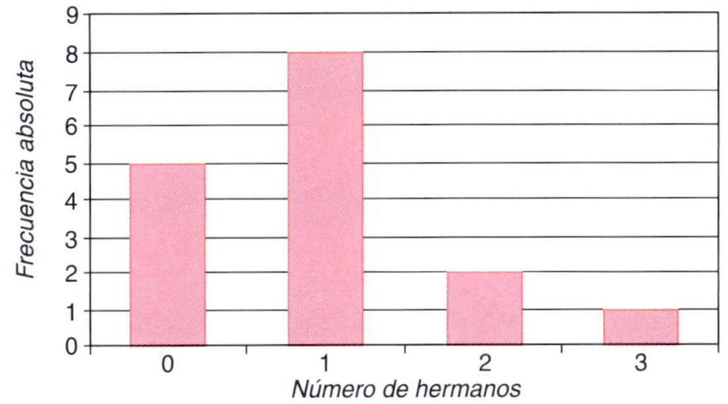

a) Elabora la tabla de distribución de frecuencias.

b) Halla la media aritmética, la moda y la mediana.

13. Hemos realizado un estudio estadístico sobre el número de horas diarias que ven la televisión los alumnos de 2.º de ESO de un centro escolar y hemos obtenido los siguientes resultados:

	Número de alumnos	Media aritmética
2.º ESO A	25	1 h 12 min
2.º ESO B	25	1 h 18 min
2.º ESO C	24	1 h 15 min

¿Cuál es la media aritmética del número de horas diarias que ven la televisión los alumnos de los tres grupos de 2.o de ESO?

Vamos a emprender

¿Eres una persona con ilusión, proactiva y con ganas de mejorar el mundo? ¡Entonces tienes madera de EMPRENDEDOR!

¿Y QUÉ ES UN EMPRENDEDOR?

Un emprendedor es alguien capaz de convertir un sueño o una idea en un proyecto real.

A veces, se confunde el término *emprendedor* con el de *empresario,* pero no significan lo mismo. Un empresario posee una empresa; en cambio, un emprendedor va más allá: es una persona que se levanta cada mañana con una actitud positiva para hacer cosas que mejoren el mundo que le rodea.

Ser emprendedor no es una profesión, es una actitud. Depende de nosotros mismos (de nuestra ilusión, confianza y actitud positiva), y de que contemos con la preparación necesaria para saber llevar a cabo el proyecto que queramos realizar.

¿TE ATREVES A EMPRENDER?

Lo que aprendes en tu centro educativo te va a servir para ser mejor emprendedor. Vamos a proponerte un proyecto relacionado con la asignatura de Matemáticas que te va a permitir desarrollar y poner en práctica tus aptitudes emprendedoras. ¿Te atreves a emprender?

Proyecto: El efecto multiplicador en proyectos solidarios

Muchos emprendedores trabajan para cambiar algún aspecto del entorno o de la sociedad, participando y proponiendo proyectos solidarios que provoquen una transformación social.

En este tipo de proyectos es fundamental buscar un *efecto multiplicador,* que permitirá lograr un mayor impacto de la acción que se llevará a cabo.

A continuación, te proponemos un proyecto de emprendimiento que tiene uno de estos propósitos solidarios: ayudar a personas que están sufriendo algún tipo de problemática social y es importante que el impacto en el entorno sea lo más significativo posible. ¿Preparado?

Fases:

Este proyecto constará de tres fases:

A. **¿Por dónde empezamos? Concretemos la idea.**

Servirá para decidir el colectivo concreto al que irá dirigida la acción propuesta (familias, niños y niñas, ancianos y ancianas...).

B. **¿Cómo nos organizamos? El plan.**

Definirá los pasos que tendréis que seguir y lo que se precisa para elaborar vuestro plan (qué necesitáis, cómo os organizaréis...).

C. **¿Lo ponemos en práctica? Tomando decisiones.**

Con ella, pondréis en marcha vuestra idea. Antes de empezar, tendréis que analizar en profundidad cada una de las opciones e involucrar al mayor número de personas para conseguir un efecto multiplicador.

A ¿Por dónde empezamos? Concretemos la idea

Conocer bien a quienes queréis ayudar os permitirá generar un efecto multiplicador de vuestra acción solidaria. Para decidir a qué grupo de personas irá destinado el proyecto solidario, deberéis tomar conciencia de los problemas sociales que existen en nuestra sociedad. En esta primera fase del proyecto, trabajaréis en grupos pequeños, siguiendo las indicaciones de vuestro profesor o profesora.

Actividad 1

Su objetivo es identificar los distintos colectivos a los que podéis ayudar con vuestro proyecto solidario. Anotad en una lista posibles problemas sociales que hay en vuestro barrio o en vuestra localidad.

Actividad 2

Su objetivo es identificar los distintos colectivos a los que podéis ayudar con vuestro proyecto solidario. Anotad en una lista posibles problemas sociales que hay en vuestro barrio o en vuestra localidad.

Problemática social / colectivo	Necesidades	¿Cómo les podríais ayudar?

A continuación, preparad un pequeño resumen de las conclusiones para compartir con vuestros compañeros y compañeras. De entre todas las propuestas, y de forma democrática, identificad cuál es el tema que más preocupa a toda vuestra clase. Este será el tema sobre el que girará vuestra acción solidaria.

Empezar un proyecto solidario con impacto social no es sencillo, y menos si disponéis de poco tiempo. Por ello, lo más factible será que colaboréis con algún organismo que ya esté actuando en el ámbito que habéis elegido. De este modo, podréis centraros directamente en la búsqueda de recursos (el efecto multiplicador).

Actividad 3

Buscad información sobre las organizaciones que actualmente están ofreciendo algún tipo de ayuda al problema social que habéis elegido.

Problemática social / colectivo	Necesidades

Una vez elegida la organización con la que vais a colaborar e identificadas cuáles son sus principales necesidades, es momento de ponerse manos a la obra. Para ello, deberéis definir muy bien qué es lo que vais a hacer para ayudarles y lograr un efecto multiplicador en los resultados.

Actividad 4

Desarrollad una lluvia de ideas para proponer colaboraciones con la organización que habéis elegido en la actividad 3.

De la lista que habéis obtenido, evaluad cada colaboración según su **potencial** (su capacidad para llegar a gran número de personas y generar un cambio significativo) y según sea, más o menos, **factible** su implementación (capacidad de llevarla a cabo).

Idea propuesta	Potencial (*del 0 al 10*)	Factibilidad (*del 0 al 10*)	Puntuación total
(Nombre de la idea)			

De todas las propuestas, elegid la de mayor puntuación, y podréis empezar la acción solidaria.

B Cómo nos organizamos? El plan

Gran parte del éxito de vuestro proyecto dependerá de vuestra capacidad para involucrar al máximo número de personas posible.

Actividad 5

Diseñad una estrategia para involucrar al máximo número de personas y generar así un efecto multiplicador de vuestra acción. Determinad diversos **escenarios e hipótesis** de actividades que podáis llevar a cabo, y calculad el resultado (efecto multiplicador) que podría obtenerse en cada una de ellas.

Entre todos, elegid aquellas actividades que puedan resultar más adecuadas para el objetivo que perseguís.

Actividad 6

Anotad en una lista todas las tareas que tenéis que llevar a cabo para realizar con éxito vuestra acción social. Escribid, primero, todo aquello que queráis hacer y, después, indicad la fecha de finalización aproximada para cada actividad.

Intentad ordenar las tareas de más a menos urgente, teniendo en cuenta que quizá hay alguna que dependa de la finalización de otra para poder llevarse a cabo.

Tareas que hay que realizar	Fecha aproximada de finalización
–	–
–	–

Actividad 7

Organizad pequeños grupos para realizar cada una de las tareas que habéis mencionado en la actividad anterior. Asignad un número de personas concreto en cada tarea en función de su complejidad.

Nombrad una persona responsable para cada grupo que lo coordine y se encargue de hacer un seguimiento de que todas las tareas se van realizando correctamente y en el tiempo previsto.

Tarea	Persona responsable del grupo	Fecha de finalización
–	–	–
–	–	–
–	–	–

Actividad 8

Proponed distintos medios que podéis utilizar para llegar al mayor número de personas posible y elegid aquellos que queráis utilizar:

Medios que podemos utilizar para dar a conocer nuestra acción social:
–

Actividad 9

Una vez elegidos los medios, deberéis tener muy claros los mensajes que queréis transmitir. Es muy importante saber comunicarlos. Confeccionad una lista con la información básica que debéis incluir en vuestra comunicación y elaborad un *ranking* según la información sea más o menos relevante.

Información que hay que incluir en la comunicación	**Ordenad esta información en vuestra publicidad de más a menos importante**
–	–

Este *ranking* os ayudará a organizar, priorizar y visualizar la información que hay que incluir en vuestra comunicación. Imaginaos que queréis elaborar un folleto o un cartel. Debéis tener presente de que habrá unos mensajes que queréis destacar y otros, menos importantes, que podrán ocupar un lugar más discreto.

Adaptad vuestra campaña de comunicación a los distintos medios que queráis utilizar para dar a conocer vuestra acción solidaria (un póster, una carta, un correo electrónico...).

Recordad que si queréis centrar vuestra campaña de comunicación en el ámbito escolar es necesario que solicitéis los permisos oportunos a la dirección del centro para poder colgar carteles o repartir publicidad. Del mismo modo, si decidís publicitarla en el exterior, tendréis que pedir permiso a vuestro Ayuntamiento.

C ¿Lo ponemos en práctica? Tomando decisiones

Una vez que habéis planificado todas las tareas y tenéis preparada la campaña de comunicación, ya podréis empezar a implementar vuestra acción solidaria.

A lo largo de la implementación del proyecto, id anotando y registrando todo aquello que vayáis consiguiendo. Por ejemplo, si estáis recogiendo alimentos, anotad en una libreta qué tipo de alimentos estáis recibiendo y la cantidad obtenida de cada uno de ellos.

Actividad 10

Una vez concluido el proyecto, cuantificad los resultados obtenidos. Según el proyecto que hayáis desarrollado, deberéis utilizar un criterio u otro para medirlos. Por ejemplo, si proporcionasteis ropa de segunda mano a una organización que ayuda a familias con pocos recursos, deberéis saber cuántas prendas habéis conseguido y podréis estimar el número de personas a las que habéis podido ayudar con vuestro proyecto.

Conclusiones:

— ¿Cuál ha sido el resultado obtenido con vuestro proyecto solidario?

— ¿Qué has aprendido de la experiencia?

— ¿Qué es lo que más te ha gustado?

— ¿Qué cambiarías si volvieras a repetir el proyecto?

— ¿Crees que a partir de este proyecto te involucrarás más en causas sociales?

Con este proyecto hemos aprendido…

- En nuestra sociedad existen diversos problemas sociales.
- A partir de una pequeña idea, podemos generar un impacto muy positivo en la sociedad.
- Uno puede convertirse en emprendedor con un proyecto que contribuya a mejorar lo que le rodea.
- Cuando se trabaja para un fin social, es fácil encontrar el apoyo de muchas personas e instituciones dispuestas a ayudar.